冷休克蛋白与动物应激调控

李士泽　杨玉英　计　红　著

科学出版社

北　京

内 容 简 介

本书对冷应激损伤机制及其对机体器官系统的影响、冷应激的危害及其防治，以及冷应激的分子调控机制进行了论述。对两种主要的冷休克蛋白——CIRP 和 RBM3 与动物应激的关系进行了详细阐述。同时结合作者的科研成果，对 CIRP 和 RBM3 在动物抵御低温应激中的分子机制进行了系统研究与分析。

本书可供不同层次的畜牧专业、兽医专业、水产专业、临床医学专业及相关专业人员阅读，同时还可作为高等院校相关专业研究生、本科生的参考书。

图书在版编目（CIP）数据

冷休克蛋白与动物应激调控/李士泽，杨玉英，计红著. —北京：科学出版社，2017. 12

 ISBN 978-7-03-054707-1

Ⅰ. ①冷… Ⅱ. ①李… ②杨… ③计… Ⅲ. ①动物–蛋白质–休克 ②动物–生理应激 Ⅳ. ①S85

中国版本图书馆 CIP 数据核字(2017)第 244267 号

责任编辑：李 迪 郝晨扬 / 责任校对：郑金红
责任印制：张 伟 / 封面设计：刘新新

科学出版社 出版

北京东黄城根北街 16 号
邮政编码：100717
http://www.sciencep.com

北京京华虎彩印刷有限公司 印刷

科学出版社发行 各地新华书店经销

*

2017 年 12 月第 一 版 开本：720×1000 B5
2017 年 12 月第一次印刷 印张：16
字数：320 000
定价：118.00 元

(如有印装质量问题，我社负责调换)

作 者 简 介

李士泽，男，1966 年出生，理学博士、教授、博士研究生导师，哈尔滨医科大学生物学博士后流动站出站，美国弗吉尼亚理工大学访问学者。黑龙江省教育厅和农垦总局基础兽医学学科后备带头人，中国畜牧兽医学会动物生理生化学会常务理事，黑龙江省生理学会、畜牧兽医学会、生物工程学会理事。获 1999 年度张锡钧基金会全国青年优秀生理学术论文奖、2007 年获得黑龙江省模范教师荣誉称号，四度荣获黑龙江八一农垦大学优秀教师的荣誉称号，2011 年被评为黑龙江八一农垦大学教学名师。主持和参加国家自然科学基金、国家"十三五"重点研发计划及省部级科研项目 30 余项，目前已取得科研成果 25 项，获省部级及厅局级科技奖励 15 项。在国内外学术期刊上发表学术论文 170 余篇（其中 SCI 收录论文 8 篇，CSCD 收录论文 100 余篇），获国家发明专利 3 项，主编和参编高等农业院校教材 6 部，撰写译著 2 部、学术著作 3 部。担任国家自然科学基金，中国博士后科学基金，黑龙江省、浙江省、江苏省及陕西省等自然科学基金项目评审专家，国家科技奖励评审专家，多项国内外学术期刊审稿专家。

杨玉英，女，1967 年生，教授、硕士研究生导师。多年来一直从事预防兽医学科动物性食品卫生学的教学和科研工作。现为中国畜牧兽医学会兽医公共卫生学分会理事，兽医食品卫生学分会理事，中国免疫学会会员。主讲动物性食品卫生学、兽医公共卫生学、动物卫生法学、兽医公共卫生学进展和兽医法规等 5 门研究生、本科生和专科生课程。主要从事动物性食品卫生检验和兽医公共卫生方面的研究，先后主持和参加课题 10 余项，目前已取得的科研成果有黑龙江省科技进步奖二等奖 2 项；黑龙江省政府科技进步奖三等奖 2 项；黑龙江省教育厅科技进步奖二等奖 1 项；黑龙江省高校科学技术奖三等奖 2 项；国家发明专利 1 项。近年来先后在国内外期刊发表科研论文近 30 篇。主编教材《兽医卫生检验学》《医学检验学》，参编教材《动物性食品卫生学》。

计红，女，1979 年出生，博士，副教授，硕士生导师，黑龙江八一农垦大学动物科技学院动物生理学教师，主要研究方向为动物应激生理学。近十五年来，一直从事动物冷应激发生机制的相关研究。主持国家自然科学基金青年基金项目、中国博士后科学基金、黑龙江省自然科学基金面上项目、黑龙江省教育厅面上项目各 1 项，参加过多项国家级、省级应激相关课题的研究，发表科研论文 17 篇，其中 SCI 论文 5 篇，获批国家专利 3 项，获得科研奖励 4 项。

自 序

冷刺激是北方寒区常见的应激源之一,对畜禽肉品质亦可造成不同程度的影响,给北方高寒地区畜牧业造成了巨大损失。据不完全统计,每年因冷应激给全球畜牧养殖业造成的经济损失高达数十亿美元。深入研究冷应激致病效应和机制,系统建立冷应激损伤程度的判定标准与整合生物标志体系,进而开发出畜禽冷应激的预测预警、便捷诊断和损伤评估新技术,对提高畜禽养殖的福利水平和健康水平意义重大。深入研究机体应对低温损伤的生物学机制对防控冷应激损伤具有重要意义。

我们的研究发现,动物在受到冷刺激后,机体某些组织器官(睾丸、肾上腺、脑)的冷诱导 RNA 结合蛋白(cold inducible RNA binding protein,CIRP)和 RNA 结合基序蛋白 3(RNA binding motif protein 3,RBM3)表达量升高,从而使机体抵御寒冷刺激对组织细胞造成的损伤。我们的研究成果表明,在体外试验中发现通过诱导 CIRP 的高表达,可以调控特殊蛋白的表达[如硫氧还蛋白(TRX)等],达到清除机体内氧自由基的效果,从而发挥细胞保护作用。体内水平研究发现,在不影响动物机体能量代谢的情况下,CIRP 可以有效地抑制细胞内氧自由基的产生,机体细胞抗氧化能力提高,从而提高小鼠抵抗氧化应激对机体损伤的水平,以及通过调节动物机体抗冷应激相关细胞免疫因子,在小鼠抵抗低温应激方面起到积极的保护作用。体内和体外综合试验表明,CIRP 可以有效地避免冷应激情况下所引起的应激损伤,对机体细胞起到保护作用。研究者通过用重组慢病毒成功感染离体原代培养 SD 大鼠海马神经元,实现了 RBM3 在细胞内的稳定过表达,通过亚低温 32℃、29℃冷应激培养神经元,检测细胞凋亡率及相关凋亡蛋白的表达水平,发现过表达及低温情况下 RBM3 能抑制细胞凋亡,从而对神经元细胞起到积极的保护作用。体内试验研究表明,RBM3 可以有效地抑制细胞内氧自由基的产生,同时能够调控小鼠机体抗冷应激细胞因子的表达水平,从而使机体抗氧化能力增强,提高小鼠机体抵抗氧化应激损伤的能力。上述研究成果不仅为揭示生物机体冷适应的奥秘提供了理论依据,而且对人类医学及畜牧生产的发展具有十分重要的指导意义。

李士泽

2017 年 7 月 24 日

前　　言

　　环境低温是寒冷地区畜牧业发展最主要的限制性因素，具体表现为动物生产力下降，性发育迟缓，血液指标和代谢异常，患风湿病、关节炎、冻伤、痢疾、肺炎、支气管炎等疾病，严重可发生死亡。据统计，每年由于冷应激的危害，畜牧业的发展受到严重阻碍，其经济损失高达数十亿美元。由此可见冷害已成为人类应对极端严寒天气及发展养殖业颇为棘手的问题之一，对国民经济影响巨大。面对此难题，深入研究冷应激的生物学机制，探讨如何防治冷损伤从而提高机体抵抗低温刺激的能力，是生理学科学工作者急需解决的问题之一，而此问题的解决无疑对人类健康和畜牧业发展具有十分重要的理论和现实意义。

　　冷应激反应涉及众多内源性物质和复杂的调控机制，是一种高度保守的适应性反应。虽然冷应激医学相关研究取得了重要进展，研究人员对冷应激在宏观角度和细胞层次均有了初步了解，但对冷应激的始动、损伤修复、调理与适应、调控分子间相互作用、后效应等方面了解得还不够透彻，尤其是在寻求冷应激导致的机体损伤的防治手段及措施方面，还尚未有突破性进展。

　　在冷应激防治的研究过程中，研究人员通过实验研究了很多种冷应激蛋白，然而这些蛋白中仅有两种蛋白的研究目前备受关注，即冷诱导 RNA 结合蛋白（CIRP）和 RNA 结合基序蛋白 3（RBM3），它们是机体受到冷刺激后最先表达的两种冷应激蛋白，它们在基因序列上高度相似，发挥作用的途径也有很多相同之处。然而不同之处在于：RBM3 和 CIRP 在许多细胞（HepG2、NC65、HeLa等）中的表达强度不尽相同，RBM3 与 CIRP 在机体中的分布和表达水平也不尽相同，RBM3 并非在所有细胞和组织中都能表达，在胰腺、肾上腺、胎盘、睾丸和某些神经细胞中高效表达，然而在心脏、甲状腺等组织中则不表达；研究者证实，在 37℃或 32℃的情况下，RBM3 通过结合 60S 核糖体亚基并且改变多聚核糖体切面结构来直接影响翻译水平，从而影响整体蛋白的合成；RBM3 能够广泛地调控 microRNA 生成过程中的 Dicer 酶的切割步骤。由于冷应激的影响，大多数蛋白的合成会受到抑制，其表达量会降低，但有一种蛋白的合成明显增强，即冷休克蛋白（cold shock protein，CSP），研究发现，这种低温下高效表达的蛋白质具有多方面功能，如抑制细胞凋亡、降低细胞对养分的需求、抑制细胞分裂，此外还发现，低温条件下冷休克蛋白还参与了许多生理活动，如细胞骨架的调节，基因的转录、翻译等。

　　鉴于 CIRP 和 RBM3 在抵抗低温刺激和临床亚低温治疗中的关键作用，作者在 CIRP 和 RBM3 最新研究进展的基础上,将慢病毒载体和基因过表达技术相结合,构建 CIRP 和 RBM3 过表达慢病毒载体,体外分离接种培养的原代大鼠海马神经元,对侵染成功的原代海马神经元进行细胞凋亡、免疫指标及相关氧化还原指标检测,在细胞水平和整体水平上综合探讨 CIRP 和 RBM3 是否通过调控机体氧化还原系统相关因子,对相关氧化还原系统进行了调控,使细胞的氧化还原系统维持稳定状态,从而起到保护各种细胞结构,以及使细胞膜免受氧自由基攻击的作用,由于对冷应激诱导的细胞凋亡起到抵抗作用,进而对细胞产生保护作用。

鉴于国内外学者一直未将冷休克蛋白与动物应激调控作为一个整体加以论述,黑龙江八一农垦大学的三位老师根据其承担的国家自然科学基金项目(31272524,31772695,30972159,30671534)、中国博士后科学基金项目(20060390241)、黑龙江省自然科学基金项目(ZTC2005-31,C201103)及农业部 948 计划重点项目(2011-G35)所积累的科研成果,结合国内外最新科研成果,著成此书。本书共分 8 章,其中第 3、5、6 章由李士泽编写(11.0 万字),第 2、4、7 章由杨玉英编写(10.7 万字),第 1、8 章及第 5 章部分内容由计红编写(10.3 万字)。鉴于著者专业水平有限、撰写时间仓促、掌握资料不全,书中难免有疏漏不妥之处,还请学术同仁予以批评指正。

著　者

2017 年 5 月

目　　录

第1章 冷应激及机体损伤机制

1.1 冷应激的基本概念

在畜牧生产中，应激无处不在。应激源存在于环境、饲养、运输、中毒和微生物的潜在感染等各个方面，对畜禽的正常生理活动与生产的影响和危害日趋加深。环境因素是对家畜作用最广泛和不可避免的应激因素，而温热环境更是重中之重（表 1-1）。

表 1-1 畜牧生产中常见的应激种类及因素

应激种类	应激因素
环境	温度、湿度、太阳辐射、气流、噪声、粉尘、照明、空气质量
饲养	密饲、捕捉、断水、断奶、断喙、日粮突变
防治	接种疫苗、投药、体内驱虫、各类抗体检测
运输	转群、晃动、挤压、饥饿、缺水
中毒	饲料中毒、药物中毒、其他中毒等
心理	饲养员管理态度粗暴、争斗、新异环境等
其他	微生物的潜在感染、外伤

1.1.1 温热环境的概念

温热环境包括温度、相对湿度、空气流动、辐射及热传递等因素，它们共同作用于动物，使动物产生冷或热、舒适与否的感觉。温热环境常用综合指标来评定，如有效环境温度（effective ambient temperature，EAT）。EAT 不同于一般环境温度，后者仅仅是温度计对环境温度的简单测定值；而 EAT 是动物在环境中实际感受的温度。例如，温度相同而湿度不同，动物的感受就不同。用 EAT 来反映温热环境非常有用，但定量比较困难[1,2]。

根据动物对温热环境的反应，将温热环境划分为温度适中区、热应激区和冷应激区[3]。

温度适中区也称为等热区（thermoneutral zone，TNZ），即图 1-1 BB′。在此温度范围内，动物的体温保持相对恒定，若无其他应激（或疾病）存在，动物的代谢强度和产热量正常。等热区的下限有效环境温度称为下限（最低）临界温度

（LCT），上限有效环境温度称为上限临界温度（UCT）。在等热区中，温度偏低方向的一段区域，其间动物的产热几乎等于散热，既不感觉冷又不感觉热，不需要进行任何形式的体热调节即可保持体热平衡，这个环境温度范围称为舒适区（comfort zone），即图 1-1 AA'。这个温度范围最适合动物生产和保持健康，也称为最适生产区。在此区域，动物的代谢强度和产热保持生理最低水平，动物依靠维持生产过程所释放的热量就可以补偿向环境散失的热量，不需要增加代谢产热就能维持体温恒定。

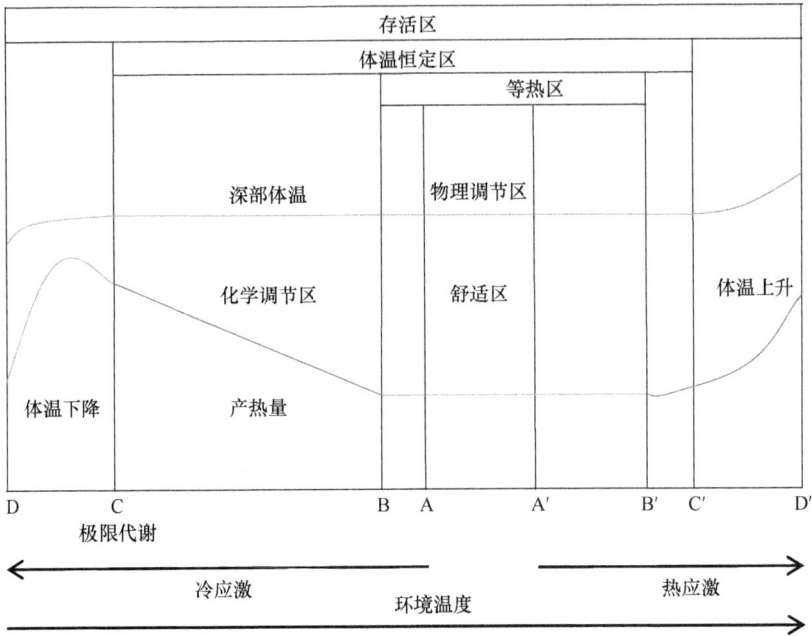

图 1-1 动物的舒适区、等热区
AA'. 舒适区；BB'. 等热区；B. 下限临界温度；B'. 上限临界温度

热应激区是指高于上限临界温度的区域。在热应激区，动物除自身产热外，还从环境中接受了大量的辐射热，仅依靠物理性调节不能将额外的热散失，难以保持体温恒定。这时动物机体开始运用化学调节，通过提高代谢强度来增强散热，以维持体温恒定。例如，动物心跳加快、出汗、热性喘息等，但代谢率提高又会增加产热量，因此，动物体温能否保持恒定，取决于所增加的散热量与总产热量之间是否平衡。当外界有效环境温度持续升高、多余热量无法散失时，动物体温开始升高，直至热死[4]。

冷应激区是指低于下限临界温度的区域。在冷应激区，动物散失到环境的热量增加，单靠物理性调节难以保持体温恒定，必须利用化学调节来增加产热。如果这种产热方式达到最大值时还不能弥补机体的热量损失,则动物体温开始下降,直至冻死[4]。

1.1.2　恒温动物的体温调节

恒温动物机体的热平衡受体温调节中枢的控制,该中枢主要位于下丘脑。当环境温度变化时,存在于皮肤和内脏器官的温度感受器将信号传递给体温调节中枢,反馈调节内分泌激素(甲状腺素、去甲肾上腺素等)的分泌,使动物的生理代谢、形态和行为发生改变,进而调节其产热能力、隔热作用和散热能力来维持体温的恒定[1]。

调节方式有物理性调节和化学性调节两种,物理性调节不涉及代谢率的改变,只能改变散热量。环境温度稍有变化,物理性调节就会发挥作用。例如,当环境温度开始下降时,动物以躯体蜷缩或集堆、被毛竖立、体表血管收缩等来减少散热;当环境温度升高时,动物以伸展躯体、逃避日光照晒、戏水、体表血管舒张、汗腺分泌增加等来增加散热。化学性调节通过提高代谢率来调节产热量和散热量。化学性调节在环境温度过高或过低时发挥作用,环境温度过低时增加产热,环境温度过高时增加散热[5]。

1.1.3　冷应激的概念

关于冷应激,人们通常都只是讨论它所产生的影响或是一般症状,到现在似乎还没有一个十分精确的定义,对不同动物,寒冷的概念亦不一样,因此寒冷应激的范围和程度也有所不同。冷应激通常是指对温度突然下降(温差大于 10 ℃)的环境刺激或是长期处于低温环境下(4℃以下)所产生的一系列生理或病理反应,既有抗损伤反应的发生,也有病理损伤的出现,关键取决于冷应激反应的强弱和机体对冷应激的适应性(或抵抗力)[6]。

根据低温对动物机体作用时间的长短,通常分为急性冷应激(acute cold stress)和慢性冷应激(chronic cold stress)。急性冷应激的冷暴露时间从几十分钟至 1 d,慢性冷应激的冷暴露时间从 1 d 到几周。冷暴露会增加机体能耗,当机体产生的热量不足以满足增热需求时,即产生冷应激反应(包括损伤反应和抗损伤反应),何种反应类型占优势取决于冷刺激的强弱及动物机体对冷刺激的耐受力。急性冷暴露时,动物产生的冷应激反应称为"报警反应"(alarm reaction);慢性冷暴露时,动物的代谢发生变化,儿茶酚胺、糖皮质激素、血管紧张素Ⅱ、甲状腺素等应激激素分泌增多,机体能量代谢持续增强,动物由寒战产热转到非寒战性产热,继而应激激素水平和其他生理反应在低温条件下达到新的平衡,此时称为冷适应(cold adaptation)。冷适应是生物机体的一种整体适应性变化,涉及机体多系统、多层次的协调，是一种十分复杂的生物机能调节过程。随着秋季到冬季的气候变化，动物生理调节逐渐发生变化，体表绝热保温能力和血管运动适应能力逐渐增强，但能量代谢及产热量变化不大，此时称为冷驯化（acclimatization）[7]。

为研究冷应激对动物的影响，以及动物对冷环境的反应机制，通常采取在实验室或人为调控条件下对动物进行冷暴露处置。由于研究目的的不同，研究者对研究对象处理方式也不同，如相对于整体冷暴露的局部冷应激（local cold stress），相对于连续冷应激的间歇冷应激等。而对动物冷适应的研究通常采用 3~6 周的连续或间歇冷暴露。目前的研究以急性冷应激为主。

1.1.4 冷应激的评价指标

选择科学、灵敏、可量化的冷应激评价指标，对机体冷应激和冷适应水平进行监测，对提高冷应激的预防水平和促进畜牧业的发展具有重要意义。

机体一系列生化指标在冷应激和冷适应过程中发生变化。体内激素尤其是儿茶酚胺类激素大量增加，不仅促进能量代谢，还可作用于肝、肌肉、脂肪组织细胞的 β 受体，激活腺苷酸环化酶，使 cAMP 生成增多，磷酸二酯酶活性增强，促进脂肪组织的动员，提高能源物质的利用率。有些激素的变化可作为诊断应激的指标，这些激素也因此被称为应激激素，如促肾上腺皮质激素、皮质醇等。现阶段的研究表明，儿茶酚胺及其代谢产物香草基杏仁酸（vanillylmandelic acid，VMA）含量的变化可作为判断冷适应的指标。Remke 等[8]认为红细胞能较敏感地反映机体的应激状态，红细胞膜 Na^+/K^+-ATPase 可作为机体冷适应水平的指标。HSP 作为分子伴侣，具有保护细胞、协同免疫、调控细胞周期等多种功能。我们的研究发现，仔猪冷应激引起肝、脾、肌肉和血淋巴细胞内 HSP70 及其 mRNA 的高效表达，因此，HSP70 可作为评价冷应激的分子标志物。上述神经内分泌和免疫功能的变化，构成了机体冷应激过程中的协同反应。我们知道，大多数激素在体内是随着生理周期及机体状态的变化而不断变化的，在冷应激反应中多数敏感的生化指标、蛋白质或酶类在其他应激源刺激的反应中也有非常近似的变化，因此，针对冷应激的评价指标应是多项敏感指标的综合，毕竟应激反应也是一种非特异性全身反应。

1.2 冷应激时动物机体损伤与抗损伤机制

冷应激是机体受到寒冷环境刺激所产生的非特异性反应。短时间的寒冷刺激能够提高机体交感神经紧张度，增加代谢活动；而较长时间处于寒冷环境中，机体运动神经和感觉神经的功能都会受到抑制，并可发生冻僵反应，最终产生不可逆的损害[9]。机体在受到冷损伤时，神经传导速度减慢，并可由氧化损伤而间接导致冷损伤的进一步发展，从而诱导脑水肿、继发性损伤及细胞凋亡[10]。受到冷损伤后血脑屏障渗透性立即增加，在冷损伤后 24 h 恢复到正常水平，同时其水含量也在冷损伤后 24 h 达到最大，然而其继发性损伤是在冷损伤后 72 h 内逐渐发展起来的。冷应激可以导致脑组织迅速产生可逆性的磷酸化蛋白，且其在大脑的分布随时间而发生动态变化[11]。冷应激后 20 min 和 40 min，在小鼠海马和大脑半球中这一反应尤为显著，可引起一些神经系统变性疾病，如阿尔茨海默病[12]。

1.2.1　冷应激与细胞损伤

当机体局部接触冰点以下低温时，会发生强烈的血管收缩，如果接触时间较长或温度很低，则细胞外液甚至细胞内液都会形成冰晶。组织内冰晶可使细胞外液渗透压增高，直接破坏组织细胞结构，使血管内皮损伤，组织细胞坏死，血栓形成，炎性介质的释放引起炎症反应。同时，人体受低温侵袭时，局部血液循环不畅，致使组织缺血缺氧，也会造成细胞的深度损伤。冷损伤首先从细胞膜开始[13]，导致生物膜的物理和化学损伤，包括膜结构和形态异常、膜的生理功能紊乱等。形态学观察发现，低温时的细胞膜脂质双分子层可出现孔道或龟裂；另外，低温还可直接改变膜蛋白的分子结构和活动程度，如疏水键减弱、冰晶的形成、膜蛋白周围脂质的裂解和有序性增强、表面张力增加等因素间接作用于膜蛋白，改变膜蛋白的正常位置，降低膜蛋白的跨膜移动和侧向运动，并导致膜表面蛋白的脱落。在细胞膜骨架的装配过程中，低温时解聚反应明显快于聚合反应，导致细胞形态异常，表现为膜棘突发生肿胀或萎缩、线粒体嵴排列紊乱等。低温还可以通过影响膜泵活性、离子通道活性、膜蛋白的代谢等改变阳离子、阴离子、氨基酸、葡萄糖、脂肪酸等物质的跨膜转运和细胞的兴奋性。同时，低温还可以激活各种处于"潜伏态"的分解酶，启动细胞的自我损伤机制，加速冷损伤的形成[14]。此外，冷应激还可以改变细胞膜的脂质成分，并能抑制蛋白质的合成与细胞增殖[15]。

1.2.2　冷应激与细胞凋亡

细胞凋亡（apoptosis）是受细胞外微环境和细胞内基因调控的一种细胞主动自杀性死亡方式。组织细胞的正常凋亡是机体维持自身稳定的一种基本生理机制，但异常凋亡（过高/过低）可导致各种疾病的发生。冷应激对细胞增殖与凋亡具有调控作用，可通过多途径激活细胞凋亡程序，凋亡细胞普遍存在于整个应激过程中[16]。

在细胞凋亡的基因调控中，bcl-2 基因家族、p53、ICE 基因家族和即刻早期基因（immediate early gene，IEG）家族等起着重要作用。即刻早期基因是一类对外界刺激信号传入数分钟后即刻作出反应进行表达的基因，目前研究主要以 c-fos 和 c-jun 基因为主。c-fos 是即刻早期基因的重要成员，是编码关键性调控蛋白的正常细胞基因，但只在受到某些因素作用后才具有转录活性，它的表达产物是 FOS 蛋白，FOS 蛋白是近年来研究较多的反映神经细胞功能和调节细胞内信息传递的标志物。FOS 经修饰后与另一种即刻早期基因 c-jun 所表达的核蛋白 Jun 重新进入细胞核内，形成异源二聚体复合物，作用于靶基因上的 AP-1 结合位点（TGACTCA）等，调节靶基因的表达，参与细胞的生长、分化等一系列病理生理过程，起到第三信使的作用[17]。

在多种应激条件下，c-fos 和 c-jun 基因快速表达，并通过调控其他基因的转录及翻译使外界的短暂刺激转化为机体长期的反应。但不同应激刺激时，c-fos 基因在中枢神经系统及不同组织器官中的表达不完全相同，具有一定的区域性和时效性[18]。c-fos 可能介导神经内分泌免疫活动，垂体是神经内分泌整合机制的中心，因此，有人认为垂体中 c-fos 基因的表达可作为神经内分泌系统激活的标志[19]。室旁核中的 c-fos 可能调节促皮质激素释放激素的表达，进而控制促肾上腺皮质激素的分泌，启动下丘脑-垂体-肾上腺轴（hypothalamic-pituitary-adrenal axis，HPA 轴）[20]。Arc 也是一种即刻早期基因，应激时高效表达，但与 c-fos 在大脑中的表达区域不同[21]。许多 IEG 的表达产物是转录因子，可启动或抑制靶基因的表达。有实验证实，大鼠在冷应激后 2~6 h 可使下丘脑室旁核、孤束核和脑干蓝斑出现明显的 c-fos 表达[22]。同时，在被认为是大脑体温调节中枢的视前区内侧核也出现强烈的 c-fos 表达[23]，提示 c-fos 与细胞凋亡关系密切。尤其是在冷冻后的复温过程中，可明显诱导 c-fos 的表达，说明冷冻复温过程存在缺血-再灌注现象[24]。

细胞内活性氧（reactive oxygen species，ROS）升高是冷应激导致细胞凋亡的重要细胞学现象。ROS 具有很高的生物活性，很容易与细胞内大分子反应，如对核物质的作用可以导致碱基修饰、碱基丢失、单链和双链 DNA 的断裂、DNA 交联、癌基因的激活或失活等，特别是染色质位于核小体之间的组蛋白成分是 ROS 攻击的主要目标，从而导致 DNA 降解、细胞凋亡[25]。冷应激后心肌细胞内 ROS 含量明显增加且随着应激强度的增强而增加[26]，这可能是导致心肌细胞凋亡的重要机制。在寒冷造成的脑损伤中脂质过氧化和胞内 Ca^{2+} 超载可能是加速神经元凋亡的重要因素。低温致使细胞外 Ca^{2+} 内流，从而使细胞内 Ca^{2+} 超载，除了抑制线粒体功能和加速膜磷脂降解外，还能造成 Ca^{2+} 激活的中性蛋白酶（calcium activated neutral protease，CANP）活性病理性增加，破坏神经元骨架，最终导致神经元死亡[27]。

1.2.3　冷应激与氧自由基、脂质过氧化

在冷应激条件下，机体的抗氧化平衡遭到破坏，会产生大量自由基。氧自由基（oxygen free radical，OFR）是一类具有高度活性的物质，包括超氧阴离子（O_2^-）、过氧化氢（H_2O_2）和羟自由基（·OH）等，NO 能与 OFR 形成过氧亚硝基阴离子（peroxynitrite anion；$ONOO^-$，一种超氧自由基）。正常情况下机体内部的氧化与抗氧化能力保持动态平衡，在抗自由基和抗脂质过氧化系统中，超氧化物歧化酶（superoxide dismutase，SOD）可清除细胞内过多的 O_2^- 自由基；谷胱甘肽过氧化物酶（glutathione peroxidase，GSH-Px）可特异性催化谷胱甘肽（glutathione，GSH）对 H_2O_2 的还原反应，阻断脂质过氧化连锁反应；过氧化氢酶（catalase，CAT）能迅速消除 H_2O_2 从而起到与 GSH-Px 共同保护巯基酶、膜蛋白和解毒的作用。应激状态下，细胞内产生大量的 OFR，高浓度儿茶酚胺在这一过程中起主导作用。

OFR 破坏生物膜，影响细胞正常功能，影响 DNA、RNA 热稳定性，影响酶的活性，加速蛋白质分解，加速生物体衰老或死亡等[28]。长期氧化应激会导致具有抗氧化能力的维生素、Cu、Zn 等被大量消耗，自由基产生进一步增加。应激后自由基的增加会导致 SOD 活性升高，因此 OFR 水平并不一定升高。低温应激时，脑灰质中 Cu、Zn-SOD mRNA 表达增加，并改变金属离子配基 Cu、Zn 等在 SOD 中的位置，从而影响 SOD 的抗氧化活性，进而影响自由基活性[29]。因此，应激可给机体带来两种不同甚至相反的反应。

过量的氧自由基能诱导脂质过氧化反应（lipid peroxidation）的发生，可刺激机体产生大量的脂质过氧化物，像连锁反应一样恶性循环。早在 20 世纪 80 年代 Halliwell 和 Gutteridge[30]就得出结论：一旦自由基的代谢平衡遭到破坏，自由基的毒性被释放，毒性就会影响机体的正常代谢，造成损伤。动物机体生物膜骨架是一种由多不饱和脂肪酸组成的磷脂双分子层。首先，多不饱和脂肪酸之间存在能量较低的氢键，这个氢键获能后易结合自由基，与生物膜分离，形成的脂质自由基引发脂质过氧化链式反应，大量的脂质过氧化物被合成，损害多不饱和脂肪酸，直接破坏细胞膜结构。其次，自由基可以攻击生物膜 Na^+/K^+-ATPase，使酶蛋白巯基偶联，降低酶的活性，影响膜的离子转运，造成机体损伤。另外，脂质过氧化反应还可以破坏溶酶体膜，造成细胞自溶。最后，糖、蛋白质等生物大分子会遭到自由基侵蚀，使其功能和代谢紊乱甚至丧失。脂质过氧化生成的自由基和氧自由基可以结合蛋白质分子中的氢，形成蛋白质自由基物质，破坏蛋白质的一级结构。

当寒冷环境作用于机体引起应激反应时，在冷应激反应中脂质过氧化反应明

显增强[18]。研究表明，冷暴露后大鼠肝、骨骼肌和血清中脂质氧化终产物——丙二醛（malondialdehyde，MDA）含量均呈升高趋势，至第2周血清 MDA 含量显著升高[31]。

超氧化物歧化酶（SOD）是体内最重要的超氧阴离子自由基清除剂。大鼠在受冷初期，脂质过氧化活动增强，自由基诱发了抗氧化酶的表达；皮质酮升高，Cu、Zn-SOD 活性也随之升高，这是机体的代偿保护作用，但持续受冷后，SOD 活性下降[32]。同时蛋白质羰基、共轭二烯和丙二酰硫脲反应活性升高，冷应激可以破坏氧化-抗氧化之间的平衡，改变酶和非酶的抗氧化状态、蛋白质氧化和脂质过氧化作用，间接导致冷损伤发展[33]。

临床上可将脂质过氧化物丙二醛（MDA）、脂质过氧化物（lipid peroxide，LPO）及 SOD、GSH-Px、CAT 等作为应激状态下 OFR 损害的检测和诊断指标。

1.2.4　冷应激与一氧化氮表达

一氧化氮（nitric oxide，NO）是一种弥散型神经递质和信息分子，介导和调节许多器官系统的生理、病理生理功能，它由一氧化氮合酶（nitric oxide synthase，NOS）催化 L-精氨酸（L-Arg）产生，NOS 可分为结构型 NOS（cNOS）和诱导型 NOS（iNOS），cNOS 主要分布于神经元和内皮细胞，主要受 Ca^{2+} 水平调控，具有稳定的活性；iNOS 在正常情况下不表达，当细胞受到刺激时，iNOS 活性增强，NO 大量释放。NO 在体内具有双重作用，既有作为生物信使和参与中枢神经内分泌及免疫调节有利的一面，又是一种活性很强的气体分子自由基，具有细胞毒性，过量时会导致细胞功能紊乱甚至死亡。NO 作为鸟苷酸环化酶内源性活化因子促进环鸟苷酸（cGMP）合成，cGMP 通过磷酸二酯酶等效应靶分子调节各种生理活动，因此，NO-cGMP 形成信号转导通路发挥作用。不同组织及中枢神经系统不同神经核团的神经元 NOS 活性差别很大。在许多应激状态下（如强迫游泳、热、冷、高原、束缚等），NOS 活性（主要是 iNOS）处于高水平，NO 生成量增多。因为过量的 NO 能通过细胞毒性作用和使神经细胞内 Ca^{2+} 超载，导致神经元形态和功能受损，进而反馈抑制 NOS 的活性，而 NO 的生成又受其前体 L-Arg 影响，所以在不同应激源、不同应激强度和应激的不同时期，NOS 活性和 NO 生成量不同，而且，二者并不一定总呈正相关。大鼠在应激状态下饲喂蔗糖诱导下丘脑 HSP70 的表达，就是通过增加 NO 的产生而介导的[34]。HSP70 对 NO 所诱导的细胞溶解有保护作用，可看作抗 NO 的防御分子[35]。NOS 和 FOS 可在中枢神经系统多个神经核团细胞内共表达不同的应激源，对 NOS 和 FOS 在细胞内共表达特征尚需进一步研究。NO 供体药物对应激性胃黏膜损伤具有一定的保护作用，因此，NO 在动物其他应激损伤的防治中也可能发挥作用。

在神经系统中，不同来源的 NO 发挥不同的作用。一方面 NO 作为神经介质在传递信息中起作用；另一方面 NO 参与神经毒性作用，可加重神经元的损伤。还可与超氧阴离子反应生成 ONOO⁻，后者是一种强氧化剂，可导致机体脂质过氧化。许多生理和病理因素都可能在基因表达、酶蛋白活性位点激活等水平上影响 NOS 的活性[36]。研究发现[37]，分离 Wistar 大鼠主动脉，并在磷酸盐培育液（PB）中培养 1 h，然后使其暴露于-20℃环境，发现轻度冷损伤时，NO 水平降低、NOS 活性明显升高，可能是机体受到寒冷刺激时的应激保护性反应，可防止或减缓冷损伤的发生；而当冷冻程度进一步加重，应激保护性反应消失，NOS 活性显著降低、NO 表达升高，并导致血管损伤。冷库作业工人血浆中 NO 和 NOS 表达均增加，可能是由于超氧自由基大量堆积，后者激活 NOS 从而促进 NO 合成，结果 ONOO⁻产生增多，而 ONOO⁻是比超氧自由基更具破坏性的活性氧，进一步加重了脂质过氧化的程度。有报道显示[38]，小鼠在寒冷应激（-10℃，10 h）后，其脑内 NO 生成量已显著减少，NOS 活性显著升高，NO 与 NOS 呈显著负相关关系，提示神经递质 NO 可能主要起保护脑神经细胞作用。由此推测寒冷刺激对 NO 表达的影响与应激的强度、时间都有关系。

1.2.5 冷应激与炎症相关因子

1）环氧合酶

环氧合酶（cyclooxygenase，COX）是体内催化花生四烯酸（arachidonic，AA）合成前列腺素（prostaglandin，PG）的限速酶。COX 主要包括 2 种亚型，即环氧合酶-1（cyclooxygenase-1，COX-1）和环氧合酶-2（cyclooxygenase-2，COX-2）。COX-1 在大多数正常组织中稳定表达，参与维持机体正常的生理功能；而 COX-2 在正常机体的大部分组织和器官内几乎不表达，而在多种病理条件下才被激活。在病理条件下，组织细胞受到刺激后释放花生四烯酸，AA 经由 COX 催化产生 PG、血栓素（thromboxane，TXA）、白三烯（leukotriene，LT）等生物活性物质，参与炎症反应[39]。刺激 COX-2 表达的因素主要包括 NO、致癌剂、肝细胞因子、表皮生长因子、脂多糖、血清、内皮素及维甲酸等[40]。COX-2 是兼有过氧化物酶和环氧合酶双重功能的酶，其催化产物 PG 是具有多种生理和病理生理功能的小分子物质，高浓度前列腺素与肿瘤发生、发展和转移有关[41]。前列腺素 E（prostaglandin E，PGE）是一种小分子多肽，其具有扩张血管、增加器官血流量、抗炎、促使吞噬细胞聚集、降低血管外周阻力、降低血压等作用。研究表明[42]，大鼠应激性溃疡自愈过程中 COX-1 和 COX-2 均有表达，参与了应激性溃疡的自愈过程，其作用可能主要与 COX 介导分泌的前列腺素有关，在心血管、胃肠、呼吸和生殖系统中均具有重要作用，是炎症、疼痛、发热反应中的重要介质。低温可影响 COX-2 在线粒体中的转录[43]。实验表明，激怒性应激可引起大鼠肠道黏膜 PGE 含量的显著增加。寒冷应激可引起大鼠血栓素和 PGE 的表达增加[44]。研究发现对小鼠进行 30 min 束缚应激后会引起小鼠结肠黏膜 COX-2 mRNA 表达量和 PGE 含量显著上升，并出现结肠杯状细胞分泌增加等情况，表明 PGE2 和环氧合酶在应激致肠道损伤中发挥作用[45]。

2）血红素加氧酶

血红素加氧酶（heme oxygenase，HO）是哺乳动物体内与亚铁血红素代谢相关的一种具有多种功能的微粒体氧化酶。它是血红素代谢的限速酶，可分解血红素生成胆绿素、CO 和铁，主要分布于肺、脾、肝、网状内皮系统和骨髓[46]。HO 有三种不同的亚型，分别由不同基因编码，分别为 HO-1、HO-2 和 HO-3。HO-1 为诱导型血红素氧化酶，而 HO-2 为结构型 HO，HO-3 主要分布于脾、肝、肾等，是很弱的血红素催化剂。HO-1 是一种应激反应蛋白，血红素、重金属、紫外线辐射、细胞因子、内毒素等多种刺激均可诱导其表达迅速上调，活性可提高 100 倍[47]。很多体内、体外试验证明，HO-1 在细胞遭受氧化损伤时起到保护细胞的作用[48,49]。第一例有关人类基因缺失的报道[50]也证实了这一观点，基因缺失导致 HO-1 基因缺失男孩不能正常生长，伴有贫血、组织性铁沉积、白血病，并且对氧化损伤的敏感性增加，直至最后死亡。HO-1 通过调整黏附分子、细胞因子来影响白细胞的趋化、归巢，通过降解产生的胆绿素、胆红素发挥抑制补体系统活性的功能[51]。研究还发现，HO-1 和 CO 可协同抑制脂多糖诱导的炎性因子 TNF-α、IL-1β 的表达，并促进脂多糖诱导的巨细胞 IL-10 的表达[52]。HO-1 通过上述多种途径减少局部白细胞的浸润及抑制炎性介质等释放从而发挥细胞保护作用。

3）肿瘤坏死因子

肿瘤坏死因子（tumor necrosis factor，TNF）是一种具有广泛生物学效应的细胞因子。TNF-α 由巨噬细胞和 T 淋巴细胞分泌，与细胞膜上特异性的受体结合后发挥促进细胞生长、分化、凋亡及诱发炎症等重要作用。

（1）*TNF-α* 基因的 TATA 盒在转录位点上游 20 bp 处，在其上游至少包括 5 个 TN-κB 增强子及 c-jun/AP-1 结合位点等。TNF-α 是一种重要的前炎性因子，并在多种免疫性炎症疾病中有重要作用：①有研究表明，在肥胖导致的肝脏炎症中，肝 *TNF-α* 的表达增加，而炎症经治疗后好转，*TNF-α* 的表达也随之减少[53]。②有实验表明，*TNF-α* 基因敲除小鼠的胰岛素敏感性会升高[54]。③机体 *TNF-α* 含量的增加也会导致肝脂质代谢发生紊乱，如游离脂肪酸代谢紊乱[53]。

（2）TN-κB 为一个转录因子蛋白家族，包括 C-Rel、TN-κB1（P50）、TN-κB2（P52）、RelA、RelB。在细胞静息期中，IκB 和 TN-κB1 形成复合体，以无活性形式存在于胞质中。当细胞受细胞外信号刺激后，IκB 激酶复合体（IκB kinase，IKK）IκB 磷酸化，使 TN-κB 暴露核定位位点[55]。游离的 TN-κB 迅速移位到细胞核，与特异性 κB 序列结合，诱导相关基因转录。参与炎症反应各阶段的许多分子都受

TN-κB 的调控，如 TNF-α、IL-1β、IL-2、IL-6、IL-8、IL-12、iNOS、COX-2、趋化因子、黏附分子等。此外，锌指蛋白 A20、HO-1 等一些抗炎因子也都受 TN-κB 的调控[56]。林宇等（2006）[57]对小鼠脑血管内皮细胞（BVEC）进行氧应激处理，发现 TNF-α、HO-1 mRNA 表达增加。研究表明，对离体小鼠心脏进行冷刺激后，心脏 TNF-α、IL-1β、TN-κB 表达增加，说明心脏对冷刺激产生炎性反应[58]。

1.2.6 冷应激对机体几种应激相关基因或蛋白质表达的影响

目前大约有 26 种基因或蛋白质的表达与冷应激有关，见表 1-2。我们仅介绍几个比较有代表性的在冷应激过程中受到人们广泛关注的基因或蛋白质，从而为从分子水平研究冷适应机制、实行冷损伤保护措施提供基础资料。

表 1-2 在哺乳动物体内冷诱导表达的基因或蛋白质

基因或蛋白质	诱导的时间	主要作用	调控水平
热休克蛋白 110（HSP110）	冷暴露温度恢复正常后	分子伴侣	转录水平
热休克蛋白 105（HSP105）	冷暴露温度恢复正常后	分子伴侣	转录水平
热休克蛋白 98（HSP98）	冷暴露温度恢复正常后	分子伴侣	转录水平
热休克蛋白 90（HSP90）	冷暴露温度恢复正常后	分子伴侣	转录水平
热休克蛋白 89（HSP89）	冷暴露温度恢复正常后	分子伴侣	转录水平
热休克蛋白 73（HSP73）	冷暴露温度恢复正常后	分子伴侣	转录水平
热休克蛋白 72（HSP72）	冷暴露温度恢复正常后	分子伴侣	转录水平
热休克蛋白 70（HSP70）	冷暴露温度恢复正常后	分子伴侣	转录水平
热休克蛋白 25（HSP25）	冷暴露温度恢复正常后	分子伴侣	转录水平
凋亡特异性蛋白（apoptosis specific protein，ASP）	4℃急性冷暴露过程	细胞凋亡	转录水平
金属硫蛋白（metallothionein，MT）	冷暴露温度恢复正常后	稳定细胞膜、保护细胞器	转录水平
WAF1/p21	冷暴露温度恢复正常后	G1 期细胞周期抑制的调节者	转录水平
p53	冷暴露温度恢复正常后	G1 期细胞周期抑制的调节者	转录水平
APG-1	冷暴露温度恢复正常后	炎症反应	转录水平
白细胞介素-8（IL-8）	冷暴露温度恢复正常后	炎症反应	转录水平
冷诱导 RNA 结合蛋白（CIRP）	中度低温冷暴露过程	RNA 伴侣	转录水平
RNA 结合基序蛋白 3（RBM3）	中度低温冷暴露过程	RNA 伴侣	转录水平
KIAA0058	冷暴露过程	RNA 伴侣	转录水平
抗坏血酸过氧化物酶	冷暴露温度恢复正常后	RNA 伴侣	转录水平
E-选择素	冷暴露过程	RNA 伴侣	转录水平
腺苷三磷酸酶亚基	冷暴露过程	能量代谢	转录水平
核因子-1	冷暴露过程	调节蛋白质合成	转录水平
clone D	冷暴露过程	促进铁的代谢	转录水平
转铁蛋白	冷暴露过程	促进铁的代谢	转录水平
纤维蛋白原	冷暴露过程	促进铁的代谢	转录水平
阿黑皮素原（POMC）	冷暴露过程	神经免疫调节	转录水平

1）冷应激对转铁蛋白、纤维蛋白原和 clone D 的基因表达的影响

杨发青和钱令嘉[59]采用代表性差异分析方法对冷应激前后转铁蛋白、纤维蛋白原和 clone D 的基因表达进行了研究，结果表明，这三种基因在冷应激后的表达量均明显增加。目前，这些基因的表达变化和寒冷适应的关系在高等动物中尚无明确报道，因而其在机体寒冷适应中的意义有待进一步分析。据现有资料表明，这些基因和寒冷适应有一定的关系：由于冷适应，小鼠能更有效地维持体温，冷应激促使小鼠能量代谢加大[60]，同时机体的耗氧量会增高，而铁蛋白、转铁蛋白能促进机体铁代谢，维持红细胞功能，从而影响氧代谢，并且已有虹鳟鱼在寒冷适应时铁蛋白表达增高的报道[61]。因此，这些基因表达增高对机体增加产热，以利于适应寒冷环境可能具有明显的意义。目前所发现的这些基因大多和机体的血液循环系统具有一定的联系。已有研究表明，冷适应时，机体的血液循环系统有明显变化[62]，血液循环系统在机体的热平衡、运氧和产热方面具有重要的功能，而冷适应和机体的能量代谢变化是密不可分的。对这些基因的确切作用进行深入的研究，阐明其对寒冷适应的影响，可为进一步理解寒冷适应相关分子机制提供有意义的资料。

2）冷应激对金属硫蛋白表达的影响

金属硫蛋白（metallothionein，MT）是一种富含半胱氨酸的小分子质量的金属结合蛋白，分子质量为 6000~7000 Da。早已有实验证实了冷、热应激和耐力锻炼等都可引起大鼠肝 MT 含量的升高。同时，也有试验报道小鼠冷暴露预处理后 MT 的含量与小鼠对寒冷的耐受性呈正相关（$r=0.78$）。谷爱梅等[63]在 MT 与细胞耐寒力关系的研究中，从侧面反映了 MT 可能在冷应激中起到稳定细胞膜、保护细胞器的重要作用，具有保护性代偿意义，即 MT 的上升可能赋予了小鼠胚胎成纤维细胞系（NIH$_3$T$_3$ cell line）增强抵抗寒冷的能力，与前人报道的 MT 对制动性应激和急性力竭运动性应激有保护性代偿意义的结果一致。在冷应激过程中，MT 是否在发生过氧化反应产生自由基方面起了作用尚待进一步研究。

3）冷应激对阿黑皮素原表达的影响

阿黑皮素原（proopiomelanocortin，POMC）是多种激素活性肽大分子的前体蛋白，在垂体、下丘脑及免疫细胞中均有合成。POMC 包括促肾上腺皮质激素（ACTH）、β-内啡肽（β-endorphin）、γ-促黑素细胞激素（γ-MSH）等。POMC 的衍生肽与神经免疫调节关系密切。美国斯坦福大学的 E. Herbert 教授及哥伦比亚大学的 J. Roberts 教授发现类皮质激素能直接抑制 POMC 基因的转录，进而减少 POMC 蛋白的合成，最后使得 ACTH 的生成量减少[64,65]。骆文静和陈耀明[66]研究表明，冷刺激能使大鼠垂体前叶离体细胞 POMC mRNA 的表达明显增强。ACTH 的释放受多种调节因素作用，而这些作用则往往与改变垂体前叶 POMC 生物合成有关，尤其是在基因转录水平、POMC mRNA 表达水平。因此，ACTH 的释放可

用于评价各种因素对 *POMC* 基因表达的影响。POMC 提供了一个说明生物体如何更有效地发挥单个基因最大作用的例子。

4）冷应激对冷休克蛋白的影响

近十几年来，作为蛋白质分子伴侣的热休克蛋白一直是研究热点，而冷休克蛋白（cold shock protein，CSP）的研究虽然起步较晚，但作为另一类分子伴侣——RNA 分子伴侣，其研究热潮在近几年正在悄然上升。关于 CSP 的许多细节现在还不是很清楚，CSP 家族中很多成员的具体功能也无从知晓，这些都有待人们去进一步探索。

细菌中存在一类 CSP，低温时表达量有所改变，从而增加菌体对低温的耐受力。但目前的研究结果远不能解释寒冷应激的分子机制。1987 年，研究人员从大肠杆菌中发现了一种 CSP，它由冷休克刺激因子的基因编码，之后又发现许多种 CSP。目前的研究表明，无论是嗜热、嗜温还是嗜冷的细菌，它们大多数都产生 CSP。至今已发现 50 多种 CSP，大肠杆菌有 9 种，但只有三种（CSP A、CSP B 和 CSP G）是冷休克蛋白。某些细菌的 CSP 结构已被研究清楚[67]。在实验室条件下，冷休克后，CSP 水平降低。在体外，来自大肠杆菌的 CSP A 能提高自身 mRNA 的翻译水平，同时使 mRNA 对核糖核酸酶（RNase）的降解敏感[68]。这是由于这种 CSP 能阻止 mRNA 二级结构的形成，使之保持线性存在形式[69]。真核生物也存在 CSP A 家族的高度保守域，称为冷休克域，在此区域生成的蛋白质称为 Y-box 蛋白，但并不是由冷诱导产生的，它们起着转录因子和 RNA 掩蔽蛋白的双重作用[70]。一般来讲，Y-box 蛋白在细胞生成过程中表达。CSP 对低温的反应可能是在转录和翻译两个水平上受到控制的，并且二者之间有着某种联系，具体联系有待进一步研究。

5）冷应激与热休克蛋白

热休克蛋白（heat shock protein，HSP）是生物体在不利环境因素刺激下合成的一组特殊的蛋白质，最早关于 HSP 的报道见于 1962 年。随后 Krebs 和 Feder[71] 研究发现，有机体（包括原核生物和真核生物）受到环境、生理或病理胁迫时诱导产生 HSP 的热休克应答反应是一种普遍存在的生物学现象，而且在生理状态下，许多 HSP 也有一定量的表达。HSP 作为细胞内膜蛋白、信号蛋白或功能蛋白等分子伴侣，主要参与一些重要的生理活动，如蛋白质肽链的折叠、伸展、装配和受损蛋白的复性，同时也参与包括细胞信号转导、免疫识别、细胞周期调控、细胞凋亡等一系列重要的生命活动。当各种刺激因素诱导 HSP 合成后，HSP 可维持细胞结构和正常的生理功能，对应激造成的损伤起预防及修复作用，从而保护机体不受或少受伤害，提高机体对应激的耐受力，HSP 种类繁多，现在已发现的有 10 多种，其中最具有代表意义的是 HSP70，HSP70 是一类表达水平变化显著的应激蛋白，它在组织和细胞应激中具有调节作用，在进化上具有高度保守性，且能直接感受细胞内外环境的变化。HSP70 表达在应激状态下显著升高，可作为应激反应和评价组织细胞处于危险状态的分子生物标志[72]。Leandro 等[73]研究表明孵化中的鸡卵受冷、热应激出现 HSP70 的高表达，而且，在不同日龄和组织中的表达量不同。王玮[74]通过研究发现家猪、野猪淋巴细胞中 HSP70 mRNA 的表达随冷应激强度的增强而增加，且野猪较家猪增加幅度大。吴永魁[75]研究显示 HSP70 在不同组织细胞中的表达量和表达速度不同，与组织的耐受力及冷应激的强度存在一定的关系。暴露温度越低，淋巴细胞中 HSP70 表达越迅速，且 HSP70 表达量的高水平持续时间也越长；肝中的 HSP70 对冷应激反应敏感，温度越低，表达量越高；脾中的 HSP70 对冷应激反应迟缓。HSP70 的高表达既反映了机体保护机制发挥着作用，也表示组织细胞功能处于危急状态。HSP70 可能具有如下两种抗应激机制：一种可能是当机体处于应激状态时，核蛋白变性、疏水区暴露并相互聚合，此时，HSP70 从细胞质迅速转移到细胞核，与变性蛋白暴露的疏水区结合，从而限制了其相互聚合，并可使已聚合的疏水区解聚，恢复其正常结构及功能，发挥细胞保护作用；另一种可能是 HSP70 通过抑制细胞凋亡来缓解应激反应对机体造成的损伤。应激诱导的细胞凋亡需要激活细胞内的应激酶，而 HSP70 可以抑制应激诱导的应激酶激活、抑制凋亡基因 p53 和 Bax 的表达、抑制凋亡信号转导中的蛋白水解酶活性、抑制氧自由基生成、保护细胞线粒体功能，HSP70 还能抑制另一种应激酶 p38 活性，而 p38 活性升高会造成细胞损害。

HSP70 高表达被认为是生物细胞逃避有害刺激的最原始机制之一，但如果综合应激强度过大或持续时间过长，将造成细胞的膜结构损伤和蛋白质结构改变，不但会使 HSP70 表达降低，而且会使 HSP70 在细胞内的分布发生改变。

尽管多种基因表达与冷应激相关，但到目前为止，研究人员只对其中几种基因作用机制进行了深入研究，对其余大多数与冷应激相关基因的作用机制尚不明确，有待进一步研究。

综上所述，寒冷环境可以对机体造成一系列的损伤，对损伤机制及其预防措施的研究一直是特殊环境医学领域的重要课题，对保障部队战斗力和保证人民健康具有重要意义。目前寒冷损伤的治疗和预防措施仍不完善，今后应运用分子生物学技术阐明寒冷损伤的分子机制，研究与寒冷损伤密切相关的细胞因子，并进一步探索相应的防治方法。

参 考 文 献

[1] Ingram D L. The effect to humidity on temperature regulation and cutaneous water loss in the youg pigs[J]. Res Vet Sci, 1965, 6(6): 9-17

[2] Mount L E. The assessment of thermal environment in relation to pig production[J]. Livestock Production Science, 1975, 2(4): 381-392

[3] 黄吕澎. 家畜气候学[M]. 南京: 江苏科学技术出版社, 1989

[4] Yousef M K. Stress Physiology in Livestock. Volume II. Ungulates[M]. Boca Raton: CRC Press, 1985

[5] 李震钟, 吴庆鹉, 王新谋. 家畜环境生理学[M]. 北京: 中国农业出版社, 1999: 71-72

[6] 任涛, 辛朝安. 寒冷应激对鸡的影响[J]. 养禽与禽病防治, 1997, 2: 32-33

[7] 田树飞, 金曙光. 寒冷应激对动物的影响及其预防[J]. 河北北方学院学报, 2005, 21(2): 55-57

[8] Remke H, Wildsdorf A, Rehorek A. Change of ATPase activities in erythrocytes of rats with hypothalamic obesity[J]. Exp Pathol, 1991, 43(1-2): 67-73

[9] Westfall T C, Yang C L, Chen X, Naes L, Vickery L, Macarthur H, Han S. A novel mechanism prevents the development of hypertension during chronic cold stress[J]. Auton Autacoid Pharmacol, 2005, 25(4): 171-177

[10] Kaushik S, Kaur J. Effect of chronic cold stress on intestinal epithelial cell proliferation and inflammation in rats[J]. Stress, 2005, 8(3): 191-197

[11] Feng Q, Cheng B, Yang R, Sun F Y, Zhu C Q. Dynamic changes of phosphorylated tau in mouse hippocmpus after cold water stress[J]. Neurosci Lett, 2005, 388(1): 13-16

[12] Okawa Y, Ishiguro K, Fujita S C. Stress-induced hyperphosphorylation of tau in the mouse brain[J]. Febs Lett, 2003, 535(123): 183-189

[13] 方允中. 自由基生命科学进展[M]. 北京: 原子能出版社, 1993: 1192-2194

[14] Hochachka P W. Defense strategies against hypoxia and hypothermia[J]. Science, 1986, 231 (4735): 234-241

[15] Fujita J. Cold shock response in mammalian cells[J]. J Mol Microbiol Biotechnol, 1999, 1(2): 243-255

[16] Moseley P L. Exercise, stress, and the immune conversation[J]. Exerc Sport Sci Rev, 2000, 28(3): 128-132

[17] Cullian W E, Herman J P, Battaglia D F, Akil H, Watson S J. Pattern and time course of immediate early gene expression in rat brain following acute stress[J]. Neuroscience, 1995, 64(2): 477-483

[18] Quintero L, Cuesta M C, Silva J A, Arcaya J L, Pinerua-Suhaibar L, Maixner W, Suarez-Roca H. Repeated swim stress increases pain-induced expression of c-Fos in the rat lumbar cord[J]. Brain Res, 2003, 965(1-2): 259-268

[19] 蓝妮, 谢启文, 王淑芬. 大鼠应激时垂体 c-fos 和催乳素基因表达关系的研究[J]. 中国医科大学学报, 2000, 29(4): 244-246

[20] Tan Z, Nagata S. PVN c-fos expression, HPA axis response and immune cell distribution during restraint stress[J]. J Uoeh, 2002, 24(2): 131-149

[21] Ons S, Marti O, Armario A. Stress-induced activation of the immediate early gene *Arc* (activity-regulated cytoskeleton-associated protein) is restricted to telencephalic areas in the rat brain: relationship to c-fos mRNA[J]. J Neurochem, 2004, 89(5): 1111-1118

[22] Liu X, Kvetnansky R, Serova L, Sollas A, Sabban E L. Increased susceptibility to transcriptional changes with novel stressor in adrenal medulla of rats exposed to prolonged cold stress[J]. Brain Res Mol Brain Res, 2005, 141(1): 19-29

[23] Baffi J S, Palkovits M. Fine topography of brain areas activated by cold stress[J]. Neuroendocrinol, 2000, 72(2): 102-113

[24] Robinson D A, O'Brien P K, Gheewala R M, Nikulina E M, Payne D D, Hammer R P, Warner K G. Differential expression of neuronal fos protein after cold water drown in gand controlled

rewarming[J]. Jam Coll Surg, 2004, 198(3): 404-409

[25] Ding W, Hudson L G, Liu K J. Inorganic arsenic compounds cause oxidative damage to DNA and protein by inducing ROS and RNS generation in human keratinocytes[J]. Mol Cell Bio Chem, 2005, 279(122): 105-112

[26] Nair N, Bedwal S, Prasad S, Saini M R, Bedwal R S. Short-term zinc deficiency in diet induces increased oxidative stress in testes and epididymis of rats[J]. Indian J Exp Biol, 2005, 43(9): 786-794

[27] Semenza G L, Wang G L. A nuclear factor in duced by hypoxia via *de novo* protein synthesis binds to the human erythropoietin gene enhancer at a site required for transcriptional activation[J]. Mol Cell Biol, 1992, 12(12): 5447-5454

[28] Abu-khader A A, Bilto Y Y. Exposure of human neutrophils to oxygen radicals causes loss of deformability, lipid peroxidation, protein degradation, respiratory burst activation and loss of migration[J]. Clinical Hemorheology and Microcirculation, 2002, 27(1): 57-66

[29] Cupane A, Leone M, Militello V, Stroppolo M E, Polticelli F, Desideri A. Low-temperature optical spectroscopy of native and azide-reacted bovine Cu, Zn superoxide dismutase: a structural dynamics study[J]. Biochemistry, 1994, 33(50): 15103-15109

[30] Halliwell B, Gutteridge J M C. Free radicals in biology and medicine[J]. Journal of Free Radicals in Biology & Medicine, 1985, 1(4): 331-332

[31] Sahin E, Gumuslu S. Alterations in brain antioxidant status, protein oxidation and lipid peroxidation in response to different stress models[J]. Behav Brain Res, 2004, 155(2): 241-248

[32] Shaheen A A, El-Fattah A A. Effect of dietary zinc on lipid peroxidation, glutathione, protein thiols levels and superoxide dismutase activity in rat tissues[J]. Int J Biochem Cell Biol, 1995, 27(1): 89-95

[33] Sahin E, Gumuslu S. Cold-stress-induced modulation of antioxidant defence: role of stressed conditions in tissue injury followed by protein oxidation and lipid peroxidation[J]. Int J Biometeorol, 2004, 48(4): 165-171

[34] Suzuki E, Kageyama H, Nakaki T, Kanba S, Inoue S, Miyaoket H. Nitric oxide induced heat shock protein 70 mRNA in rat hypothalamus during acute restraint stress under sucrose diet[J]. Cell Mol Neurobiol, 2003, 23(6): 907-915

[35] Bellmann K, Jaattela M, Wissing D. Heat shock protein hsp70 overexpression confers resistance against nitric oxide[J]. Febs Lett, 1996, 391(1-2): 185-188

[36] Griffith O W, Stuehr D J. Nitric oxide synthases: properties and catalytic mechanism[J]. Ann Rev Physiol, 1995, 57(57): 707-736

[37] 钱令嘉, 潘宁. 冷损伤血管 NO 合成酶活力的变化及其生物学意义[J]. 中华劳动卫生职业病杂志, 1999, 17(5): 279-282

[38] Morilak D A, Barrera G, Echevarria D J, Garcia A S, Hernandez A, Ma S, Peter C O. Role of brain norepinephrine in the behavioral response to stress[J]. Prog Neuropsy Chopharmacol Biol Psychi, 2005, 29(8): 1214-1224

[39] 杨晓敏. 应激状态下环加氧酶-2 基因表达调控的研究进展[J]. 医学分子生物学杂志, 2005, 2(3): 194-197

[40] Cianchi F, Cortesini C, Fantappie O, Messerini L, Sardi I. Cyclooxygenase-2 activation mediates the proangiogenic effect of nitric oxide in colorectal cancer[J]. Clin Cancer Res, 2004, 10(8): 2694-2704

[41] 王菊勇, 郭净, 郑展. iNOS/COX-2 与恶性肿瘤[J]. 现代肿瘤医学, 2012, 20(1): 183-186

[42] 徐俊, 宋于刚, 桑显富, 鲍光欣, 李旭, 武钢, 陈东升. 大鼠应激性溃疡自愈过程中环氧合

酶表达的变化[J]. 南方医科大学学报, 2006, 26(1): 91-93, 97

[43] Kurihara-Yonemoto S, Handa H. Low temperature affects the processing pattern and RNA editing status of the mitochondrial cox2 transcripts in wheat[J]. Curr Genet, 2001, 40(3): 203-208

[44] 肖文, 李仓霞, 张守信, 薛海龙, 李改丽. 寒冷应激对大鼠血浆血栓素 B2 和 6-酮-前列腺素 FIα 含量的改变[J]. 西部医学, 2008, 20(4): 704-705

[45] Castagliuolo I, Lamont J T, Qiu B, Fleming S M, Bhaskar K R, Nikulasson S T, Kornetsky C, Pothoulakis C. Acute stress causes mucin release from rat colon: role of corticotropin releasing factor and mast cells[J]. Am J Physiol, 1996, 271(5 Pt1): 6884-6892

[46] 夏振炜, 李云珠, 崔文俊. 人体血红素加氧酶-1 的研究进展[J]. 生命科学, 2002, 14(4): 204-207

[47] Otterbein L E, Choi A M. Heme oxygenase: colors of defense against cellular stress[J]. Am J Physiol Lung Cell Mol Physiol, 2000, 279(6): 1029-1037

[48] Maines M D. The heme oxygenase system: a regulator of second messenger gases[J]. Annu Rev Pharmacol Toxicol, 1997, 37(1): 517-554

[49] Llesuy S F, Tomaro M L. Heme oxygenase and oxidative stress. Evidence of involvement of bilirubin as physiological protector against oxidative damage[J]. Biochim Biophys Acta, 1994, 1223(1): 9-14

[50] Poss K D, Tonegawa S. Heme oxygenase I is required for mammalian iron reutilization[J]. Proc Natl Acad Sci USA, 1997, 94(20): 10919-10924

[51] Baranano D E, Rao M, Ferris C D, Snyder S H. Biliverdin reductase: a major physiologic cytoprotectant[J]. Proc Natl Acad Sci USA, 2002, 99(25): 16093-16098

[52] Taneja C, Prescott L, Koneru B. Critical preservation injury in rat fatty liver is to hepatocytes, not sinusoidal lining cells[J]. Transplantation, 1998, 65(2): 167-172

[53] Tilg H. The role of cytokines in non-alcoholic fatty liver disease[J]. Dig Dis, 2010, 28(1): 179-185

[54] Uysal K T, Wiesbrock S M, Marino M W, Hotamisligil G S. Protection from obesity-induced insulin resistancein mice lacking TNF-alpha function[J]. Nature, 1997, 389(6651): 610-614

[55] Limuro Y, Fujimoto J. TLRs, NF-kappaB, JNK, and liver regeneration[J]. Gastroenterol Res Pract, 2010: H2056-H2068

[56] Karin M. NF-kappaB as a critical link between inflammation and cancer[J]. Cold Spring Harb Perspect Biol, 2009, 1(5): a000141

[57] 林宇, 许莉, 王小明. 氧应激在TNFα诱导血管内皮细胞 HO-1 基因表达中的作用[J]. 齐齐哈尔医学院学报, 2006, 27(9): 1025-1026

[58] Wei L, Wu R B, Yang C M, Zheng S Y, Yu X Y. Cardioprotective effect of a hemoglobin-based oxygen carrier on cold ischemia/reperfusion injury[J]. Cardiology, 2011, 120(2): 73-83

[59] 杨发青, 钱令嘉. 寒冷适应差异表达的研究[J]. 生理学报, 2003, 55(3): 360-363

[60] Hori K, Ishigaki T, Koyama K, Kaya M, Tsujita J, Hori S. Adaptive changes in the thermogenesis of rats by cold acclimation and deacclimation[J]. Jpn J Physiol, 1998, 48(6): 505-508

[61] Michiaki Y, Nobuhiko O, Tatsuya S. Molecular cloning and cold-inducible gene expression of ferritin H subunit isoforms in rainbow trout cells[J]. J Biol Chem, 1996, 271(43): 26908-26913

[62] Roukoyatkina N I, Chefer S I, Rifkind J. Cold acclimation-induced increase of systolic blood pressure in rats is associated with volume expansion[J]. Am J Hypertens, 1999, 12(1): 54-62

[63] 谷爱梅, 董兆申, 邓欣珠. 金属硫蛋白与细胞耐寒力的关系[J]. 中华劳动卫生职业病杂志, 1999, 17(5): 272-275

[64] Birnberg N C, Lissitzky J C, Herbert E. Glucocorticoids regulate proopiomelanocortin gene expression *in vivo* at the levels of transcription and secretion[J]. PNAS, 1983, 80(22): 6982-6986

[65] Eberwine J H, Roberts J L. Glucocorticoid regulation of proopiomelanocortin gene transcription in the rat pituitary[J]. J Biol Chem, 1984, 259(4): 2166-2170

[66] 骆文静, 陈耀明. 冷应激对大鼠垂体前叶离体细胞 ACTH 分泌和 *POMC* 基因表达的影响及锌的保护作用[J]. 第四军医大学学报, 2004, 25(2): 114-117

[67] 颜振兰, 姚淑敏. 冷休克蛋白及冷休克反应[J]. 聊城师院学报, 2000, 13(3): 59-62

[68] Jiang W, Hou Y, Jnouye M. CspA, the major cold-shock protein of *Escherichia coli*, is an RNA chaperone[J]. J Biol Chem, 1997, 272(1): 196-202

[69] 柳巨雄, 栾新红, 杨焕民, 胡仲明. 冷休克蛋白表达的分子机制[J]. 中国兽医学报, 2003, 23(6): 607-609

[70] Laclomerv M, Sommcrville J. A role for Y-box proteins in cell proliferation[J]. Bioessays News & Reviews in Molecular Cellular & Developmental Biology, 1995, 17(1): 9-11

[71] Krebs R A, Feder M E. Deleterious consequences of HSP70 over expression in *Drosophila melanogaster larvae*[J]. Cell Stress Chaperones, 1997, 2(1): 60-71

[72] Kubo T, Arai Y, Tadahashi K. Expression of transduced HSP70 gene protects chondrocytes from stress[J]. J Rheumatol, 2001, 28(2): 330-335

[73] Leandro N S, Gonzales E, Ferro J A, Ferro M I, Givisiez P E, Macari M. Expression of heat shock protein in broiler embryo tissues after acute cold or heat stress[J]. Mol Reprod Dev, 2004, 67(2): 172-177

[74] 王玮. 冷应激对家猪、野猪 HSP70、GR mRNA 表达的影响[D]. 长春: 吉林大学硕士学位论文, 2007

[75] 吴永魁. 仔猪冷应激反应中激素 HSP70 及其 mRNA 的动态分析[D]. 长春: 吉林大学博士学位论文, 2006

第2章　冷应激对机体相关生理生化指标的影响

2.1　机体生理生化指标变化

2.1.1　冷应激对微量元素的影响

在生产实践中，微量元素对动物机体发挥了很大作用。无论是在机体的生长发育还是健康方面都有很大影响。虽然引起机体发病的原因和机制很多，但研究表明，动物机体如果缺乏某些微量元素可导致机体抗病能力降低，进而产生多种疾病。而在这其中最为主要的一方面原因就是微量元素的缺乏导致机体抗氧化功能下降，从而导致细胞膜受损，免疫机能紊乱。抗氧化功能下降主要是由谷胱甘肽过氧化物酶（GHS-Px）、超氧化物歧化酶（SOD）等主要抗氧化酶活性下降，从而引起体内脂质过氧化物和超氧阴离子自由基过多而损伤细胞生物膜造成的。进一步研究表明，体内 GHS-Px 和 SOD 的活性与机体必需的微量元素硒、铜、锌有着密切的关系[1,2]。GHS-Px 是哺乳动物体内第一个被公认的含硒酶。GHS-Px 的主要生理功能是催化还原型谷胱甘肽变成氧化型，同时使过氧化物及自由基还原成水或羟基化合物，防止生物大分子发生氧化应激反应，保护生物大分子的结构和功能。在生命体系中，对自由基进攻最敏感的物质是多不饱和酸，而它也正是构成细胞膜基质的主要成分，体内代谢产生的活性氧自由基进攻细胞膜上的多不饱和脂肪酸，导致一系列的自由基链式反应，造成细胞膜脂质氧化或过氧化，由此导致生物膜乃至整个细胞结构与功能的改变[3,4]。此外，硒还具有抗应激作用，幼龄动物的体温调节能力很弱，冷、热应激对其健康和生长发育有很大的威胁。而褐色脂肪组织是啮齿类动物、幼龄哺乳动物和新生婴儿受到冷应激时最重要的非寒战性产热部位。其非寒战性产热功能的发挥依赖于组织的 T3 水平和受 T3 调控的解偶联蛋白（uncoupling protein，UCP）的浓度。硒缺乏时，T3 浓度降低，阻碍褐色脂肪组织的非寒战性产热功能的发挥，这会降低新生反刍动物和所有啮齿类动物抵御寒冷的能力，影响其生长发育和存活率。

2.1.2　血常规检测变化

检测血常规是目前临床上使用最广泛的化验项目，常用来作为辅助诊断的依据，它不仅能反映动物的生理状态，确定机体的健康情况，也是评价动物机体异常情况不可缺少的重要依据。

对 50 日龄"军牧 1 号"断乳仔猪进行冷暴露，结果发现红细胞（red blood cell，RBC）和红细胞比容（hematocrit，HCT）在冷暴露时总体上呈逐渐减少趋势，至冷暴露结束 6~12 h 后才逐渐恢复；血红蛋白（hemoglobin，HGB）含量也低于冷应激开始时的水平，并在常温下逐渐恢复且接近冷应激前的正常水平[5]。这说明冷应激可能造成机体组织损伤并破坏红细胞，随着机体的代偿及其对环境的适应，各项指标均逐渐恢复正常。但赵宗胜等[6]报道了相反的结果，他们将荷斯坦牛在 −30~−5℃冷暴露，RBC 随着温度的降低有升高趋势，而 HCT 不受影响。对犬进行冷刺激（0℃的冰水混合物，30 min）后，RBC 也显著高于对照期（$P<0.05$）[7]。提示冷应激可能造成机体缺氧，从而导致 RBC、HCT 和 HGB 的升高。有研究报道了大鼠冷应激（4℃，1 h）后白细胞（white blood cell，WBC）总数、淋巴细胞数和单核细胞数均在第 10 天时高于对照组，到 15 d 时，应激组的 WBC 总数、淋巴细胞数和单核细胞数约等于对照组[8]。其他学者的实验也得到了相同的结论[9]。提示冷应激可能使机体表皮血管收缩，水分挤出血管从而导致 RBC 的升高，同时冷应激也激活了机体的防御机制，致使 WBC 的升高，提了机体对外界环境的防御及适应能力。

2.1.3　血糖浓度的变化

血液中的糖即为血糖。机体各组织细胞活动所需的能量大部分都来自葡萄糖（glucose，GLU），所以血液中葡萄糖浓度必须保持一定的水平才能维持机体各器官和组织的需要。吴永魁等报道了仔猪在冷暴露后 3~6 h 血糖浓度显著升高（$P<0.05$）[5,9]。西门塔尔杂交犊牛随着温度的降低，血清 GLU 水平升高了 18.8%~103.3%，在接受 0℃左右慢性冷应激时，血清 GLU 的升高随着应激时间的延长而更加显著（$P<0.05$）[10]。荷斯坦奶牛冷应激研究也得出了相同的结果[11]。可见暴露于寒冷环境中，机体为了适应冷应激，保持正常的能量供给，肝糖原大量分解并释放入血从而使血糖浓度升高。但也有实验报道了相反的结果，大鼠接受冷暴露（−15℃，3 h）后，即刻血糖浓度水平低于对照组的血糖浓度，30 min 时仍低于对照组（$P<0.01$）[12]。将家兔分别置于 2℃、−4℃、−6℃的环境中 30~60 min 后，结果也显示血糖随环境温度的下降显著降低（$P<0.05$）[13]。犊牛冷应激后也得到了相同的结果[14]。这可能和动物的种属、年龄及能够接受冷应激的强度有关。

2.2　冷应激对动物维持行为的影响

行为既是动物的语言，也是动物应对环境变化的最直接形式[15]，与能量的摄入和消耗密切相关。行为具有良好的可塑性，动物可以根据周围环境条件（如光照、温度、湿度、捕食风险等）的变化及自身的生理状况来调整行为[16]。而且大量事实也证明，动物的各种需要是以相应的行为来表现的，动物与其生活和生存环境之间关系的好坏可由动物在环境中的行为表现来判断，其中与温热环境相关的行为之一是维持行为。维持行为是动物自身启动与终结的个体行为，它包括肉体与精神舒适两个方面，由采食、饮水、休息、排泄、护身、舒适、探究和游戏各项行为系统组成。当环境温度发生变化时，为了保持热平衡，维持行为中的姿势变化最为明显。20 世纪六七十年代，环境生理学研究的代表人物——Mount 和 Ingram 在生理学的报告中对姿势变化进行了如下描述：低温时，猪爱嘶叫，站立时间长；高温时横卧姿势增加，几乎不嘶叫。最近的定量分析证实，在适宜温域和高温下，猪的卧位时间黑夜期间为 95% 以上，白天期间为 70%~80%；伴随环境温度的降低，横卧姿势减少，伏卧姿势增加；10℃ 的低温环境下，其站立时间占到 80% 以上[17]。

参与维持的主要行为特征表现在有目的地维持内环境的平衡，这些行为特征反映了动物对行为的需要。动物同环境的联系不仅为了寻食、找水、社会联络及避免伤害，也可以弥补环境刺激的不足或回避过强的环境刺激。环境刺激无论是过强还是不足，都能使动物产生不良或应激反应，其结果是一致的：内环境平衡的失调。实质上，行为的内环境平衡决定了动物在进化中的生物适应性，物种的特定行为在其生物学适应和功能上的表现说明了一个完整动物的内环境的平衡，因此维持需要的行为决定了动物的健康状况。动物实验研究证明，应激与动物的行为关系密切。应激后动物通常表现出的攻击性行为、呆滞行为和排泄行为较正常状态下明显增多。还有研究证实，应激状态能影响动物的摄食行为。在多种应激方式下，动物都可产生行为障碍，且随应激时程的长短而有不同的表现，急性应激期动物行为活动增多，而慢性应激期减少[18]。

荷斯坦奶牛站立和游走时间在慢性冷应激期显著缩短，卧息时间显著增加。相对于非应激期而言，慢性冷应激期奶牛反刍时间有所提高；慢性冷应激期奶牛饮水次数低于非应激期；排粪次数显著高于非应激期；排尿次数也稍高于非应激期[19]。Lefaucheur 等[20]发现仔猪在 12℃ 时明显颤抖，随着实验时间的推移颤抖逐渐减弱。小鼠接受 4℃ 寒冷刺激后，表现聚堆、惊恐不安、紧张、眼球突出、目光锐利、肌肉震颤、尾根抖动和少尿或无尿等现象，有时频频排粪尿。对照组的小鼠呼吸平稳，表现正常[8]。大鼠在冷暴露 1~3 周时，活动较少，静卧聚集成团[21]。提示了在冷应激期，动物为了增加产热而减少体表散热，出现颤抖、静卧等现象；机体散热量减少导致动物对水的需求量减少，而为了抵御寒冷，机体代谢率升高从而使其排粪排尿次数增加；同时冷应激能使动物产生惊恐、紧张等反应。

大量研究表明，冷应激能使动物采食量增加，体重降低或增加缓慢。将 3 周龄的仔猪分别放置于 12℃ 和 23℃ 的环境中, 冷暴露组的生长速度与对照组保持一致, 但采食量比对照组高 20%[22]。将犊牛、大鼠置于冷环境中也发现其采食量增加[14,23]。12~28℃ 时温度每下降 1℃, 8~30 kg 的仔猪需增加采食量 14 g/d, 30~90 kg 的仔猪需增加采食量 27 g/d, 并且仔猪冷暴露后体重增加减慢[20]。小鼠冷应激 (4℃ 冰箱放置 1 h) 10 d 后, 体重开始下降, 从一开始的 22.3 g 下降到 16.3 g, 降值达 6 g[8]。大鼠在冷暴露 1~3 周时, 进食量明显增加, 体重明显下降, 平均下降 11.9 g/只; 而在冷暴露 4~6 周时, 进食量减少, 接近于正常对照组, 体重下降程度减轻, 平均下降 1.9 g/只[20]。这说明冷应激时动物产热增加, 消化率升高, 代谢率加强, 从而使动物采食量增加, 而动物摄取的能量首先供应机体产热, 维持机体正常的生理机能, 因此没有足够的能量来维持机体的生长发育, 导致动物体重增加缓慢甚至降低。

许多实验表明, 饮水量与环境温度呈正相关。在 0~15℃ 时, 处于生长状态的绵羊的饮水量与温度呈正相关[24]。环境温度升高到 38℃ 时, 饮水量仍与环境温度呈正相关, 但是到 40℃ 及以上时, 饮水量下降或剧烈上升。当环境温度下降到 -12℃ 时, 瘤胃、直肠和皮肤组织的温度下降, 结果饮水量比 15℃ 时低 50%。绵羊水代谢实验表明, 在 20℃ 的适温时, 绵羊的饮水量、尿量和表观不感觉失水量显著高于 -11℃ 低温时。但当从 -11℃ 低温再回到 20℃ 适温后, 饮水量较第一次在适温时有所增加, 但尿中和粪便中含水量反而减少, 表观不感觉失水量增加[25]。这说明在 -11℃ 的低温时, 体内排出大量水分, 使水代谢为负平衡。

2.3　冷应激对动物基本生命体征的影响

生命体征是评估生命活动及其健康情况的重要项目之一, 主要包括心率、体温、呼吸、脉搏、血压、瞳孔和意识等, 它们都是维持动物体正常生命活动的支柱, 无论哪项异常都会导致机体出现严重疾病甚至危及生命, 同时某些疾病也可以导致这些体征发生变化。

2.3.1　冷应激对体温的影响

低温时, 皮肤温度随受冷时间的延长和冷强度的加大逐渐降低, 并出现潮红、冷、胀、麻、痛等症状, 感觉也逐渐减弱; 持续暴露于低温环境时, 除皮肤温度下降外, 体中心温度也下降, 但体温的变化不如皮肤温度变化那样敏感, 主要表现为直肠温度下降, 当体核温度降至 35℃ 以下时, 会造成低体温或全身性的冷冻伤。体温在环境温度较高的夏季比在环境温度较低的冬季高; 在相同的季节, 生活在南方者其体温比生活在北方者高[26]。邵同先等[13]报道, 家兔在环境温度为

–6~2℃时，肛温从 36.9℃降至 32.1℃，并且肛温随着环境温度的降低而降低。在
–30℃环境中的雄性 Wistar 大鼠，肛温比冷暴露前低，冷暴露至 80 min 后复温，
复温完毕肛温与暴露前相比升高[27]。2012 年，黄冠鹏在雄性成年 SD 大鼠上也证
明了急性冷暴露于低温实验舱［(–15±2) ℃］，随着暴露时间的延长，大鼠中心
体温逐渐降低，而把冷适应大鼠放置于低温实验舱，大鼠体温降低然后保持稳
定[28]。犬冷刺激（0℃的冰水混合物，30 min）结束时体温极显著下降，刺激结束
后逐渐回升。这与体温的习服有关，当动物处在寒冷环境中一段时间后，机体逐
渐适应寒冷环境，因此冷应激对冷适应动物造成的危害远低于猛然遭受寒冷刺激
的动物。而 3~5 岁绵羊（35~52 kg）暴露于寒冷环境中肛温没有变化[29]。这有可
能是因为相较于老鼠和兔子等动物，绵羊的皮毛厚，体格大，在面临冷应激时维
持体温的能力强。

2.3.2　冷应激对心率和血压的影响

有报道证明美利奴绵羊、9~14 月龄的苏格兰黑面羊（Scottish Blackface）母
羊、3~5 岁的绵羊等暴露于寒冷环境下心率均增加[30-32]。van Bergen 等也证明了
大鼠急性暴露于寒冷环境中，血压升高，心率加快[33,34]。将 3 月龄雄性 Wistar 大
鼠置于（4±2）℃的冷环境中，鼠尾压、心率也明显升高[35]。将冷暴露组大鼠突
然暴露于 6℃环境中，1 h 内大鼠心率和血压急剧升高[36]。这些研究均证明了在寒
冷环境下，动物体内产热增加，体内代谢升高，因此心率升高。而对家兔进行冷
暴露处理却得出了不同的结果，环境温度为 2℃时，心率加快；–4℃环境中，心
率减慢；–6℃环境中，心律失常并伴有心室纤维颤动。提示随着环境温度的下降，
冷应激对家兔造成的影响有可能已超过机体的调节限度致使心律失常[13]。

2.3.3　冷应激对呼吸的影响

动物在冷应激时，为维持内环境稳定，机体的耗氧量及产热量显著增加。家
兔处于 2℃的环境中 20~60 min 后呼吸频率为 35 次/min，当温度下降到–4℃时呼
吸频率为 45 次/min[13]。剪了毛的成年羊暴露于 1℃环境下，记录呼吸以计算其代
谢率，也发现其代谢率比平时高[37]。呼吸加快加深是机体代谢和产热增加的一种
御寒反应，随着代谢率的升高，机体需氧量也会增大，从而引起机体呼吸加快。
而有研究则做出了相反的结果，荷斯坦奶牛在–20~–4℃慢性冷应激期呼吸频率显著
降低，呼吸加深[38]。中国荷斯坦奶牛在–20~–4℃的冬季呼吸频率为（28±3）次/min，
显著低于夏季（16~38℃）的呼吸频率[（58±8）次/min][19]。这些结果有可能说明，
在寒冷环境中，为维持内环境的稳定，机体产热增加而散热减少，但当环境温度

超过了机体自身的调节限度时，导致呼吸障碍，哺乳动物呼吸加深、频率降低。

2.4 冷应激对动物生产性能的影响

冷应激对动物的负面影响直接表现在动物生产性能的变化上。在冷应激条件下，动物对能量的摄入从原来的维持生产转变为维持体温，适应了冷应激后，动物的饲料摄入量增加，基础代谢率增加，能量储备减少。较强烈的冷应激对动物的影响很严重，可导致动物生产性能降低、感染呼吸道疾病，甚至死亡。1981 年，Young 和 Degen 在研究冷应激对反刍动物的影响时发现，环境温度每下降 1℃，牛 1 kg 代谢体重的维持能量需要增加大约 2.89 kJ，且饲料的摄入量增加 30%~70%[39,40]。对冷应激对奶牛产奶量的影响量化后，冷应激导致的奶损失约为整个泌乳期产奶量的 8.3%。不仅是反刍动物，猪在冷应激下的生产性能也会受到类似影响，如偏离最适温度 20℃时，采食量增加 5%~20%，育肥猪日增重和饲料转化率降低 25%以上，由于脂肪酸合成酶活性提高而皮下脂肪增加，肉质下降，繁殖性能降低等[41]。

2.4.1 冷应激对畜禽料重比和日增重的影响

在不同的环境温度条件下，畜禽为了满足正常的生长需要进行一系列的调节活动，进而影响料重比、日增重。冷应激对畜禽料重比和日增重的影响机制包括：①环境温度的变化会刺激机体的体温感受器，进而机体做出一系列的应答反应来适应环境的变化；②无论是临界温度的上限还是下限，都会破坏体热平衡，为了改善这种不平衡的状态，机体一般会通过增加采食量、增加活动量等来加以调节，进而影响料重比和日增重；③处于临界温度以外时，机体会通过促进下丘脑垂体分泌促肾上腺皮质激素和甲状腺激素，控制肾上腺素和甲状腺素的分泌，使得机体代谢发生改变，影响料重比和日增重。处于低温环境条件时，畜禽只能通过改变采食量、增强代谢能力来补偿产热所消耗的能量，使总体日增重不再发生变化，国内外的专家对此给出了不一样的说法。Verstegen 和 Hel 认为，虽然寒冷条件下猪的采食量增加了，但还是不足以弥补用于维持热平衡产热消耗掉的能量，使日增重降低[42]。Holme 和 Coey 的研究表明在低温条件下，猪摄入足够多的饲料也能快速生长，能够通过增加采食量来弥补产热时消耗的能量[43]。郭春华等的研究结果与这种观点基本一致，60~80 kg（温度为 20℃和 10℃）和 20~40 kg（温度为 20℃和 5℃）生长育肥猪的采食量分别增加了 514 g 和 444 g，日增重分别下降了 94 g 和 44 g，但差异不显著[44]。从理论上说，上述研究者所阐述的观点都正确，在适用的范围、在温度过低时或者饲料的营养水平不是很高的条件下，养殖动物通过自由采食,日增重是不会相同的。养殖行业中养殖成本也是一个重要的因素,温度过低,即使摄入过多的饲料,日增重也可能不会发生变化,但料重比会升高,养殖成本增加。

2.4.2　冷应激对畜禽饲料养分表观消化率的影响

冷应激影响动物表观消化率的机制或许为:在临界温度下限时,动物机体代谢旺盛,胃肠道的蠕动增强,食糜在肠道内存在的时间短,还没有被彻底消化吸收就被排出体外,导致饲料表观消化率降低;在临界温度上限时,动物的活动量减弱,不爱运动、喜欢趴窝,肠道蠕动减慢,使食糜在肠道停留时间延长,能够使各类营养物质得到充分的消化吸收,表观消化率高[45]。在季节变化对奶牛日粮营养物质表观消化率的影响研究中发现,奶牛夏季采食量明显低于春季,而夏季饲料的表观消化率高于春季[46],分析原因是在高温条件下,奶牛的散热量增强,流经皮肤的血流量增多,导致流经肠道的血流量减少,胃肠道的蠕动减缓,延长了食糜在体内的存放时间,同时食糜在胃肠道的充盈,使得食糜的消化吸收程度得到提高,表观消化率提高,通过各种伸张感受器将这种兴奋传递给下丘脑,促进厌食神经的兴奋,减少采食量。研究发现,肠道的容积随着温度变化而发生改变,近端胃在 12℃温度条件下会收缩,在 47℃温度条件刺激下会舒张,在 12~47℃时,胃的容积不断扩张,而近端胃的舒张功能也是衡量消化功能好坏的指标,因此高温有利于表观消化率的提高[47]。

动物体将饲料转变为畜产品的各个阶段,包括采食、消化、能量储存和蛋白质贮留,以及营养物分配,都受寒冷影响。因此,冷暴露一般降低产蛋率、泌乳量及生产率,在营养供给不足时更为明显。例如,环境温度低于−4℃时,荷兰牛乳产量开始下降。冷暴露也使山羊、猪和绵羊的泌乳量降低,当寒冷使山羊的耗氧量升高 18%时,则泌乳量减少 20%。冷暴露也影响乳的组成,使乳蛋白和乳糖的含量减少,乳的液体部分分泌减少,结果使乳脂率增加。据报道,内蒙古干旱草原地区绵羊冷季 6 个月的时间里平均失重 20%(集中在 11 月至翌年 5 月)[48]。猪和其他动物相比,体温调节机能较差,寒冷对猪的生理机能影响很大,猪为了维持体温,弥补因寒冷而损失的体热,将日粮中大部分营养物质转化为热能而使体重下降,发育停滞,饲料转化率降低[49]。在寒冷环境中培育的猪,其耳、鼻、吻突、尾和腿均较短,并且体脂趋向于在腹腔内贮积,而在皮下则较少[50]。可见,寒冷应激也造成动物正常形态的改变。

寒冷环境下动物体型和脂肪含量与分布也发生改变。同适温区环境相比,低温使猪身长变短、身高降低,但肩宽和胸围变大,同时,肾上腺、甲状腺、心脏、肝及胃肠道变大[51]。寒冷环境使猪的脂肪瘦肉比增加,体脂趋向于在腹腔内贮积,低温唯一使机体组织脂肪含量降低的部位是板油。低温饲养对肉质指数也有影响，其影响可能来源于糖原势能。就背最长肌的糖原势能来说，12℃处理组高于28℃处理组。而较高的糖原势必将产生更多的有机酸，从而降低肌肉的 pH，易产生 PSE（pale soft exudative）肉（灰白、松软、渗出）。低温可使背膘中的不饱和脂肪酸含量上升，但是，含量上升的只是单不饱和脂肪酸，而多不饱和脂肪酸的含量则下降[52]。

2.5 冷应激对机体抗氧化功能的影响

抗氧化防御系统是动物机体在进化中形成的一个完整而复杂的防御系统，它包括抗氧化酶［如超氧化物歧化酶（SOD）、过氧化氢酶（CAT）等］、脂溶性抗氧化剂（如维生素 E、辅酶 Q 等）、水溶性小分子抗氧化剂［维生素 C、谷胱甘肽（GSH）等］及蛋白类抗氧化剂（铜蓝蛋白、金属硫蛋白等）等，这些物质在机体清除自由基、防止各种病理变化的发生发展中发挥着重要的作用[53]。冷应激可改变机体的抗氧化功能，诱发氧化胁迫，导致体内自由基增多，对机体造成损伤。研究发现，冷应激可改变机体促氧化和抗氧化间的平衡，通过黄嘌呤氧化酶活性的升高及髓过氧化物酶活性的降低，使机体产生过多的自由基，导致脂质过氧化作用增强，诱发氧化损伤。Kaushik 和 Kaur 发现，慢性冷应激可使小鼠脑、心脏、肾、肝和小肠的 SOD 活性显著下降，心脏、肝和小肠的 CAT 活性显著下降，但肾中的 CAT 活性显著提高[54]。Pajović 等也指出，急性冷应激可使小鼠海马区铜锌超氧化物歧化酶（Cu,Zn-SOD）和 CAT 活性显著降低[55]。这些结果均表明，在机体受到慢性冷应激时，血清中的 SOD 下降，证实了机体可能受到超氧自由基的攻击而造成细胞损伤。

已有研究表明冷应激可使 H_2O_2、O_2^- 等细胞内活性氧（ROS）生成增多，脂质过氧化作用增强，导致生物膜的损伤，并进一步造成组织的完整性被破坏[56]。Sahin 和 Gumuslu 研究了冷应激对大鼠脑、心脏及肝等组织抗氧化酶活性的影响，结果表明，Cu,Zn-SOD 活性在脑、肝及肾中呈升高趋势，在心脏和胃中呈下降趋势，CAT 与谷胱甘肽过氧化物酶（glutathione peroxidase，GSH-Px）活性在脑、肝、心脏及肾中呈上升趋势，CAT 活性在胃中呈降低趋势，肾中 GSH-Px 活性无明显变化，表明冷应激可以破坏氧化与抗氧化系统的平衡，通过改变酶与非酶的抗氧化系统、蛋白质氧化及脂质过氧化等对机体的组织器官造成氧化损伤[57]。Bondarenko 等[58]研究表明，腹腔内注射外源性睡眠诱发肽可使冷暴露动物红细胞、肝及脑内 SOD、GSH-Px 与 CAT 活性及 GSH 的浓度增加。Ohno 等[59]研究表明，急性与慢性冷应激均可使大鼠红细胞的 SOD 活性升高，但慢性冷应激时升高更加明显，而 GSH-Px 活性在慢性冷应激时呈上升趋势，在急性冷应激时则显著降低，证实急性应激可能会使大鼠遭受 H_2O_2 的毒性作用。Ratko 等[60]研究表明冷暴露可使 Wistar 雄性大鼠下丘脑及脑干内 Cu,Zn-SOD 活性显著降低，锰超氧化物歧化酶（Mn-SOD）与 CAT 活性升高，灌服肾上腺素受体阻断剂普萘洛尔后，酶的活性并未产生显著变化，证实急性冷暴露诱导下丘脑及脑干抗氧化酶活性的改变依赖于不同的环境温度及普萘洛尔的灌服。

ROS 在生物体内的含量改变时，可能会导致氧化应激及细胞损伤，已有报道表明冷应激能够引起 ROS 含量的改变。Selman 等[61]研究表明慢性冷暴露可使田鼠骨骼肌、心肌及肾的 CAT 活性和心肌 GSH-Px 活性代偿性升高，而总 SOD 活性及蛋白质含量在任何组织中均未有显著变化，进而反映出机体代谢率升高，以及 ROS 生成增多。吴步猛等[62]研究指出冷应激可引起大鼠血清 SOD 活性降低，以及丙二醛（malondialdehyde，MDA，氧化终产物）含量升高。Yaras 等[63]研究了冷应激对大鼠视觉诱发电位的影响，指出冷应激可使大鼠脑及视网膜的脂质过氧化作用增强，GSH-Px 活性升高，P1、N1、P2、N2 及 P3（P1、N1、P2、N2 及 P3 为视觉诱发电位的5个典型相波，是大脑皮质枕叶区对视刺激发生的电反应，代表视网膜接受刺激经视路传导至枕叶皮层而引起的电位变化。其中，P1 为 50~70 ms 处出现的一个小正相波，N1 为 100~150 ms 处的一个较大负相波，P2 为 175~200 ms 处的一个较大的正相波，N2 为 200~250 ms 处出现的一个较小的负相波，P3 为 300 ms 左右处的正相波）的平均潜伏期均显著延长从而表明冷应激诱导的脂质过氧化作用可能影响视觉诱发电位（visual evoked potential，VEP）。Sahin 和 Gumuslu[64]研究了三种不同的应激模型（束缚组、冷应激组及束缚-冷应激组）对大鼠脑内 Cu,Zn-SOD、CAT 与 Se-GSH-Px 活性及 GSH、蛋白质羰基含量（protein carbonyl，PC）、共轭二烯烃（conjugated diene，CD，脂质过氧化标志物）、硫代巴比妥酸反应物质（thiobarbituric acid-reactive substance，TBARS，衡量氧化损伤的指标）含量的影响，结果表明不同的应激模型对脑组织酶与非酶的抗氧化防御系统、蛋白质氧化及脂质过氧化的影响是不同的。Seckin 等[65]研究表明，慢性冷应激可使 GSH 缺失大鼠肝及胃内脂质过氧化的水平升高，维生素 C 含量降低，证实 GSH 缺失没有参与应激诱导的肝及胃的脂质过氧化作用。

2.5.1 冷应激时抗氧化系统的变化

自 1956 年 Harman 首次提出自由基学说以来，自由基的研究已经成为一个十分活跃的学术领域，自由基（free radical）又称游离基，是具有未配对电子的原子、原子团、分子或离子。自由基学说认为，机体防御体系抗氧化能力的强弱与健康程度存在密切关系，该防御体系由酶促与非酶促两个体系组成，主要通过三条途径完成其防护氧化作用：消除自由基和活性氧以免引发脂质过氧化；分解过氧化物，阻断过氧化链；除去起催化作用的金属离子，同时防御体系各成分之间相互起到了协同作用、代偿作用与依赖作用。在机体生命活动过程中，往往伴随着自由基的产生、利用和消除，三者之间处于动态平衡。当这种平衡发生改变时，常常导致各种疾病的发生，因而测定血清中的总抗氧化能力（total antioxidant capacity，T-AOC）的高低具有很重要的意义。MDA 能攻击生物膜中的多不饱和脂肪酸（polyunsaturated fatty acid，PUFA），引发脂质过氧化作用，并因此形成脂质过氧化物。脂质过氧化作用不仅把活性氧转化成活性化学剂，即非自由基性的脂类分解产物，而且通过链式或链式支链反应，放大活性氧的作用。氧自由基不但通过生物膜中 PUFA 的过氧化作用引起细胞损伤，而且能通过脂氢过氧化物的分解产物引起细胞损伤。因而测定 MDA 的量常可以反映出机体内脂质过氧化的程度，间接反映出细胞损伤的程度。实验表明机体内 MDA 含量在冷应激时的变化规律不是很明显，但是在应激后其迅速增加说明机体内自由基的数量上升很迅速，但其迅速下降也同时说明机体对这种变化的调节能力也很强，在冷应激时使用抗氧化剂可降低 MDA 的含量[66]。并且研究者提出将 MDA 含量的变化范围和血清中 T-AOC 的测定作为判定体内氧化应激程度的指标。

2.5.2 冷应激时血清总抗氧化能力的变化

吴步猛等[62]研究指出冷应激可引起大鼠血清超氧化物歧化酶（SOD）活性降低。Gumuslu 等[68]研究证明慢性冷应激可使大鼠红细胞 Cu,Zn-SOD 活性下降，过氧化氢酶（CAT）与谷胱甘肽过氧化物酶（GSH-Px）活性升高。王建鑫和王安[69]对金定产蛋鸭的研究表明，在冷应激后血清中 T-AOC 先迅速升高，并在应激 1 h 出现峰值，说明机体的总抗氧化能力在冷应激后迅速得到增强，也说明机体可以迅速清除在应激过程中产生的对动物自身生长不利的因素，然后呈现波动变化且规律不十分明显。此外，王金涛等分别在 2006 年和 2007 年研究了慢性冷应激和急性冷应激对雏鸡的抗氧化功能的影响[70,71]，结果均表明慢性冷应激时机体的 T-AOC 在下丘脑和血清中均呈上升趋势，而在急性冷应激时都呈下降趋势，说明机体在刚刚接触冷应激时，T-AOC 消耗性降低，但随着冷应激时间的延长，机体逐渐适应环境，使得 T-AOC 代偿性升高，进一步发挥保护作用。冷暴露的小鸡与对照组相比，一氧化氮合酶（nitric oxide synthase，NOS）明显增加[72]。CAT 主要存在于组织细胞的过氧化物酶系内，专门清除过氧化氢，并且在分解过氧化氢时与 GSH-Px 协同作用，CAT 和 GSH-Px 活性在急性、慢性应激时均呈上升趋势，表明二者在急性、慢性应激中对机体均起积极的作用。SOD 活性主要受到氧自由基的影响，但羟自由基与过氧化氢也可导致 SOD 失活，急性应激时 SOD 活性的降低表明该组织可能会受到自由基的攻击，而慢性冷应激时血清中该酶活性降低，表明整个机体可能会受到超氧自由基的攻击造成细胞损伤。

参 考 文 献

[1] 龚伟, 杨保收. 动物含硒酶的研究进展[J]. 中国兽医杂志, 1998, 24(3): 42-45

[2] 陶勇, 李亚东, 赵国琦. 硒的作用机制及其对动物免疫机能的作用[J]. 动物科学与动物医学, 2000, 17(4): 11-12

[3] 黄峥, 郭宝江. 含硒酶与非酶作用机制[J]. 生命科学, 2002, 14(2): 99-102

[4] 盛永杰, 陈维多. 硒对奶牛红细胞谷胱甘肽过氧化物酶活力的浓度依赖性研究[J]. 黑龙江畜牧兽医, 2001, (8): 8-9

[5] 吴永魁. 仔猪冷应激反应中激素HSP70及其mRNA的动态分析[D]. 长春: 吉林大学博士学位论文, 2006: 6

[6] 赵宗胜, 米拉古丽, 江华, 何高明. 冷、热应激对奶牛血液生理生化指标影响[J]. 中国奶牛, 2011, (22): 18-22

[7] 赵恩军, 华修国, 张斌, 李华威, 谢爱纯. 冷、热刺激对犬血清皮质醇、促肾上腺皮质激素及血液生理指标的影响[J]. 畜牧兽医学报, 2003, 34(5): 457-460

[8] 李瑞纲. 冷应激对小鼠免疫系统的影响[D]. 呼和浩特: 内蒙古农业大学硕士学位论文, 2005: 5

[9] 吴永魁, 柳巨雄, 计红, 胡仲明. 冷应激对仔猪血液生理生化指标的影响[C]. 全国动物生理生化第九次学术交流会论文摘要汇编(中国广东广州), 2006: 8

[10] 孟祥坤, 曹兵海, 庄宏, 王茂, 李腾. 慢性冷应激对西门塔尔杂交犊牛免疫相关指标的影响[J]. 中国农业大学学报, 2010, 15(6): 65-79

[11] 梁鸿雁, 苗树君, 贾永全, 孙亚波. 环境温湿度对奶牛血清生化指标影响的研究[J]. 现代畜牧兽医, 2006, (3): 4-6

[12] 蒋华琼, 郑刚, 骆文静, 陈耀明, 陈景元. 急性寒冷应激对大鼠血糖及血清激素水平的影响[J]. 第四军医大学学报, 2009, 30(16): 1491-1493

[13] 邵同先, 张苏亚, 康健, 赵立法, 张鑫. 低温环境对家兔血清蛋白、血糖和钙含量的影响[J]. 环境与健康杂志, 2002, 19(5): 379-380

[14] Nonnecke B J, Foote M R, Miller B L, Fowler M, Johnson T E, Horst R L. Effects of chronic environmental cold on growth, health, and select metabolic and immunologic responses of preruminant calves[J]. Journal of Dairy Science, 2009, 92(12): 6134-6143

[15] Beltran J, Delibes M. Environmental determinants of circadian activity of free-ranging Iberian lynxes[J]. Journal of Mammalogy, 1994, 75(2): 382-393

[16] Flannigan G, Stookey J M. Day-time budgets of pregnant mares housed in tie stalls a comparison of draft versus light mares applied[J]. Animal Behaviour Science, 2002, 78(2-4): 125-143

[17] 李如治. 家畜环境卫生学[M]. 北京: 中国农业大学出版社, 2003: 94

[18] 傅玲玉, 周庆堂, 章怀云, 陈孝珊. 高温对产蛋鸡的血液生化反应[J]. 中国畜牧杂志, 1988, (6): 14-15

[19] 井霞. 慢性冷热应激对荷斯坦奶牛维持行为及免疫功能的影响研究[D]. 呼和浩特: 内蒙古农业大学硕士学位论文, 2006: 5

[20] Lefaucheur L, Dividich J L, Mourot J, Monin G, Ecolan P, Krauss D. Influence of

environmental temperature on growth, muscle and adipose tissue metabolism, and meat quality in swine[J]. J Anim Sci, 1991, 69(7): 2844-2854

[21] 庞仲卿, 毕汝刚, 董兆申. 冷暴露大鼠红细胞膜及肝组织中某些酶的活性变化[J]. 解放军预防医学杂志, 1989, (2): 136-141

[22] Ralf M N, Bruce D G, Alan D R, Michael O T. Ghrelin and growth hormone: story in reverse[J]. Proc Natl Acad Sci USA, 2010, 107(19): 8501-8502

[23] Howard A D, Feighner S D, Cully D F. A receptor in pituitary and hypothalamus that functions in growth hormone release[J]. Science, 1996, 273(5277): 974-977

[24] 吕晓伟. 慢性冷热应激对荷斯坦奶牛血清酶活力、内分泌激素水平及维持行为的影响[D]. 呼和浩特: 内蒙古农业大学硕士学位论文, 2006: 5

[25] Bailey C B, Lawson J E. Estimated water and forage intakes in nursing range calves[J]. Canadian Journal of Animal Science, 1981, 61(61): 415-421

[26] 姚泰. 生理学[M]. 2 版. 北京: 人民卫生出版社, 2010: 317-318

[27] 杨成君, 王灿, 尹忠伟, 杨国平, 尹旭辉, 杨义军, 杨珺. 冷暴露对大鼠机体能量代谢影响[J]. 中国公共卫生, 2007, 23(12): 1469-1470

[28] 黄冠鹏, 王基野, 陈耀明, 戴鹏, 付中伟, 张文斌, 柯涛, 郑刚, 沈学锋, 骆文静, 陈景元. 21d 间歇性冷刺激对大鼠耐寒能力的影响及机制[J]. 实用预防医学, 2012, 19(5): 658-661

[29] Sasaki Y, Takahashi H. Insulin response to secretogogues in sheep exposed to cold[J]. J Physiol, 1983, 334(2): 155-167

[30] Hales J R S, Bennett J W, Fawcett A A. Effects of acute cold exposure on the distribution of cardiac output in the sheep[J]. Pflügers Archiv European Journal of Physiology, 1976, 366(2-3): 153-157

[31] Sykes A R, Slee J. Acclimatization of Scottish Blackface sheep to cold. 2. Skin temperature, heart rate, respiration rate, shivering intensity and skinfold thickness[J]. Animal Science, 1968, 10(1): 17-35

[32] de Bruijn R, Romero L M. Artificial rain and cold wind act as stressors to captive molting and non-molting European starlings(*Sturnus vulgaris*)[J]. Comp Biochem Physiol A Mol Integr Physiol, 2013, 164(3): 512-519

[33] Fregly M J, Kikta D C, Threatte R M. Development of hyper tension in rats during chronic exposure to cold[J]. J Appl Physiol, 1989, 66: 741-774

[34] van Bergen P, Fregly M J, Rossi F, Shechtman O. The effect of intermittent exposure to cold on the development of hypertension in the rat[J]. Am J Hypertens, 1992, 5(8): 548-555

[35] 于长青, 祝之明, 王利娟, 王海燕. 冷应激高血压大鼠血管舒缩功能的研究[J]. 中华高血压杂志, 2002, 10(2): 163-165

[36] 石红梅, 何丽华, 张颖, 等. 寒冷暴露致冷应激性高血压形成机制的研究[J]. 工业卫生与职业病, 2008, 34(5): 269-272

[37] Clapham J C. Central control of thermogenesis[J]. Neuropharmacology, 2012, 63(1): 111-123

[38] 黄冠鹏. 间歇性冷暴露提高机体抗寒能力的研究[D]. 西安: 第四军医大学硕士学位论文, 2012: 5

[39] Young B A. Ruminant cold stress: effect on production[J]. J Anim Sci, 1983, 57(6): 1601-1607

[40] Young B A, Degen A A. Thermal influences on ruminants[J]. Environmental Aspects of Housing for Animal Production, 1981: 167-180

[41] 沈婷. 冷应激对猪的影响及其预防[J]. 安徽农业科学, 2007, 35(36): 11839-11840

[42] Verstegen M W A, van der Hel W. The effects of temperature and type of floor on metabolic

rate and effective critical temperature in groups of growing pigs[J]. Animal Production, 1974, 18(1): 1-11

[43] Holme D W, Coey W E. The effects of environmental temperature and method of feeding on the performance and carcass composition of bacon pigs[J]. Animal Production, 1967, 9(2): 209-218

[44] 郭春华, 柴映青, 王康宁. 高温和低温对生长育肥猪生产性能影响模式的研究[J]. 养猪, 2005, (5): 12-16

[45] Bernabucci U, Bani P, Ronchi B. Influence of short- and long-term exposure to a hot environment on rumen passage rate and diet digestibility by Friesian heifers[J]. J Dairy Sci, 1999, 82(5): 967-973

[46] 陈俊阳, 董文, 窦志斌, 陈瑶, 莫放. 季节变化对奶牛日粮营养物质消化率的影响[J]. 中国畜牧杂志, 2008, 44(13): 46-47

[47] Villanova N, Azpiroz F, Malagelada J R. Perception and gut reflexes induced by stimulation of gastrointestinal thermoreceptors in humans[J]. The Journal of Physiology, 1997, 502(Pt1): 215-222

[48] 马庆文, 刘德福, 敖特根, 孟和. 内蒙古干旱草原地区放牧绵羊冷季饲草供需关系的研究[J]. 中国草地, 1988, (4): 37-42

[49] 宣长河, 任凤兰, 孙福先. 猪病学[M]. 北京: 中国农业科学技术出版社, 1996: 545-581

[50] 田允波. 环境温度和营养对猪的影响[J]. 家畜生态学报, 1993, 14(10): 37-41

[51] 于江江. 冷应激对犬心功能的影响及丹参的保护作用研究[D]. 呼和浩特: 内蒙古农业大学硕士学位论文, 2007

[52] 乔岩瑞. 冷应激对猪生产性能的影响[J]. 养猪, 2004, (6): 25-27

[53] 王英, 王春微, 张亮, 綦东亮. 冷应激对机体抗氧化功能的影响[J]. 养殖技术顾问, 2011, (11): 7

[54] Kaushik S, Kaur J. Chronic cold exposure affects the antioxidant defense system in various rat tissues[J]. Clin Chim Acta, 2003, 333(1): 69-77

[55] Pajović S B, Pejić S, Stojiljković V, Gavrilović L, Dronjak S, Kanazir D T. Alterations in hippocampal antioxidant enzyme activities and sympatho-adrenomedullary system of rats in response to different stress models[J]. Physiol Res, 2006, 55(4): 453-460

[56] Bagchi D, Carryl O R, Tran M X, Bagchi D, Garg A, Williams C B, Milnes G G, Balmoori J, Bagchi D J. Acute and chronic stress-induced oxidative gastrointestinal mucosal injury in rats and protection by bismuth subsalicylate[J]. Mol Cell Bio Chem, 1999, 196(1-2): 109-116

[57] Sahin E, Gumuslu S. Cold-stress-induced modulation of antioxidant defence: role of stressed conditions in tissue injury followed by protein oxidation and lipid peroxidation[J]. Int J Biometeorol, 2004, 48(4): 165-171

[58] Bondarenko T I, Miliutina N P, Shustanova T A, Mikhaleva I I. Regulatory effect of delta sleep-inducing peptide on the activity of antioxidant enzymes in erythrocytes and tissues of rats during cold stress[J]. Ross Fiziol Zh Im I M Sechenova, 1999, 85(5): 671-679

[59] Ohno H, KondoT, Fujiwara Y. Effects of cold stress on glutathione and related enzymes in rat erythrocytes[J]. Int J Biometeorol, 1991, 35(2): 111-113

[60] Ratko R, Gordana C, Ivana D. Effect of propranolol and cold exposure on the activities of antioxidant enzymes in the brain of rats adapted to different ambient temperatures[J]. Journal of Thermal Biology, 1999, 24(5-6): 433-437

[61] Selman C, McLaren J S, Himanka M J. Effect of long-term cold exposure on antioxidant

enzyme activities in a small mammal[J]. Free Radic Biol Med, 2000, 28(8): 1279-1285

[62] 吴步猛, 陈锡文, 金月玲, 叶筱琴, 金晓冬, 王一龙, 赵慧玲, 李安乐, 管敏强. 冷应激对铜预投大鼠血清铜锌代谢、SOD 活性及 GSH 含量的影响[J]. 广东微量元素科学, 2005, 2(4): 18-22

[63] Yaras N, Yargicoglu P, Agar A, Gumuslu S, Abidin I, Ozdemir S. Effect of immobilization and cold stress on visual evoked potentials[J]. Int J Neurosci, 2003, 113(8): 1055-1067

[64] Sahin E, Gumuslu S. Alterations in brain antioxidant status, protein oxidation and lipid peroxidation in response to different stress models[J]. Behav Brain Res, 2004, 155(2): 241-248

[65] Seckin S, Alptekin N, Dogru-Abbasoglu S. The effect of chronic stress on hepatic and gastric lipid peroxidation in long-term depletion of glutathione in rats[J]. Pharmacol Res, 1997, 36(1): 55-57

[66] 邱家祥, 米克热木·沙衣布扎提, 赵红琼. 家禽冷应激研究进展[J]. 动物医学进展, 2008, 29(3): 96-101

[67] Shustanova T A, Bondarenko T I, Miliutian N P. Free radical mechanism of the cold stress development in rats[J]. Ross Fiziol Zh Im I M Sechenova, 2004, 90(1): 73-82

[68] Gumuslu S, Sarikcioglu S B, Sahin E I, Yargiçoğlu P, Ağar A. Influences of different stress models on the antioxidant status and lipid peroxidation in rat erythrocytes[J]. Free Radical Res, 2002, 36(12): 1277-1282

[69] 王建鑫, 王安. 急性冷应激对金定鸭开产前内分泌活动的影响[J]. 东北农业大学学报, 2005, 36(4): 480-485

[70] 王金涛, 李宁, 徐世文. 急、慢性冷应激对雏鸡腓肠肌及血清抗氧化功能的影响[J]. 中国农学通报, 2007, 23(3): 28-32

[71] 王金涛. 冷应激对雏鸡神经内分泌及抗氧化功能的影响[D]. 哈尔滨: 东北农业大学硕士学位论文, 2006

[72] Teshfam M, Brujeni G N, Hassanpour H. Evaluation of endothelial and inducible nitric oxide synthase mRNA expression in the lung of broiler chickens with developmental pulmonary hypertension due to cold stress[J]. Br Poult Sci, 2006, 47(2): 223-229

第3章 冷应激对动物器官系统的主要影响

3.1 冷应激对神经-内分泌系统的影响

哺乳动物在冷应激下的主要生理反应是增加产热，维持恒定的体温。冷暴露下的产热变化受自主神经和神经内分泌系统的双重调节。与之相关的中枢部位分布于中枢神经系统的广泛区域，但下丘脑是控制冷应激反应的主要中枢，其中最主要的又是室旁核（PVN）。此外，视前核（PON）、视交叉上核（SCN）、视前区中部（MPA）、背中核（DMH）等多个核团在冷应激反应中起中枢调节作用[1,2]。以往的研究认为，下丘脑腹内侧核（VMH）也参与控制褐色脂肪组织（brown adipose tissue，BAT，哺乳动物体内非战栗产热的主要来源）的产热[3]。但神经解剖学研究表明，VMH 与 BAT 之间无直接的神经联系[2]。

下丘脑 PVN 发出的神经纤维投射到脑干的许多自主节前神经元细胞群上。在冷应激下，中枢肾上腺素能神经元被激活，进一步调节外周自主神经（主要是交感神经）活动，使外周交感神经和交感-肾上腺髓质（sympathetic adrenomedullary，SAM）系统持续处于高度激活状态，肾上腺素（E）和去甲肾上腺素（NE）的合成、释放和周转增强[4,5]。此外，PVN 中还有直接投射到正中隆起的促甲状腺激素释放激素（thyrotropin-releasing hormone，TRH）神经元、促肾上腺皮质激素释放激素（corticotropin-releasing hormone，CRH）神经元等，PVN 是下丘脑-垂体-肾上腺轴（HPA 轴）和下丘脑-垂体-甲状腺轴（HPT 轴）活动的直接控制部位。

3.1.1 下丘脑-垂体-甲状腺轴的反应

对应激的共同神经内分泌反应是激活 HPA 轴，引起肾上腺分泌类固醇激素。受到冷应激刺激时，PVN 的小细胞神经元 CRH 合成和分泌增加（此外，脑内其他部位也产生 CRH）[6]。CRH 是应激反应的主要调节者，经垂体门脉血流到达垂体，激活垂体促皮质区的 CRH 受体[7]，刺激促肾上腺皮质激素（ACTH）的分泌。该作用是由 cAMP 介导的，并主要依赖通过 L-型 Ca^{2+} 通道电压开关控制的 Ca^{2+} 内流来实现。30 min 的冷应激使大鼠垂体前叶促皮质细胞 L-型 Ca^{2+} 通道的 α（1C）亚单位 mRNA 表达增强[8]。ACTH 是由大分子的阿黑皮素原（proopiomelanocortin，POMC）产生的。POMC 也是 β-内啡肽、促脂解素（lipotropin）和促黑素（melanocyte stimulating hormone，MSH）的前体，POMC 相关肽是由垂体前叶特殊的促皮质区细胞合成的。雄性大鼠冷暴露 30 min，血浆 ACTH 水平上升。同时促皮质区细胞 ACTH 分泌颗粒增加；垂体前叶含分子质量为 16 kDa 的阿黑皮素原片段的细胞和储存 ACTH 和 β-内啡肽的细胞比例均增加[9]。ACTH 经血液循环作用于肾上腺皮质，促进胆固醇的摄取并向皮质醇及皮质酮转化，刺激肾上腺糖皮质激素（GC）的合成和释放。GC 在应激中的作用可分为两类：一类是调节作用（modulating action），即改变有机体对应激刺激的反应；另一类是预备作用（preparative action），即改变生物体对后续应激刺激的反应，或有助于适应慢性的应激刺激[10]。GC 通过负反馈下调下丘脑 CRH 和垂体 ACTH。下丘脑和杏仁核 CRH 的合成对 GC 的反馈很敏感，由此构成了激素应激反应的关闭机制。皮质酮在冷应激中对产热的调节作用为抑制产热增加，如抑制冷暴露大鼠褐色脂肪组织线粒体解偶联蛋白（uncoupling protein 1，UCP-1）（产热的关键分子）的基因表达[11]，抑制 BAT 线粒体 UCP 的 GDP 结合[12]，从而抑制 BAT 产热，其意义在于防止冷应激引起产热过度增加而造成能量浪费。而预备作用表现为冷暴露改变动物对后续应激的反应，如冷适应小鼠支配 BAT 的交感神经对后续冷应激的反应加强[13]，冷适应大鼠在后续固定应激中，血浆皮质酮水平增加幅度明显提高[14]。

冷应激过程中 HPA 轴和 SAM 系统相互作用，CRH 增加 SAM 活力，使血浆儿茶酚胺水平增加；冷应激激活的 SAM 系统，通过增加肾上腺髓质儿茶酚胺的合成和释放，促进 HPA 轴激活，在应激反应中形成 CRH-NE-CRH 正反馈调节系统[15]。但内源 GC 抑制冷应激动物交感神经系统儿茶酚胺的合成、释放、再摄取和代谢反应[4]，由此可见，GC 不仅反馈抑制冷应激激活的 CRH、ACTH，也抑制冷应激激活的 SAM 功能。GC 和 NE 相拮抗，使冷应激引起的一系列生理反应处于最适状态。

3.1.2 下丘脑-垂体-肾上腺轴的反应

冷应激激活下丘脑 PVN 和下丘脑前部视前区（POA-AH）等部位 TRH 的合成和释放，进一步导致血浆中促甲状腺激素（TSH）浓度升高，随后甲状腺激素含量增高，表明低温激活了 HPT 轴[1]。冷应激在激活 HPT 轴分泌的同时，也激活了甲状腺以外组织中的甲状腺素 5'脱碘酶（T45'-D），加速 T_4 脱碘转化为活性更强的 T_3[16-18]。T_3 一方面与交感神经协同作用刺激产热增加；另一方面又刺激 UCP-1 的基因表达。最近对 II 型甲状腺素脱碘酶（T45'-D II）的研究发现，T_3 的上述两方面作用是通过不同机制实现的：前者经历了高浓度的 T_3 通过作用于 α 型甲状腺激素受体（TRα），增进细胞内腺苷酸环化酶催化 cAMP 形成的过程，从而增加冷应激或交感神经刺激的产热反应；后者可能是通过 T_3 作用于 β 型受体（TRβ）来实现的。大鼠 TRα 对 T_3 的亲和力只有 TRβ 对 T_3 的亲和力的 1/4，这就有可能需要 BAT 内 T45'-DⅡ发挥持续作用，产生 T_3 以保持较高的细胞内 T_3 浓度，占据 TRα[19]。此外，T_3 也可作用于细胞膜或线粒体。因为细胞膜上的 Na^+/K^+-ATPase 通常被认为是 T_3 作用的靶位点，在冷应激下，T_3 水平的升高可增强 Na^+/K^+-ATPase 活性，促进 Na^+、K^+的跨膜转运，进而增加 ATP 的消耗，从而使基础代谢率增加[16]。T45'-DⅡ在冷应激反应中的另一作用是反馈调节 TSH[20]。HPT 轴功能不足或受到抑制，将使产热受到抑制。进而推测冷应激下血浆 GC 对产热的抑制，是通过抑制交感神经活性进而抑制 HPT 轴活性实现的。这是因为未见 GC 对甲状腺轴有直接作用的报道，而且内源 GC 抑制冷应激动物交感神经系统儿茶酚胺的合成、释放、再摄取和代谢反应[4]。国内研究表明，中枢注射 CRH 使急性冷暴露长爪沙鼠下丘脑（包括正中隆起）的 TRH 含量减少，同时血浆 T_3、T_4 含量也减少，由此推测 CRH 抑制急性冷应激条件下 TRH 的合成和释放；而中枢注射 CRH 受体拮抗剂［α-helical CRH（9-41）］阻断内源 CRH 的作用，能促进冷应激条件下下丘脑 TRH 的合成（下丘脑含量增加）。尽管亚显微结构研究曾表明在 PVN 中，CRH 和 TRH 神经元突触可以相互作用[21]，但尚不清楚在冷应激下，CRH 是通过抑制交感神经活力进而抑制 TRH，还是直接作用于下丘脑 TRH 的合成部位。HPT 轴的激活几乎是冷应激所特有的，也是最重要的反应之一。但有学者提出 HPT 轴的激活是低温环境引起热量丢失后机体所产生的特殊代偿机制，不属于应激的范畴[22]。

3.1.3　其他神经内分泌轴

冷应激还导致促生长激素轴、促性腺轴、催乳激素轴的激素分泌受到抑制，这是对环境的适应性反应。低温条件下，消耗能量维持恒定的体温比生长、生殖更重要。内分泌反应使能量分配从生长、生殖转向生存，但这些反应与应激的强度和时间、动物的种类和发育状态有关，如小猪饲养在略低于热中性温度区的温度范围内，GH 的分泌和垂体促生长区的功能不受影响，循环中类胰岛素生长因子（IGF）Ⅰ水平不变，但 IGF-Ⅰ、IGF-Ⅱ和 GH 受体 mRNA 的水平较低。这可能与有些动物（如非啮齿类）营养应激（如营养不足、禁食）中 GH 分泌增加，但肝中 GH 受体减少和（或）GH 受体的信号转导作用降低相似，最终都使生长激素轴受到抑制[23]。

胰岛素（insulin）与胰高血糖素共同调节着血糖水平的稳定，作为机体重要的代谢激素，它们的分泌调节都与血液中代谢物质（葡萄糖、氨基酸、脂肪酸）的水平有关。将荷斯坦犊牛适度地暴露在寒冷环境中（2℃，30 min），其血浆胰岛素水平降低，而胰高血糖素水平迅速增加[24,25]。孟祥坤有相同的报道，冷暴露使动物胰岛素分泌减少[26]。而 2008 年李士泽等将 Wistar 大鼠急性冷暴露于寒冷环境下（−2~0℃），2 h 后其血清胰岛素水平显著升高（$P<0.05$），而后逐渐下降；将在 9~10℃ 环境下冷习服 30 d 的大鼠暴露于−2~0℃ 环境中，其胰岛素水平降低。这可能说明了在寒冷环境下动物为维持机体稳态，胰高血糖素分泌增加，促进营养物质的代谢，以增加产热来应对外界的不良环境对机体造成的伤害。胰高血糖素水平的升高同时也刺激了胰岛素的分泌，通过反馈调节，胰岛系统逐渐保持平衡。

3.1.4 参与冷应激的其他神经肽和激素

1）褪黑激素

哺乳动物松果体分泌的褪黑激素（melatonin，MLT）参与生殖、产热、冬眠等许多季节性节律的调节。环境温度的变化亦可作为季节变化的信号。不同物种冷应激下松果体 MLT 的合成和分泌反应不一，如冷暴露不改变实验大鼠松果体 N-乙酰转移酶（NAT，是松果体 MLT 合成的限速酶）活性和 MLT 含量[27]，但增加叙利亚仓鼠（*Mesocricetus auratus*）夜间相应酶活性和 MLT 水平，并削弱黑线毛足鼠（*Phodopus sungorus*）松果体在夜间对光的敏感性和阻止 NAT 的灭活[28]。外源 MLT 可以模拟冷暴露，诱导一些动物增加产热。目前还不清楚冷应激下 MLT 对产热作用的影响机制，但有人推测 MLT 参与控制外周交感神经活力[29]。多数哺乳动物高亲和力的 MLT 受体存在于垂体结节部和下丘脑 SCN，SCN 背中部的加压素能神经元可能是对 MLT 作出反应的细胞[30]。外源 MLT 能减弱 HPA 轴对急性和慢性应激的反应，阻止慢性应激导致的 ACTH 释放的减少，加强地塞米松对 CRH 和 AVP（精氨酸加压素，arginine vasopressin）释放的抑制作用[31,32]。可见，MLT 和 HPA 轴之间有相互抑制作用。但在冷应激条件下，对于被激活的 HPA 轴与松果体 MLT 的合成和分泌之间如何相互作用、如何影响产热等其他生理反应仍不清楚。

2）瘦素

瘦素（leptin）是一种主要由脂肪细胞分泌的激素，能抑制摄食，增加能量消耗。冷应激条件下动物的瘦素分泌量减少[33]。外源瘦素能够在正常条件下快速地激活大鼠 HPA 轴的中间层次，增强急性冷应激时的 ACTH 反应，但不改变醛固酮和皮质酮的反应。说明急性冷应激时瘦素引起的血液 ACTH 改变与肾上腺皮质分泌活力没有平行关系[34]。瘦素似乎是促性腺激素释放激素（GnRH）和促性腺激素分泌所必需的。冷应激中瘦素分泌量减少，可能会抑制生殖神经内分泌轴激素的分泌。对基础条件下 *UCP-1* 基因缺陷小鼠的研究表明，外源瘦素通过激活外周交感神经来减少野生型小鼠白色脂肪的重量，并伴随 BAT 中 UCP-1 含量和其 mRNA 含量增加。而 *UCP-1* 基因缺陷小鼠无此反应[35]，但对于冷应激条件下内源瘦素的减少对产热及其他反应的调节机制仍不清楚。

3）增食欲素

增食欲素（orexin）是新近发现的神经肽。研究表明它在增加摄食、饮水，调节睡眠觉醒周期、生殖、体温和血压等方面有着广泛作用。急性冷应激大鼠下丘脑侧区（lateral hypothalamic area）增食欲素 mRNA 表达增加，表明增食欲素可能在冷应激反应中起重要作用[36]。冷应激动物摄食量明显增加可能与瘦素分泌减少，以及增食欲素的合成和分泌增加有直接关系。连续 7 d 腹腔注射瘦素，导致大鼠下丘脑增食欲素含量显著降低，因而推测冷应激中瘦素和增食欲素之间可能存在相互作用。

4）神经肽 Y

下丘脑神经肽 Y（neuropeptide Y，NPY）是摄食的有效刺激因子。大鼠脑室内注射 NPY 2 d 后，基础条件下血浆 ACTH 和皮质酮水平上升，冷应激诱导的血浆 ACTH 浓度增加；但连续注射 6 d 后，血浆 ACTH 和皮质酮水平与对照相比无差异，并且不受冷应激的影响，表明长期外源 NPY 作用抑制了 HPA 轴对冷应激的反应。

3.2　冷应激对能量代谢的影响

低温环境对动物能量代谢影响明显。动物在临界温度时，与环境之间处于热平衡状态，代谢率最低。当环境温度低于临界温度下限时，机体静止能量代谢率升高，产热量增加。环境温度对动物代谢、产热、能量摄取、蛋白质贮留和营养物质分配等有很大影响。当动物遭受到急性冷暴露时，实际的日粮能量主要从生产功能转向产生大量的体热，以维持体温恒定。若热量产生不足，可引起动物生长发育的继发性改变及某些疾病的产生，严重者将死亡。冷环境可使交感神经系统兴奋，血液中儿茶酚胺浓度升高，引起肢端末梢血管和皮肤血管收缩，心率加快，心输出量增加，可反射性地引起人体内物质代谢过程加强，增加氧耗，同时伴有中度的脂肪氧化作用。在冷暴露初期，寒战产热增加，使体温不至于继续下降到危及生命的程度。当皮肤和直肠温度均下降时，体内脂质动员增加，血清游离脂肪酸增加，增强产热，体脂被消耗，体重也随之下降。然而在持续冷暴露过程中，机体通过神经、内分泌激素的调节，增强非寒战性产热，可能逐渐代替骨骼肌的寒战产热，使机体中心温度逐渐回升到冷暴露前的正常水平，体重也随之恢复，呈增长趋势。

绵羊暴露于 0℃时的产热量是 20℃时的 2.14 倍。妊娠和空怀母猪在舍温 5~6℃时，环境温度每降低 1℃，代谢能需要增加 3.75 MJ/d[37,38]；在 10~11℃时，需增加 0.93 MJ/d；在 15~16℃时，需增加 0.48 MJ/d。肉牛饲养在 30℃环境中时，静止能量代谢能为 13.08 MJ/d，但将牛分别饲养在 17.4℃和 12.7℃的环境中时，其静止能量代谢能分别为 16.5 MJ/d 和 17.9 MJ/d。泌乳绵羊在 0℃环境中冷暴露，其乳脂含量明显增加，冷暴露 21 d 后，乳蛋白和乳糖含量明显增加，短链脂肪酸则相对降低[39]。褐色脂肪组织（brown adipose tissue，BAT）是近年来发现的一种高度特化的产热和控制能量消耗的组织，它的产热能力是肝的 60 倍，而且其热量产生与 ATP 合成无直接关系，即氧化脂肪放出的能量以一种更直接的方式消散，亦即从与呼吸链相联系的能量传递系统的中间物中直接释放能量[40]。研究表明，将缺乏 BAT 的北美鼠兔冷驯化（15℃）两周后，BAT 变得很发达，其线粒体增大、嵴增多。布氏田鼠随冷暴露（4℃）时间的延长，BAT 重量及线粒体蛋白含量均增加，4 周后，BAT 绝对重量为对照（24℃）的 1.38 倍，线粒体蛋白为对照的 2.14 倍，BAT 线粒体与 GTP 结合的最大结合浓度为对照组的 3.28 倍[41]。大鼠冷暴露后，BAT 中的解偶联蛋白 1 和金属硫蛋白 1 mRNA 水平显著升高，表明产热作用被激活[42]。低温对仔畜能量代谢的影响更大，哺乳期仔猪处于低于临界温度下限 1℃时，其代谢率要提高 2%~5%。在仔畜的冷暴露过程中，仔畜日龄和群居方式对代谢率有很大影响，仔畜暴露在低于中性温区时，代谢率增加 3 倍，1 日龄仔兔单日暴露，代谢率升高 114.5%，4 只聚群时升高 58.1%，3 日龄仔兔单日暴露，代谢率升高 33.6%，4 只聚群时仅升高 9.9%，可见随日龄增加，温度对代谢的影响力逐渐降低[43]。

研究表明，细胞钠泵是哺乳动物冷适应中非寒战性产热的重要机制。在机体冷适应过程中，细胞钠泵功能增强，因此机体产热增加。另外，腺苷酸环化酶（AC）在动物冷适应的代谢调节中也越来越受到重视，动物在冷适应时，AC 通过分解胞质内的 ATP，使 cAMP 浓度增加，从而发挥代谢产热作用。有人认为，动物冷暴露时机体产热的主要机制是 AC 引起的 cAMP 浓度升高及 Na^+/K^+-ATPase 活性增强的共同调节[44]。

3.3 冷应激对骨骼肌功能的影响

有关冷环境对运动员身体功能影响的研究发现，其对骨骼肌功能的影响主要表现在两方面：一是冷应激可促使骨骼肌代谢加强。有学者报道[45]，冷环境下（10℃），动物快肌纤维和慢肌纤维线粒体中琥珀酸脱氢酶、辅酶和细胞色素氧化酶的活性明显升高，这表明冷环境引起骨骼肌有氧氧化和能量代谢加快，以增加热量的产生，维持体温。二是冷环境可影响外周神经系统，造成皮肤和肢端感觉下降，骨骼肌的协调能力减弱，关节的灵活性也减弱，容易发生肌肉和肌腱撕裂、抽筋等运动性损伤。另外，低体温可使肌肉僵硬、黏滞性提高，还使骨骼肌的兴奋性降低及某些酶的活性下降。

3.4　冷应激对血液、循环系统的影响

冷应激反应时，交感-肾上腺髓质系统兴奋，引起心率加快、心肌收缩增强及血液的重新分布等变化，有利于提高心输出量和血压，保证心脏、脑和骨骼肌的血液供应，有重要的防御代偿意义，同时也造成皮肤、腹腔和内脏的缺血、缺氧和心肌耗氧量增多等不利影响。如果应激反应持续时间过久，因外周小动脉收缩，微循环血液灌流量减少，可导致心律失常、心功能不全、循环衰竭、休克和重要器官的机能障碍。长期处于寒冷环境时机体的循环系统会发生明显变化。研究报道，大鼠暴露于寒冷（6℃）环境四周，其收缩压、舒张压、平均动脉压、心率均升高，并伴随有代谢性酸中毒、有效血容量减少等循环障碍表现[46]。国内实验证实，冷应激可导致大鼠高血压和血管功能异常，引起内皮损伤和内皮依赖的舒张反应下降[47]。机体局部组织冷冻可引起血液流变性质异常改变，主要表现为红细胞、血红蛋白数量显著升高，红细胞可变性降低，通过毛细血管时阻力增加，血小板高度凝集，白细胞黏附、活化，血液黏滞及血栓形成。这些改变往往互为因果，极易形成恶性循环，造成受冻组织微循环障碍，这是最终导致机体冷损伤的主要原因[48]。Bokenes 等[49]研究了冷暴露对健康受试者的影响，结果表明应激组受试者的平均体温降低，代谢增强，血压升高，红细胞的数目增加，中性粒细胞数目减少。

3.5　冷应激对生殖系统的影响

慢性冷应激时，卵巢内神经营养因子介导的交感神经激活，导致卵泡发育变化而引起生殖功能损伤。同时实验证实，低温对精子发生和精子活力有迅速干扰作用，大鼠致冷后睾丸内氧的活力显著降低，睾丸组织缺氧，对蛋白质和酶的合成与活性均有影响，从而影响精子的形成和成熟[50]，增强了生殖细胞膜的脂质过氧化反应，损害生殖细胞并导致其凋亡增加[51]。

3.6　冷应激对免疫系统的影响

3.6.1　冷应激对免疫器官的影响

近十余年来，冷应激对免疫系统的影响备受重视。早期，Hans Selye 和其他学者发现动物在接受强烈的应激后，胸腺、脾、淋巴结发生明显的萎缩，周围淋巴细胞的数量显著减少。应激时，引起脾、淋巴结对刀豆素（ConA）、植物血凝

素 A（PHA）的反应性减弱，NK 细胞杀伤活性下降，对靶细胞的攻击力下降。冷应激抑制淋巴细胞的有丝分裂和 DNA 合成，特别是 T 淋巴细胞尤为敏感；损伤浆细胞，阻碍免疫球蛋白的合成和分泌；抑制巨噬细胞对抗原的吞噬和处理，由此可见，冷应激对免疫系统产生广泛的影响，可改变多种细胞功能和免疫参数。除此之外，冷应激还可引起异常自由基反应，并由此导致继发性自身免疫疾病、肿瘤、感染等疾病的发生[52,53]。宋树豪于 2009 年报道，犊牛冷应激时其外周血中淋巴细胞、单核细胞、嗜中性白细胞的数量发生变化。表明冷应激直接影响犊牛单核细胞的诱导性有丝分裂过程，血清中的某些因子也可能引起免疫抑制。李瑞纲于 2005 年报道，5 周龄鸡在 1℃条件下经历 5 d，其接触敏感反应和 PHA 皮肤实验反应都降低。冷应激过程中，中枢和外周应激系统的改变必然会影响到机体免疫系统的变化。一些动物实验及人体观察证实，慢性冷应激对免疫功能的影响主要是抑制性的[54]。冷应激时血清中出现多种免疫抑制因子，可刺激机体生成多种血清免疫抑制因子，可抑制淋巴细胞生成白细胞介素-2（IL-2）、GC 及叶酸的产生。非创伤性应激可引起血清中出现一种免疫抑制因子，其性质为耐热的 6 kDa 多肽，可抑制正常小鼠淋巴结淋巴细胞的增殖，该因子的生成需要中枢神经系统的参与，不涉及肾上腺素。因此冷应激时，神经内分泌功能的变化也可以通过多重途径和水平改变机体的免疫力。另外，鸡在受到冷应激时，其外周血中的淋巴细胞数量略有减少，表现为免疫功能的减弱[55,56]。这也许是由于 GC 分泌增加与生长激素和盐皮质激素也有一定关系。在动物关节内注射肾上腺素引起的类风湿性关节炎[51,52,57]的急性反应期，细胞免疫和体液免疫都表现出明显的反应。最明显的是各炎症细胞的聚集、增多，包括外周血的粒细胞、NK 细胞和其他淋巴细胞。GC 对免疫反应的许多环节都有影响，主要是抑制巨噬细胞对抗原的吞噬和处理，阻碍淋巴细胞 DNA 的合成和有丝分裂，破坏淋巴细胞，使机体淋巴细胞数量减少，并损伤浆细胞，从而抑制细胞免疫和体液免疫。此外，GC 还能抑制毛细血管壁通透性的升高[58]，抑制胶原纤维和毛细血管的增生，抑制中性粒细胞向病灶迁移[59]。

3.6.2 冷应激对免疫细胞的影响

冷刺激可降低小鼠淋巴细胞对 PHA 的增殖反应和对 ConA 的反应，减弱 B 淋巴细胞对商陆丝裂原（PWM，是一种有丝分裂原，能够同时作用于 T 淋巴细胞和 B 淋巴细胞）刺激的增殖反应，肾上腺素和氢化可的松会促进细胞产生能量，可减弱脾中 NK 细胞活性，抑制巨噬细胞产生 H_2O_2；冷应激使 T 淋巴细胞依赖性抗体的生成减少[39]，T 淋巴细胞转化率降低。此种影响有种属差异和性别差异。冷应激降低小鼠对单纯疱疹病毒（HSV）感染的免疫力，减少脾中细胞毒性淋巴细胞数目，增加小鼠实验性肿瘤的转移率；寒冷刺激可导致血浆中激素和细胞因子浓度的变化，如生长激素（GH）、T_4 及 IL-2 等浓度降低，而 GC 和 IL-6 浓度升高，这些变化可被前列腺素（PG）合成阻断剂所阻断，使淋巴细胞对 PHA 的反应降低。例如，脑损伤后，血中淋巴细胞数减少，以辅助性 T 淋巴细胞（Th）和抑制性 T 淋巴细胞（Ts）的减少最为明显，同时白细胞的吞噬能力下降，IgM 降低而 IgA 含量上升[60,61]。冷应激时，首先引起外周血淋巴细胞增多，$CD16^+T$ 细胞增加，NK 细胞活性提高，随后伴有细胞数目的减少；冷应激能明显影响分裂原对淋巴细胞的促增殖反应，同时 IL-2R（IL-2 受体）表达水平下降。人类的考试压力及婚姻不和等情感性应激刺激常伴有血液中抗 HSV、抗 EB 病毒（epstein-barr virus，EBV）或抗巨细胞病毒的抗体浓度上升，$CD4^+T$ 细胞和 NK 细胞的百分比及活性也相应降低，提示冷应激可能降低免疫力[59,62]，使体内潜伏病毒激活。

1）肥大细胞的变化

肥大细胞（MC）是免疫系统的一种强有力的效应细胞，被认为是细胞免疫的一个指标，它作为一种免疫细胞，不仅直接参与免疫应答，而且释放介质调节免疫应答。黄丽波等[63]研究了伊褐红公雏鸡，急性冷应激 2 h 时，MC 数目明显增加；慢性冷应激 3 d 时，腺胃肌层中 MC 数目减少（$P<0.05$）；慢性冷应激 10 d 时，MC 数目明显增加。说明冷应激 3 d 时机体已开始适应了这种刺激，之后机体免疫力又逐渐升高了。这种结果提示在冷应激过程中 MC 可能通过其炎性介质的释放对胃肠道黏膜充血有一定影响，进而可导致消化道溃疡病症的出现，同时，也进一步证实 MC 对机体的局部免疫调节起很大作用。王玉海等[64]采用贵妃雏鸡进行冷应激实验（比常温低 5℃），在脾中观察到，应激 1 h 期间 MC 数目减少，2 h、4 h 时 MC 数目显著增加，应激 12 h、24 h 时明显增加，应激 15 d 时略有增加，说明脾已基本适应；应激 15 d 后脾的免疫水平略有提高而胸腺的免疫水平显著提高；在胸腺中，MC 数目始终呈增加趋势，说明胸腺的局部免疫水平增加。同时也提示 MC 作为免疫调节细胞，在不同局部免疫器官中的调节可能是不同的，但对整体免疫水平变化结果可能是一致的。因为 MC 在一定的应激条件下可以产生细胞因子，所以其参与免疫调节。组胺就是 MC 的主要介质之一，它是最早被发现的炎症和过敏反应介质，对炎症和免疫应答的发生和发展有重要的调节作用。

2）淋巴细胞数量的改变

一般来说，急性冷应激刺激常呈现免疫抑制，而慢性冷应激常引起免疫增强，温和冷应激常引起免疫增强，重度冷应激引起免疫力下降。袁学军等[65]的研究结果表明，伊褐红雏鸡急性冷应激期间（24 h 以内），T 淋巴细胞数目明显减少（$P<0.01$）；在应激 12 h 后，细胞数量最低；应激 24 h 后，淋巴细胞数目又有所增加，但还是明显低于对照组；冷应激 3 d 后，T 淋巴细胞减少不明显，淋巴细胞总数明显增加；冷应激 10 d 后淋巴细胞数目极显著减少，T 淋巴细胞数目极显著

增加，结果提示较正常饲养温度低 8℃的冷应激使雏鸡细胞免疫水平增加。碱性粒细胞明显增加而中性粒细胞减少，中性粒细胞/淋巴细胞（heterophil/lymphocyte，H/L）明显增加；冷应激 15 d 后淋巴细胞数目显著增加，T 淋巴细胞也表现出相同的变化；碱性粒细胞及 H/L 明显降低，表明雏鸡已适应，抗应激能力增强[66]。T 淋巴细胞在急性和慢性应激时都明显增加，冷应激增加了白细胞介素（IL-1β、IL-1β、IL-6、IL-12β）的表达[67]，表明冷应激使细胞免疫水平增强。长时间的冷应激对雏鸡的细胞免疫和特异性的体液免疫反应都有影响，冷应激增加体外细胞免疫[68]。在冷应激时对雏鸡进行沙门菌攻毒感染实验[69]，在 12 h 内低于 10℃的冷应激条件下，雏鸡对沙门菌的感染有促进作用，但作用不明显。

3.7 冷应激对心血管系统的影响

宋学立等[70]研究了冷应激对心肌细胞损伤的影响，结果表明冷应激可使体外培养的 Wistar 乳鼠心肌细胞的凋亡率和细胞内 ROS 含量显著增加，细胞培养液中乳酸脱氢酶（lactate dehydrogenase，LDH）的活性显著升高，在-20℃时比-10℃时更为显著，这说明冷应激后心肌细胞凋亡是心肌细胞死亡的重要途径，其机制可能是 ROS 升高造成心肌细胞的氧化应激。Deveci 和 Egginton[71]研究了冷暴露对大鼠和仓鼠体内糖酵解和氧化的肌肉内血管生成的促进作用，结果表明冷暴露对仓鼠肌肉血管发生的刺激作用比大鼠更明显，这可能是由小动物有较高的代谢率造成的，此外，在大鼠的比目鱼肌也可看到血管生成，因为该处的氧化能力与肌肉的活动性均高于胫骨前肌，表明在对冷应激的反应中，氧化能力、肌肉活动性及纤维的大小可能共同决定了血管生成的程度。

流行病学调查表明，寒冷环境与高血压的发病有着密切的关系。我们实验室姜冬梅[72]的实验结果表明冷处理对蟾蜍肌肉放电的影响不显著；随冷处理时间的延长，蟾蜍心率呈降低的趋势，至 1 h 后趋于稳定；蟾蜍心肌收缩周期延长，至 1 h 后周期趋于稳定；蟾蜍心肌收缩平均收缩峰张力、最大收缩张力、平均张力、平均舒张谷张力均随冷处理时间的延长而降低；而蟾蜍的平均舒张间期、平均收缩间期则呈先降低后升高的变化趋势。低温可以使血压升高、心率减慢。同时，实验证实冷应激 0.5 h 时，蛋鸡心率初升高；而后随着冷应激时间的延长，心率逐渐下降。冷应激对血压影响的研究表明，如果在 5℃时持续冷应激，在 1 h 内血压开始升高，2 h 时血压可达到高峰，然后得到维持。引起这种血压升高的阈温度大约为 9℃。间断性冷应激也可以导致血压升高，在 5℃时，血压的升高与每天应激的时间呈 S 形变化关系，在从冷环境过渡到正常环境温度后血压可发生可逆性回复。这些研究结果表明，应激对心血管反应性的影响取决于应激本身的性质和时间。动物实验也证实，大鼠暴露于寒冷环境（5℃或 6℃）能引起高血压的发生。这种寒冷诱发的高血压是非遗传性、非药物性的高血压，也不是外科手术模型造成的高血压。肾素-血管紧张素是重要的血压控制系统，在高血压的发生中起着重要的作用。另外，有研究证实，低温可引起心肌供血障碍、心肌缺血和心律失常。与正常机体相比，心肌缺血仍是以血压下降为主，心率变慢，尤其是舒张压的降低，对心肌供血不利。

应激状态下，心肌收缩力增加、心率变快、血压升高等血流动力学反应可以导致机体需氧量增加，而冠状动脉痉挛、血小板聚积等又使供氧进一步减少。且应激状态下，血管内一氧化氮（nitric oxide，NO）合成明显下调，而内皮依赖性血管舒张功能也明显降低[73,74]。此外，应激状态下，交感神经系统兴奋也通过促心律失常增加了急性冠状动脉综合征（acute coronary syndrome，ACS）的危险性[75]。流行病学报道，冷应激可导致心脑血管系统疾病的发生，冬季 ACS 的发病率普遍比夏季高，提示冷应激与 ACS 发生可能具有一定的相关性。Fregly 等[76]通过冷应激成功诱导出高血压的动物模型，更是直接证明了冷应激对心血管疾病的影响。Cheng 等[77]研究发现冷应激时，小鼠巨噬细胞功能失调，引起相应的炎症反应。Zhu 等[78]发现，冷应激通过刺激巨噬细胞分泌白介素和肿瘤坏死因子 α（TNF-α），进一步引起相应的炎症反应，而 ACS 的发生与炎症反应密不可分。以上研究都说明了冷应激可能与 ACS 的发生有关。而 Hemdahl 等[79]发现给予 ApoE/LDLR 双基因敲除小鼠冷应激时，一半以上受试小鼠心电图出现 ST 段抬高，并伴随血液中心肌酶升高，Zhang 等[80]在实验中也观察到，冷应激可引起氧化应激和心功能不全，进一步证明了冷应激对心血管疾病的有害作用。

3.8 冷应激对消化道的影响

冷应激时，应激源所致的消化系统损伤主要是消化道溃疡，称为应激性溃疡（stress ulcer，SU）。经内窥镜检查发现，应激性溃疡的发生率高达 80%~100%。与慢性经过的消化性溃疡（peptic ulcer，PU）不同，冷应激性溃疡是一种急性溃疡，在病理解剖学上，应激性溃疡主要是胃或十二指肠黏膜缺损，可以在严重的应激源作用以后数小时内就出现，表现为多发性糜烂（仅到达黏膜肌层的表浅损害），或为单个的或多发性的溃疡（深达黏膜肌层之下的损害）。人消化性溃疡的直径可达 20 mm。溃疡周围无水肿、炎性细胞浸润或纤维化。临床上的主要症状是出血，常表现为呕血和黑粪，出血严重时可致死。

应激性溃疡的发病机制是，冷应激时，由于交感-肾上腺髓质系统兴奋，血管收缩，血液重新分布，以保证心脏等重要器官的血液供应。此时，胃和十二指肠黏膜的小血管血量减少，黏液和碳酸氢盐分泌减少，对氢离子的屏障机能降低，导致黏膜损伤，进而引起溃疡。

李鹏等[81]观察了冷刺激情况下大鼠脾、淋巴结、肝、十二指肠组织结构的变化结果，表明冷应激可使十二指肠黏膜上皮增厚，冷应激也造成脾和淋巴结内淋巴小结减少，动脉周围淋巴鞘变薄，同时肝发生可恢复的脂肪变性。Kaushik 和 Kaur[82]通过对肠道上皮细胞增殖、肠腔内亚硝酸盐及蛋白质含量、肠髓过氧化物酶活性及肥大细胞数目等指标的评定，研究了慢性冷应激致雄性 Wistar 大鼠肠道上皮细胞增殖及炎性作用，结果表明慢性冷应激可通过 NO、中性粒细胞及肥大细胞的共同作用使大鼠小肠的上皮细胞增殖速率降低，并诱发炎症反应。孙敬平和马洪升[83]研究了冷应激状态下大鼠小肠黏膜细胞凋亡和增殖情况，结果显示冷应激可使肠黏膜细胞凋亡增加，但短期内对肠黏膜增殖影响不明显。

3.8.1　冷应激致肠道损伤的病理变化

肠黏膜出血、坏死和溃疡是冷应激致肠道损伤的典型症状，因此，浸水-束缚应激和冷冻-束缚应激是目前研究应激性胃肠黏膜损伤最常用的动物模型。这两种模型均可使大鼠的胃肠出现点状出血，并可出现线状或直径 1~2 mm 圆形表浅性溃疡。这种溃疡非常类似于人的应激性溃疡，且随着应激时间的延长，病变可进一步加重。研究发现在运动应激状态下，大鼠肠黏膜绒毛稀疏、萎缩，黏膜水肿，其腺隐窝深度和绒毛宽度较对照组显著减少，肠上皮细胞内高尔基复合体和粗面内质网扩张[84]。李士泽等[85]研究冷暴露对健康雏鸡某些血液生化指标及胃肠道黏膜出血的影响时发现，冷应激后雏鸡腺胃、十二指肠、盲肠、扁桃体不同程度的充血、出血，冷应激后 1~2 h 胃肠道充血相对严重。丁玉玲等[86]研究表明，急性冷应激 12 h、24 h 后家鸡雏鸡和贵妃鸡雏鸡消化器官均有不同程度的充血、出血、浅表性糜烂和溃疡现象。孙敬平[87]研究表明，18℃浸水冷应激 4 h 大鼠回肠肠绒毛排列混乱、缩短或变钝，部分小肠绒毛上皮脱落，形成碎屑，固有层腺体减少；少量肠绒毛间质毛细血管扩张，可见大量红细胞聚集，在应激 24 h 时肠绒毛病变结构有所恢复。可见，冷应激可引起动物肠道严重损伤。

3.8.2　冷应激对肠道功能的影响

肠道是动物体最大的免疫器官。肠黏膜的免疫系统包括肠系膜淋巴结、浆细胞、B 淋巴细胞、辅助 T 淋巴细胞和肥大细胞，构成了肠道的免疫屏障。肠黏膜平均每天分泌 3 g IgA 免疫球蛋白，它可抑制肠道中细菌吸附到肠黏膜上皮细胞表面，阻止其在上皮细胞定植。此外，IgA 免疫球蛋白包裹细菌，减弱细菌向肠黏膜上皮细胞受体移动和与之结合的能力，并进一步刺激肠道分泌黏液，有助于排泄肠道中的细菌和毒素。位于肠黏膜固有层的巨噬细胞具有吞噬外来细菌和毒素的能力。肠液内的胃酸、胆汁、溶菌酶、黏多糖和胰腺所分泌的蛋白分解酶，可以稀释、分解肠腔内的有害物质和细菌毒素，并具有一定的杀菌和溶菌作用，从而防止有害细菌的侵入，构成了肠道的化学屏障。寄生于动物体的细菌大约有 500 种，大部分存在于肠道。肠内细菌占粪便湿重的 20%~30%，其中绝大部分（99.9%）是厌氧菌。这些动物体的原籍菌（益生菌）与肠黏膜黏附、结合、嵌合形成一个完整的菌膜，构成肠道的生物屏障。

1. 冷应激对肠道动力的影响

目前关于冷应激对肠道动力影响的报道较少且具争议。Narducci 等[88]以冷水浸手和智力测验为应激条件，发现应激使结肠运动加强；Diop 等[89]的研究也表明，在冷应激状态下，小鼠胃排空加快、小肠和结肠转运加速、粪球排出时间缩短；张志雄等[90]的实验研究表明，在冷应激状态下，直肠静息压力、直肠动力指数显著升高，表明冷应激可致直肠运动增强，并且冷应激引起直肠动力的这种变化可能和交感神经系统兴奋性升高有关，这和 Narducci 等[88]用冷水浸手得到结肠运动加强的结论相一致。最近也有资料报道冷应激不能导致结肠运动加强。Shah 等[91]研究表明，冷应激不能改变健康人及肠易激综合征（irritable bowel syndrome，IBS）患者直肠的运动功能；柯道平等[92]也认为冷束缚应激使大鼠的胃排空速度和小肠推进率均减慢。

2. 冷应激对肠道屏障的影响

肠道屏障主要包括肠黏膜的机械屏障、化学屏障、免疫屏障和生物屏障。正常肠屏障功能的维持依赖于完整的肠黏膜上皮、肠道内分泌物和正常菌群、肠道蠕动和肠道免疫功能等。肠黏膜的机械屏障是肠黏膜屏障中最重要的部分，主要结构包括不移动水层、黏液层（包括最上层的疏水层）和上皮层（包括上皮细胞的紧密连接）。不移动水层是机械屏障的最外层，也是许多营养物质和药物吸收的限速步骤。黏膜表面的疏水层是一层活性磷脂层，衬于黏液的最上层。某些去垢剂，如非甾体抗炎药（nonsteroidal antiinflammatory drug，NSAID）均可去除这一磷脂层，从而减小了黏膜表面的疏水性，增大了亲水大分子的黏膜渗透性。黏液层是一层黏胶样结构，它可防止上皮绒毛的物理性摩擦、化学性消化和阻止致病菌与肠黏膜黏附、定植。此外，黏液层中有专供厌氧菌结合的受体，使专性厌氧菌栖息，而竞争性地抑制过路致病菌的黏附、定植。上皮层是一个高选择性屏障，只允许营养性物质的吸收，限制有毒物质的吸收。内皮屏障是指毛细血管内皮屏障，其在维持肠道屏障功能上有重要作用。这可能与血流供应相关，足够的血液供应才可能提供营养、氧气和能量，才有可能把损伤物质（如氧自由基）迅速排出。

1）肠通透性变化

肠黏膜通透性是指肠黏膜上皮容易被某些分子物质以简单扩散的方式通过的特性，在临床上肠黏膜通透性主要是指相对分子质量大于 150 的分子物质对肠上皮的渗透性。正常情况下，肠道黏膜上皮组织紧密连接完好，可通过肠上皮细胞吸收小分子物质（如甘露醇），但当肠道黏膜机械屏障功能受损时上皮细胞间紧密连接被破坏，大分子物质（如乳果糖）在旁路的吸收会增加，从而显示肠道通透性增加，肠道通透性增加是肠道黏膜机械屏障功能受损的间接反映指标。Madara[93]研究表明，束缚应激和冷束缚应激 4 h 的大鼠，其空肠对标记的大分子甘露醇和 ^{51}Cr-EDTA 的通透性增加，而且电子显微镜显示肠细胞含有辣根过氧化物酶（HRP）的内涵体的数目和体积都增加，上皮间紧密连接中的 HRP 也增加。Meddings 和 Swain[94]研究了环境应激对大鼠胃肠道通透性的影响，检测了蔗糖、半乳糖、乳糖/甘露醇的吸收，结果表明在冷束缚应激和游泳应激实验中，整个胃肠道的各个区域通透性都有所增加。

2）肠分泌功能变化

肠分泌功能包括离子分泌和黏液分泌。肠离子分泌的变化可通过监测其短回路电流（short circuit current，Isc）和导电性（electric conductivity，G）来研究。Isc 是肠腔内阴离子分泌的即时指示；G 是跨膜电位与 Isc 的比值，体现了肠黏膜对离子的通透性。Santos 和 Saperas[95]研究发现接受急性冷束缚应激的大鼠，其游离空肠段的 Isc 和 G 都明显升高，可见冷束缚应激可以导致肠离子的分泌和通透性增加。如果在缓冲液里用另一种离子代替 Cl^- 可以消除这种异常现象，表明应激可以刺激 Cl^- 的分泌[96]。肠黏液是由杯状细胞分泌的一种碱性液体，其渗透压与血浆相同，含有水、电解质和蛋白质。大量的肠黏液可以稀释被消化的营养物质，使其渗透压降低并接近于血浆的渗透压，有利于吸收的进行。黏液的分泌是经常性的，受神经系统和胃肠激素的调节，在不同的条件下其分泌的变化较大。研究表明热应激可以引起猪回肠黏液 IgA 的分泌增加，导致猪肠黏膜免疫平衡出现紊乱[97]。Castagliuolo 等[98]描述了应激对结肠黏液分泌的影响，对大鼠持续 30 min 的制动应激，可以引起其结肠黏膜杯状细胞的黏液分泌明显增加。应激导致的黏液的快速释放将会增强肠道的屏障功能，但是如果应激时间太长，杯状细胞的排空将会衰竭，这对机体抵御有害物质入侵是极其不利的。

3）肠道内正常菌群变化

生理状态下肠道内的寄生菌是肠道生物屏障的重要组成部分，但在多种疾病和病理生理状态下，肠黏膜通透性增加，即肠道内细菌可以穿过损伤的肠黏膜进入肠道以外的组织而发生移位。应激时机体为保护心脏、脑等重要脏器的功能，血液重新分布，内脏血管张力增高，肠黏膜及黏膜下层血流减少，肠上皮细胞内氧分压降低，细胞无氧代谢增加，导致黏膜酸中毒，肠通透性增加，这些为肠道菌群细菌移位创造了条件。应激可以引起肠道菌群发生明显变化，大鼠严重烫伤后，发生细菌移位的大鼠回盲部黏膜菌群中双歧杆菌数量急剧减少，移位细菌主要为大肠杆菌、枸橼酸杆菌等革兰氏阴性厌氧菌和铜绿假单胞菌等革兰氏阴性需氧菌[99]。徐世文[100]研究表明，在急性、慢性冷应激时，雏鸡肠道大肠杆菌呈逐渐增多趋势，而乳酸杆菌含量呈现下降趋势，冷应激干扰了雏鸡肠道常住菌群的稳定性，影响了肠道的生物屏障功能。

3.9　冷应激对肝功能的影响

肝是身体内以代谢功能（合成代谢、分解代谢和能量代谢）为主的一个器官，并在身体里起着去氧化、储存肝糖原、合成蛋白质等作用。动物机体在受到冷刺激时，有可能造成肝组织损伤。大量哺乳动物研究表明，冷应激后血清总蛋白（total protein，TP）、白蛋白（albumin，ALB）降低[101-104]。提示冷应激造成机体蛋白质合成障碍，而肝是合成 ALB 的唯一场所，进一步反映了冷应激能够引起机体肝损伤。能够反映肝功能损伤的指标还有乳酸脱氢酶（lactate dehydrogenase，LDH）、谷草转氨酶（aspartate aminotransferase，AST）、谷丙转氨酶（alanine transaminase，ALT）和碱性磷酸酶（alkaline phosphatase，ALP）等。吕晓伟报道了冷应激期的泌乳奶牛血清中 LDH 活力相对于非应激期上升了 21.52%，ALT 活性也升高[104]。小鼠在 0℃环境下早晚各冷暴露 1 h，与对照组相比，AST 从（90.6±9.8）U/L 升高至（108.3±6.6）U/L（$P<0.05$）[105]。SD 大鼠在低温实验舱［（−15±2）℃］装于铁笼内急性冷暴露 4 h 后，与对照组［（22±2）℃］相比，发现 ALT 和 AST 显著升高（$P<0.05$）[105]。仔猪在−3~3℃环境时，AST 和 ALT 在冷暴露结束后 3 h 时也显著升高（$P<0.05$）[101]。这些研究均表明，冷应激造成了肝损伤甚至严重影响了肝的功能。

3.10　冷应激对肾功能的影响

肾通过生成尿液，借以清除体内代谢产物及某些废物、毒物，并且通过重吸收作用保留水分及其他机体所需物质，它同时还是机体部分内分泌激素的降解场所和肾外激素的靶器官。肾的这些功能在一定程度上保证了机体内环境的稳定，从而使新陈代谢得以正常进行。动物实验证明，仔猪冷暴露（−10~−4℃，12 h）后肌酐（creatinine，CRE）逐渐减少，至结束冷暴露后 24 h 降低到应激前的 1/3 以下（$P<0.01$）[101]。靳二辉等[103]也得到了相同的结果，雄性昆明系小鼠受到冷应激后（0℃，2 h）血清 CRE 含量显著低于对照组（20℃）14.19%（$P<0.05$）。

提示了冷暴露可能造成动物机体肾衰竭。吕晓伟[104]报道，泌乳奶牛冷应激期血清尿素氮含量升高。荷斯坦奶牛乳清尿素氮含量在（−15.1±1.53）℃环境时为（21.67±2.79）mmol/L，在（15.3±1.9）℃环境时为（19.34±0.17）mmol/L，冷应激组显著高于对照组（$P<0.05$）[106]。提示了在冷暴露时机体需要足够的能量来维持内环境的稳定，大量蛋白质分解供能，作为蛋白质代谢产物的尿素氮随之升高，也有可能是冷暴露时机体肾功能障碍，造成肾组织损伤甚至炎症，从而引起血清尿素氮的升高。

3.11　冷应激对肺功能的影响

肺既是气体交换的唯一脏器，又是接受右心室全部心输出血量的唯一器官，有丰富的肺毛细血管内皮细胞（pulmonary capillary endothelial cell，PCEC）和肺泡上皮细胞。从呼吸系统或循环系统入侵机体的有害物质，以及一些应激刺激，都能造成肺部不同程度的损伤。近年来，国内外对肺损伤机制的研究正逐渐深入，除一氧化氮产生、钙超载外，还包括氧自由基、炎症、线粒体损伤及细胞凋亡等。有研究显示冷应激可影响血管血流量的分布，影响呼吸深度，诱发肺水肿，造成不同程度的肺损伤。但冷应激导致肺损伤的具体研究，尤其是对于禽类的研究目前还比较少，且主要集中在表观变化上。目前国内实验结果显示，冷应激使雏鸡血清及肺组织的 MDA 含量、SOD 活性和 GSH-Px 活性都发生了变化，且随着应激时间的延长出现不同的变化。而肺细胞 DNA-蛋白质交联（DNA-protein crosslink，DPC）和 DNA-DNA 交联（DNA-DNA crosslink，DDC）含量随着应激时间的延长逐渐升高，揭示冷应激可引起雏鸡的过氧化现象和抗氧化酶活性的变化，使肺组织氧化-抗氧化平衡破坏，引起肺组织细胞 DNA 的氧化损伤[107]。

参 考 文 献

[1] Arancibia S, Rage F, Astier H, Tapia-Arancibia L. Neuroendocrine and autonomous mechanisms underlying thermoregulation in cold environment[J]. Neuroendocrinology, 1996, 64: 257-267

[2] Bamshad M, Song C K, Bartness T J. CNS origins of sympathetic nervous system outflow to brown adipose tissue[J]. Am J Physiol, 1999, 276(6pt2): 1569-1578

[3] Kelly L, Bielajiw C. Short-term stimulation-induced decreases in brown fat temperature[J]. Brain Res, 1996, 715(1-2): 172-179

[4] Fukuhara K, Kvetnansky R, Cizza G, Pacak K, Ohara H, Goldstein D S, Kopin I J. Interrelations between sympathoadrenal system and hypothalamo-pituitary-adrenocor-tical/thyroid systems in rats exposed to cold stress[J]. J Neuroendocrinol, 1996, 8(7): 533-541

[5] 孙久荣, 曾月英, 蔡益鹏. 大鼠冷暴露过程中不同脑区和血清中单胺类递质及代谢物质的

变化[J]. 动物学报, 1998, 44(1): 41-46

[6]　Hatalski C G, Guirguis C, Baram T Z. Corticotropin releasing factor mRNA expression in the hypothalamic paraventricular nucleus and the central nucleus of the amygdala is modulated by repeated acute stress in the immature rat[J]. J Neuroendocrinol, 1998, 10(9): 663-669

[7]　Hashhimoto K, Makino S, Asaba K. Physiological roles of corticotropin-releasing hormone receptor type2[J]. Endocrine J, 2001, 48(1): 1-9

[8]　Xie J, Nagle G T, Ritchie A K. Cold stress and corticotropoin-releasing hormone induced changes in messenger ribonucleic acid for the alpha subunit of the L-type Ca^{2+} channel in the rat anterior pituitary and enriched populations of corticotropes[J]. Neuroendocrinology, 1999, 70(1): 10-19

[9]　Sasaki F, Wu P, Rougeau D, Unabia G, Childs G V. Cytochemical studies of responses of corticotropes and thyrotropes to cold and novel environment stress[J]. Endocrinology, 1990, 127(1): 285-297

[10]　Sapolsky R B, Romero L M, Munck A. How do glucocorticoids influence stress responses: integrating permissive, suppressive, stimulatory, and preparative actions[J]. Endocrine Reviews, 2000, 21(1): 55-89

[11]　Moriscot A, Rogerio R, Bianco A C. Corticosterone inhibits uncoupling protein gene expression in brown adipose tissue[J]. Am J Physiol, 1993, 256(28): 81-87

[12]　Strack A M, Margaret J B, Mary F D. Corticosterone decrease nonshivering thermogenesis and increase lipid storage in brown adipose tissue[J]. Am J Physiol, 1995, 268(1pt2): 183-191

[13]　Kawate R, Talan M I, Engel B T. Sympathetic nervous activity to brown adipose tissue increases in cold-tolerant mice[J]. Physiol Behav, 1994, 55(5): 921-925

[14]　Bhatnagar S, Meaney M J. Hypothalamic-pituitary-adrenal function in chronic intermittently cold-stressed neonatally handled and non handled rats[J]. Neuroendocrinol, 1995, 7(2): 97-108

[15]　Asakura M, Nagashima H, Fujii S. Influences of chronic stress on central nervous systems[J]. Japanese Journal of Psychopharmacology, 2000, 20(3): 97

[16]　侯建军, 李庆芬, 黄晨西. 布氏田鼠冷暴露中的适应性产热机理[J]. 动物学报, 1999, 45(2): 143-147

[17]　Liu X, Li Q, Lin Q, Sun R. Uncoupling protein 1 mRNA, mitochondrial GTP-binding, and T45′-deiodinase of brown adipose tissue in euthermic Daurian ground squirrel during cold exposure[J]. Compar Biochem & Physiol Part A, 2001, 128(4): 827-835

[18]　杨明, 李庆芬, 黄晨西. 下丘脑-垂体-甲状腺轴在冷暴露长爪沙鼠产热中的作用[J]. 动物学研究, 2002, 23(5): 379-383

[19]　Jeus L A, de Carbalho S D, Ribeiro M O, Schneider M, Kim S W, Harney J W, Larsen P R, Bianco A C. The type 2 iodothyronine deiodinase is essential for adaptive thermogenesis in brown adipose tissue[J] Clinical Investigation, 2001, 108(9): 1379-1385

[20]　Schneider M J, Fiering S N, Pallud S E. Targeted disruption of the type 2 selenodeiodinase gene(DIO2)results in a pheno-type of pituitary resistance to T4[J]. Mol Endocrinol, 2001, 15(12): 2137-2148

[21]　Hisano S, Fukui Y, Chikamori-Aoyama M. Reciprocal synaptic relations between CRF-immunoreactive and TRH-immunoreactive neurons in the paraventricular nucleus of the rat hypothalamus[J]. Brain Res, 1993, 620(2): 343-346

[22]　杨刚. 内分泌生理与病理生理学[M]. 天津: 天津科学技术出版社, 1994: 766-794

[23]　Moberg G P, Mench J A. The Biology of Animal Stress Basic Principles and Implications for

Animal Welfare[M]. New York: CABI Publishing, 2000: 43-75

[24] Takahashi H, Murata H, Matsumoto H. Responses of plasma insulin, glucagon and cortisol to cold exposure in calves[J]. Nihon Juigaku Zasshi the Japanese Journal of Veterinary Science, 1986, 48(2): 419-422

[25] Manfredi L H, Zanon N M, Garofalo M A, Navegantes L C, Kettelhut I C. Effect of short-term cold exposure on skeletal muscle protein breakdown in rats[J]. J Appl Physiol, 2013, 115(10): 1496-1505

[26] 孟祥坤, 曹兵海, 庄宏, 王茂, 李腾. 慢性冷应激对西门塔尔杂交犊牛免疫相关指标的影响[J]. 中国农业大学学报, 2010, 15(6): 65-79

[27] Guerrero J M, Santana C, Reiter R J. Type Ⅱ thyroxine 5'-deiodinase activity in the rat brown adipose tissue, pineal gland, harderian gland, and cerebral cortex: effect of acute cold exposure and lack of relationship to pineal melatonin synthesis[J]. J Pineal Res, 1990, 9(2): 159-166

[28] StieCglitz A, Steinlechner S R. Cold prevents the light induced inactivation of pineal N-acetyltransferase in the *Djungarian hamster, Phodopus sungorus*[J]. J Comp Physiol, 1991, 168(5): 599-603

[29] Saarela S, Reiter R J. Function of melatonin in thermoregulatory processes[J]. Life Sciences, 1994, 54(5): 295-311

[30] Vanecek J. Cellular mechanisms of melatonin action[J]. Physiol Review, 1998, 78(3): 687-721

[31] Konakchieva R, Mitev Y, Almeida O F. Chronic melatonin treatment and the hypothalamo-pituitary-adrenal axis in the rat: attenuation of the secretory response to stress and effects on hypothalamic neuropeptide content and release[J]. Biol Cell, 1997, 89(9): 587-596

[32] Konakchieva R, Mitev Y, Almeida O F. Chronic melatonin treatment counteracts glucocorticoid induced dysregulation of the hypothalamic-pituitary-adrenal axis in the rat[J]. Neuroendocrinology, 1998, 67(3): 171-180

[33] Houseknecht K L, Baile C A, Matteri R L, Spurlock M E. The biology of leptin: a review[J]. Journal of Animal Science, 1998, 76(5): 1405-1420

[34] Hochol A, Nowak K W, Belloni A S. Effects of leptin on the response of rat pituitaty-adrenocortical axis to ether and cold stresses[J]. Endocr Res, 2009, 26(2): 129

[35] Commins S P, Watson P M, Frampton I C. Leptin selectively reduces white adipose tissue in mice via a UCP1-dependent mechanism in brown adipose tissue[J]. Am J Physiol Endocrinol Metab, 2001, 280(2): 372-377

[36] Ida T, Nakahara K, Murakami T. Possible involvement of orexin in the stress reaction in rats[J]. Biochem Biophys Res Commun, 2000, 270(1): 318-323

[37] Kizaki T, Yamashita H, Oh-lshi S. Immunomodulation by cells of mononuclear phagocyte lineage in acute cold-stressed or cold-acclimatized mice[J]. Immunology, 1995, 86(3): 456-462

[38] 刘伟, Manaeb E A. 母猪在不同外界环境温度下对能量的需要[J]. 国外畜牧学: 饲料, 1997, (2): 23-25

[39] 杨焕民, 李士泽. 动物冷应激的研究进展[J]. 黑龙江畜牧兽医, 1999, (3): 42-44

[40] 王德华, 王祖望. 褐色脂肪组织及其产热研究进展[J]. 生态学杂志, 1992, 11(3): 43-48

[41] 杨明, 李庆芬, 黄晨西. 布氏田鼠在冷暴露条件下褐色脂肪组织产热的神经内分泌调节[J]. 动物学报, 2003, 49(6): 748-754

[42] Puerta M, Abelenda M, Rocha M. Effect of acute cold exposure on the expression of the adiponectin resistin and leptin genes in rat white and brown adipose tissues[J]. Horm Metab

Res, 2002, 34(11-12): 629-634

[43] 何光华, 宗浩. 哺乳动物能量代谢研究概况[J]. 文山师专学报, 2000, 11(1): 80-87

[44] Ortuno J, Esteban M A, Meseguer J. Effects of short-term crowding stress on the gilthead seabream (Sparus aurata L.) innate immune response[J]. Fish Shellfish Immunol, 2001, 11(2): 187-197

[45] Mcconnell A K. In favour of respiratory muscle training[J]. Chron Respir Dis, 2005, 2(4): 219-221

[46] Papanek P E, Wood C E, Fregly M J. Role of the sympathetic nervous system in cold-induced hypertension in rats[J]. Appl Physiol, 1991, 71(1): 300-306

[47] 于长青, 祝之明, 王利娟, 王海燕. 冷应激高血压大鼠血管舒缩功能的研究[J]. 中华高血压杂志, 2002, 10(2): 163-165

[48] Tan Y, Gan Q, Knuepfer M M. Central alpha-adrenergic receptors and corticotropin releasing factor mediate hemodynamic responses to acute cold stress[J]. Brain Res, 2003, 968(1): 122-129

[49] Bokenes L, Alexandersen T E, Tveita T. Physiological and hematological responses to cold exposure in young subjects[J]. Int J Circumpolar Health, 2004, 63(2): 115-128

[50] Merggiola M C, Bremner W J, Paulsen C A, Valdiserri A, Incorvaia L, Motta R, Pavani A, Capelli M, Flamigni C. A combined regimen of cyproterone acetate and testosterone enanthate as a potentially highly effective male contraceptive[J]. JCEM, 1996, 81(8): 3018-3023

[51] Sakkas D, Moffatt O, Manicardi G C. Nature of DNA damage in ejaculated human spermatozoa and the possible involvement of apoptosis[J]. Biol Reprod, 2002, 66(4): 1061-1067

[52] Fisher A D, Knight T W, Cosgrove G P. Effects of surgical or banding castration on stress responses and behavior of bulls[J]. Aust Vet, 2001, 79: 279-284

[53] Burton J L, Nonnecke B J, Lee E K. Effects of stress on leukocyte trafficking and immune responses: implications for vaccination[J]. Advances in Veterinary Medicine, 1999, 41(c): 61-81

[54] Mader T L, Holt S M, Parkhurst A M. Strategies to reduce feedlot cattle heat stress: effects on tympanic temperature[J]. Anim Sci, 2002, 81(3): 649

[55] 刘永学, 高月. 应激研究进展[J]. 中国病理生理杂志, 2002, 18(2): 218-221

[56] 陈国胜, 秦辉益. 维生素 C 在家禽抗应激中的作用研究进展[J]. 动物营养学报, 1997, 9(4): 1-11

[57] De G J, Ruis M A, Scholten J W, Koolhaas J M, Boersma W J. Long-term effects of social stress on antiviral immunity in pigs[J]. Physiol Behav, 2001, 73(1-2): 145-158

[58] Mitlohner F M, Morrow J L, Dailley J W. Shade and water misting effects on behavior, physiology, performance, and carcass traits of heat-stressed feedlot cattle[J]. Anim Sci, 2001, 79(9): 2327-2335

[59] 纪孙瑞, 周鉴卿. 应激与抗应激[J]. 家畜生态学报, 1994, 15(3): 41-44

[60] 陈诗书, 汤雪明. 医学细胞与分子生物学[M]. 上海: 上海医科大学出版社, 1995: 45-50

[61] 朱道立. 应激与神经内分泌及免疫的研究[J]. 实验动物科学, 1994, 11(2): 32-35

[62] 张世华, 郑小波, 陈春林, 石大兴. 复合抗应激剂"攻尖Ⅰ号"对动物机体免疫功能的影响[J]. 贵州畜牧兽医, 2001, 25(4): 7-8

[63] 黄丽波, 鞠春伟, 郭艳清, 李淑红, 葛慎峰, 吴海燕, 靳锐. 冷应激对伊褐红公雏腺胃中肥

大细胞数目变化的影响[J]. 黑龙江八一农垦大学学报, 2004, 16(4): 53-55

[64] 王玉海, 王蔡丽, 张文英, 黄丽波, 吴海燕. 温和冷应激对贵妃雏鸡脾脏、胸腺中肥大细胞数目的影响[J]. 黑龙江八一农垦大学学报, 2005, 17(4): 58-60

[65] 袁学军, 牛静华, 吴海燕, 徐洪鑫, 李义春, 孙秀军. 冷应激对伊褐红公雏鸡外周血淋巴细胞数目变化的影响[J]. 黑龙江八一农垦大学学报, 2002, 14(1): 61-63

[66] 李荣侠, 孙国志, 赵伟. 冷应激对海兰雏鸡某些血相变化的影响[J]. 黑龙江畜牧兽医, 2005, 22(8): 59-61

[67] 邱家祥, 米克热木·沙衣布扎提, 赵红琼. 家禽冷应激研究进展[J]. 动物医学进展, 2008, 29(3): 96-101

[68] Hangalapura B N, Nieuwland M G, de Vries R G, Van den Brand H, Kemp B, Parmentier H K. Durations of cold stress modulates overall immunity of chicken lines divergently selected for antibody responses[J]. Poult Sci, 2004, 83(5): 765-775

[69] 袁学军, 李土泽, 靳锐, 李荣霞, 张宏, 郎宜林. 冷应激对雏鸡沙门氏菌感染的影响初报[J]. 黑龙江畜牧兽医, 2001, (3): 29

[70] 宋学立, 钱令嘉, 李凤芝. 冷应激对心肌细胞损伤的影响[J]. 解放军预防医学杂志, 2001, 19(2): 88-91

[71] Deveci D, Egginton S. Cold exposure differentially stimulates angiogenesis in glycolytic and oxidative muscles of rats and hamsters[J]. Exp Physiol, 2003, 88(6): 741-747

[72] 姜冬梅. 受冷动物相关生物信号、血清酶活与细胞因子变化的研究[J]. 黑龙江八一农垦大学学报, 2007: 6

[73] Williams J K, Honore E K, Washburn S A, Clarkson T B. Effects of hormone replacement therapy on reactivity of atherosclerotic coronary arteries in cynomolgus monkeys[J]. J Am Coll Cardiol, 1994, 24(7): 1757-1761

[74] Williams J K, Vita J A, Manuck S B, Selwyn A P, Kaplan J R. Psychosocial factors impair vascular responses of coronary arteries[J]. Circulation, 1991, 84(5): 2146-2153

[75] Kloner R A. Can we trigger an acute coronary syndrome[J]? Heart, 2006, 92(8): 1009-1010

[76] Fregly M J, Kikta D C, Threatte R M, Torres J L, Barney C C. Development of hypertension in rats during chronic exposure to cold[J]. J Appl Physiol, 1989, 66(2): 741-749

[77] Cheng G J, Morrow-Tesch J L, Beller D I, Levy E M, Black P H. Immunosuppression in mice induced by cold water stress[J]. Brain Behavior & Immunity, 1990, 4(4): 278-291

[78] Zhu G F, Chancellor-Freeland C, Berman A S, Kage R, Leeman S E, Beller D I, Black P H. Endogenous substance P mediates cold water stress-induced increase in interleukin-6 secretion from peritoneal macrophages[J]. J Neurosci, 1996, 16(11): 3745-3752

[79] Hemdahl A L, Caligiuri G, Hansson G K, Thoren P. Electrocardiographic characterization of stress-inducedmyocardial infarction in atherosclerotic mice[J]. Acta Physiol Scand, 2005, 184(2): 87-94

[80] Zhang Y, Li L, Hua Y, Nunn J M, Dong F, Yanagisawa M, Ren J. Cardiac-specific knockout of ET(A)recept or mitigates low ambient temperature-induced cardiac hypertrophy and contractile dysfunction[J]. J Mol Cell Biol, 2012, 4(2): 97-107

[81] 李鹏, 杨焕民, 任宝波. 冷应激对海兰雏鸡胃肠道黏膜损伤的影响[J]. 黑龙江八一农垦大学学报, 2004, 12(4): 47-50

[82] Kaushik S, Kaur J. Effect of chronic cold stress on intestinal epithelial cell proliferation and inflammation in rats[J]. Stress, 2005, 8(3): 191-197

[83] 孙敬平, 马洪升. 谷氨酰胺对冷束缚应激状态下大鼠小肠黏膜细胞凋亡和增殖的影响[J]. 临床消化病杂志, 2008, 20(1): 29-32

[84] 史艳丽, 费曦艳, 余晖. 魔芋甘露聚糖对运动应激大鼠肠黏膜屏障的保护作用[J]. 中国运动医学杂志, 2007, 26(5): 580-584

[85] 李士泽, 袁学军, 杨玉英. 冷暴露对健康雏鸡某些血液生化指标及胃肠道黏膜充血的影响[J]. 中国应用生理学杂志, 2002, 18(2): 148-158

[86] 丁玉玲, 石明杰, 白彩霞. 冷应激对家鸡雏鸡和贵妃鸡雏鸡消化器官影响的观察[J]. 中国畜禽种业, 2008, 4(2): 29

[87] 孙敬平. 谷氨酰胺对冷束缚应激状态下大鼠小肠黏膜细胞凋亡的影响[D]. 成都: 四川大学硕士学位论文, 2005

[88] Narducci F, Snape W J, Battie W M. Increase colonic motility during exposure to a stressful situation[J]. Dig Dis Sci, 1985, 30(1): 40-44

[89] Diop L, Pascaud X, Junien J L. CRF triggers the CNS release of TRH in stress induced changes in gastric emptying[J]. Am J Physiol, 1991, 260(1): 39-44

[90] 张志雄, 梁列新, 侯晓华. 冷应激对健康人肛门直肠动力、感觉及心率变异性的影响[J]. 中华现代医学与临床, 2005, 2(8): 48-50

[91] Shah S K, Abraham P, Mistry F P. Effect of cold pressor test and a high-chilli diet on rectosigmoidmotility in irritable bowel syndrome[J]. Indian J Gastroenterol, 2000, 19(4): 161-164

[92] 柯道平, 杜鹃, 唐影, 高莉, 李忠稳, 胡金兰, 王刚, 孔德虎. 银杏叶提取物对大鼠冷应激引起的胃肠动力紊乱及 NO 含量变化的影响[J]. 中国药理学通报, 2005, 21(7): 881-883

[93] Madara J L. Maintenance of the macromolecular barrier at cell extrusion sites in intestinal epithelium: physiological rearrangement of tight junction[J]. J Membr Biol, 2000, 116(2): 177-233

[94] Meddings J B, Swain M G. Environmental stress induces a generalized increase in gastro-intestinal permeability mediated by endogenous glucocorticoids in the rat[J]. Gastroenterology, 2000, 119: 1019-1028

[95] Santos J, Saperas E. Regulation of intestinal mast cells and luminal protein release by cerebral thyrotropin-releasing hormone in rats[J]. Gastroenterology, 1996, 111(6): 1465-1473

[96] Saunders P R, Kosecka U, Mckay D M. Acute stressors stimulate ion secretion and increase epithelialpermeability in rat intestine[J]. Am J Physiol Gastrointest Liver Physiol, 2001, 267: G794-G799

[97] 王自力, 于同泉, 朱晓宇, 刘凤华, 陈韩英, 许剑琴. 中药复方对热应激下猪肠道组织 IL-2、IL-10 和黏液 IgA 含量影响[J]. 哈尔滨: 第五届全国猪营养学术研讨会论文集, 2007, 43(9): 83-85

[98] Castagliuolo I, Lamont J T, Qiu B, Fleming S M, Bhaskar K R, Nikulasson S T, Kornetsky C. Acute stress causes mucin release from rat colon: role of corticotropin releasing factor and mast cells[J]. Am J Physiol Gastrointest Liver Physiol, 1996, 271: G884-G892

[99] 王忠堂, 姚咏明, 肖光夏, 盛志勇. 烫伤大鼠肠源性细菌移位危险性多因素分析[J]. 解放军医学杂志, 2002, 27(9): 770-773

[100] 徐世文. 甘露寡糖抗雏鸡冷应激机理的研究[D]. 哈尔滨: 东北农业大学博士后论文, 2006

[101] 吴永魁. 仔猪冷应激反应中激素HSP70及其mRNA的动态分析[D]. 长春: 吉林大学博士学位论文, 2006

[102] 邵同先, 张苏亚, 康健, 赵立法, 张鑫. 低温环境对家兔血清蛋白、血糖和钙含量的影响[J]. 环境与健康杂志, 2002, 19(5): 379-380

[103] 靳二辉, 李升和, 周金星, 金光明, 刘德义, 顾有方, 许万祥. 冷应激环境下补充维生素C对小鼠血清生化指标及部分内脏器的影响[J]. 安徽科技学院学报, 2012, 26(4): 8-13

[104] 吕晓伟. 慢性冷热应激对荷斯坦奶牛血清酶活力、内分泌激素水平及维持行为的影响[D]. 呼和浩特: 内蒙古农业大学硕士学位论文, 2006: 5

[105] 黄冠鹏. 间歇性冷暴露提高机体抗寒能力的研究[D]. 西安: 第四军医大学硕士学位论文, 2012: 5

[106] 梁鸿雁, 贾永全, 苗树君, 黄大鹏, 韩华. 慢性冷应激对奶牛乳清生化指标及酶活性的影响[J]. 中国畜牧兽医, 2011, 38(5): 45-47

[107] 贾海燕, 李金敏, 于倩, 王俊杰, 李术. 冷应激对雏鸡肺脏DNA的氧化损伤作用[J].中国应用生理学杂志, 2009, (3): 373-376

第4章 冷应激危害及其防治

冷应激已成为制约寒区养殖业发展的主要因素，给畜牧业生产带来了巨大的经济损失。畜牧养殖业的经济效益主要受供需、品种、营养和环境等方面的影响。在诸多影响因素中，环境条件占据着主导地位。其中，温度是主要的决定因素之一。尤其在我国北方高寒地区，低温是主要的气候标志，一年中约有一半时间气温较低，特别是在冬季，气候条件非常恶劣，大部分地区气温在-20℃以下，天寒地冻，气温骤降，随时都会出现夹杂着暴风雪的天气，由低温引起的一系列问题显得十分突出。上述气候条件极易导致畜禽产生冷应激。作为寒冷地区的主要应激源之一，冷应激降低动物的抵抗力，使动物生长缓慢、生产性能降低、免疫功能及抗氧化功能下降、发病率及死亡率提高等，给养殖业造成巨大的经济损失。仅以养禽业为例，在低于适温条件下育雏易造成雏鸡的冷应激，使雏鸡生长发育受阻，需采食较多的饲料来维持体温，从而造成能源的浪费。育成期的不适温度，使得肉仔鸡的生长速度慢，饲料转化率低，肉仔鸡体重均匀度差，屠体品质下降[1]，从而导致优良的肉鸡品种在生产性能上发挥不出应有的遗传潜力，肉鸡场的利润达不到预期的目标。

4.1 冷应激的危害

动物体受到长时间或高强度的应激源刺激时，就会产生严重的不利影响，从而危害动物机体。

4.1.1 冷应激的致病过程

应激时，动物体为获得抗应激的能量，体内肾上腺皮质激素（GC）会超量分泌，使机体新陈代谢发生逆转，分解代谢大于合成代谢，分解体内的贮备如蛋白质、脂肪，以产生足够的能量抵抗应激。应激时的分解代谢是在无氧或缺氧情况下进行的，机体会产生大量的代谢中间产物如乳酸等，使机体生理发生变化，体内各种平衡特别是酸碱平衡被破坏。分解代谢产生的大量中间代谢废物、毒素等积聚体内，损害实质性器官，引起肝、肾肿大，功能下降，尿酸形成尿酸盐并沉着于体内[2]。应激因素破坏了机体生理、心理的平衡，破坏了体液酸碱平衡，破坏了病原微生物侵袭强度与机体抵抗水平之间的平衡，破坏了肠道中有益菌和有害菌的生态平衡，进而减慢了畜禽的生长速度，降低饲料报酬，影响产仔数、产蛋数和受精率、孵化率。应激还影响肉产品的质量，产生如肉色淡、质软、有渗出液的 PSE 肉等[3]。

应激作为非特异性的致病因子，与多种疾病的发病有关。由于 GC 能抑制机体免疫器官和淋巴组织的蛋白质合成，造成胸腺（产生 T 淋巴细胞）、法氏囊（产生 B 淋巴细胞）等免疫器官的萎缩或肿大。抗体的产生必须有 T 淋巴细胞、B 淋巴细胞和巨噬细胞的协同作用，而肾上腺皮质激素对 T 淋巴细胞、B 淋巴细胞和巨噬细胞三种免疫细胞都有抑制作用[4]，所以应激能损害免疫器官，破坏免疫机能，降低免疫蛋白数量，造成机体免疫力、抗病力下降，诱发疾病，如条件性疾病——大肠杆菌病、支原体病等的发病。

4.1.2　冷应激对养殖业的主要影响

冷应激造成的危害既有单一的，也有综合的，且其影响是多方面的，归纳起来，主要表现在以下几个方面。

1）生产性能降低

应激时，机体必须动员大量能量来应对应激源的刺激，从而使营养物质的分解代谢增强，合成代谢降低，糖皮质激素分泌增加，导致生长停滞、体重下降、饲料转化效率降低。因此，冷暴露一般降低产蛋率、泌乳率及生长率，在营养供给不足时更为明显。例如，环境温度低于-4℃时，荷兰牛乳产量开始下降。冷暴露亦使山羊、猪和绵羊的泌乳量降低，当寒冷使山羊的耗氧量升高 18%时，则泌乳量减少 20%。冷暴露也影响乳的组成，使乳蛋白和乳糖的产量减少，乳脂虽然没有变化，但由于乳的液体部分分泌减少，结果使乳脂率增加。牛羊的乳产量降低大概是流至乳腺的血量和催乳素都减少的缘故[5]。

2）免疫力低下

动物受到应激后，糖皮质激素的大量分泌导致胸腺、脾和淋巴组织萎缩，使嗜酸性粒细胞和 T 淋巴细胞、B 淋巴细胞的产生、分化及其活性受抑制，血液吞噬活性减弱，体内抗体水平低下，从而抑制了机体的细胞免疫和体液免疫，引起免疫力下降、抗病力减弱，对疾病的易感性增加，降低预防接种的效果，造成传染病和流行病的流行。

3）繁殖力下降

寒冷应激可使促卵泡素（follicle stimulating hormone，FSH）、促黄体素（lutropin，LH）、催乳素（prolactin，PRL）等分泌量减少，幼年动物性腺发育不全，成年动物性腺萎缩，性欲减退，精子和卵子发育不良，并可影响受精卵着床及胎儿发育，造成胎儿早期吸收、流产和畸形或死胎[6]。在笼养条件下，由于设备不配套、设计不合理或卫生条件差，母猪的哺乳能力下降，流产率、返情率明显高于其他圈养母猪。在热应激条件下，母猪表现为卵巢机能减退，受胎率下降、妊娠末期死胎数增加、窝重降低，甚至流产，窝产仔数和活仔数减少 1 或 2 头；公猪则交配欲减弱，精液品质降低。在冷应激和疾病感染应激条件下，母猪的流产率也增多。

4）畜禽产品品质降低

应激敏感动物在应激源作用时，不仅其生产性能降低，还常发生生理病变，从而影响畜产品品质。生产中应激常引起肉变性，如苍白松软渗出性肉（PSE）、干燥坚硬暗色肉（DFD）、成年猪背肌坏死（BMN）等。而对于家禽，应激常导致肉品质差和蛋品质降低，鸡肉表现为 PSE、DFD、蛋重减轻，蛋内容物稀薄，蛋壳质量下降等[7]。

4.2 冷应激的防治措施

对于以获得生产效益为目的的养殖业来说，冷应激的影响对其非常不利。冷应激反应虽然是非特异性的，但动物的功能异常是多方面的，它发生在动物的不同生理时期和不同的生理状态下。因此，其防治措施多为综合性的，实际中应注重畜牧生产的全过程，可以从环境、饲料、管理及遗传四方面加以考虑，并尽量避免损失。

4.2.1 培育耐寒品种或品系

不同品种、品系和个体的应激敏感性不同，这与遗传基因有关[8]，利用育种的方法选育抗应激动物，淘汰应激敏感动物，可以逐步建立抗应激动物种群，从根本上解决畜禽的应激问题。猪种中，皮特兰猪受到冷应激后，其 PSE 肉的发生率最高，其次是长白猪、大白猪，而杜洛克猪、汉普夏猪和我国地方猪种发生率极低。而耐寒性较强的为杜洛克猪，因此，可采用杂交优势培育耐寒品种或品系。在鸡群中根据血浆皮质酮水平高低，可以培育出高血浆皮质酮水平的品系和低血浆皮质酮水平的品系，后者被证实有较强的抗应激能力，且生产性能及产品品质较好。此外，还可以通过应激敏感性测验进行品种选育控制和消除应激敏感基因，这是提高整个畜群应激能力的有效办法[9]。选育抗应激的品种是减少畜禽应激的根本途径。只有对环境中应激具有良好的遗传适应性，才有助于畜禽在受到应激时保持良好的生产性能。牛、绵羊等反刍家畜有强大的耐寒力，这是因为反刍家畜消化代谢时的热增耗有助于其维持体温。例如，由内蒙古自治区培育的乳肉兼用的优良品种三河牛，耐粗放且抗寒、抗热能力强

（−50~35℃）[10]。

4.2.2 改善环境条件，加强饲养管理

改善环境条件是预防和减轻环境应激因子对畜禽不良影响的重要手段[11]，因地制宜地建造适合不同地区气候的畜舍，主要是加强防风及畜舍保暖性能。冬季应提前防寒保暖，避免因突然的降温、寒流而使家禽发生疾病。春季早晚温差大，要掌握好门窗开关规律，以保证舍内温度稳定，使家禽感到舒适，保证生产的正常运行。适宜的畜舍小气候是缓解应激、降低饲养成本、提高生产力的主要措施。对于北方寒冷地区，冬季畜舍的防寒至关重要，应设计科学的畜舍。例如，通向运动场的门可采用弹簧门，家畜出入时可自行关闭。另外，利用太阳能房舍也是使猪舍保暖的有效措施之一。

4.2.3 加强饲粮营养调控

1）提高能量浓度

在应激期间，随着饲料消化率下降，畜禽的能量摄入量也呈下降趋势。能量摄入量降低是应激期畜禽生产性能下降的原因之一[12]。因此，一般情况下提高日粮营养浓度，可在一定程度上克服应激造成的不良影响。在实际生产中常添加脂肪，以提高日粮能量浓度，改善适口性。在高温条件下（尤其是炎热的夏季），用脂肪代替等能量的碳水化合物，能明显改善应激畜禽的生产性能，提高畜禽的抵抗力（不过在高温条件下，更要注意防止脂肪的氧化）[13]。

2）调整蛋白质、氨基酸水平

提高蛋白质水平虽然可弥补采食量降低导致的蛋白质摄入量减少，但由于代谢蛋白质产生的热增耗较多，因此多数学者主张用低蛋白日粮，同时适当补加必需氨基酸来减少蛋白质利用过程中产生的热增耗，以减轻应激[14]。日粮氨基酸平衡受环境温度的影响，在适宜温度下，精氨酸/赖氨酸为 1.10 时最佳，而在高温环境中，比例应调至 1.27~1.37[15]。应激时不同蛋白质来源的饲喂效果不同。据报道，在应激期间，使用植物蛋白比使用动物蛋白效果好。在日粮中添加少量易消化的短链脂肪酸对减轻腹泻、提高消化率有益[16,17]。此外，在应激时，饲喂甲硫氨酸羟基类似物游离酸比饲喂 DL-甲硫氨酸具有更好的效果[18]。

3）调整钙、磷的供应

应激并不影响钙的吸收，而过高的钙会影响饲料的适口性[19]。但由于采食量下降，钙的摄入量常常不足，特别是老龄蛋鸡。在生产实践中，常采用低钙日粮，另外单独设一个钙源，以提高钙的摄入量。研究表明，提高饲粮有效磷可缓解应

激导致的生产性能下降，但过高的磷比低磷日粮更加影响畜禽的生产性能，因此要避免日粮中磷过高。

4.2.4　添加抗应激添加剂

1）添加无机盐，维持电解质和酸碱平衡

应激会造成体内血液电解质和酸碱平衡失调。在日粮或饮水中添加碳酸氢钠、氯化铵、氯化钾等有利于恢复体内酸碱平衡，从而改善应激下畜禽的生产性能[20]。

2）添加微量元素

铬与硒是近年来研究得比较多的微量元素添加剂。铬与烟酸、甘氨酸、谷氨酸、半胱氨酸等一起组成葡萄糖耐受因子（GTF），GTF 是一种具有类似胰岛素生物活性的有机螯合物，它对调节三大营养物质代谢有重要作用。随着研究的深入，人们发现铬对缓解应激危害具有重要的作用[21]。应激导致动物糖代谢、矿物质代谢紊乱及糖原降解和异生作用的加强，而葡萄糖利用的加强会导致组织铬动员加强，并最终通过尿排出体外，因此补充铬会提高动物的抗应激能力。侯小强等[22]经初步研究表明：Cr 能促进断奶仔猪增重，并降低料肉比，减轻仔猪的断奶应激。此外，国外研究发现，铬还能改善应激动物免疫功能并抑制皮质激素的分泌，防止高温导致的皮质激素分泌的增加。硒是一种抗氧化剂，可以防止细胞膜的脂质结构遭到破坏。硒是谷胱甘肽过氧化物酶的必要组成成分，它与维生素 E 共同起补偿和协同作用，保护细胞膜免受氧化损伤，能中和穿过细胞膜进入细胞液的自由基，防止有害自由基对不饱和脂肪酸的氧化，细胞膜上的自由基则由位于膜上的维生素 E 来清除[23]。

此外，微量元素铁和锌的添加也显著影响动物的抗应激作用。线粒体是细胞呼吸的主要场所，机体通过线粒体的生物氧化作用将化学能转换为生物能，以维持机体的功能和体温。H^+-ATP 酶位于线粒体内，具有催化合成和分解 ATP 的双重功能[24]。研究表明，机体内能量的释放与细胞聚集铁的数量有关，并且铁在物质氧化过程中有着至关重要的作用，因为三羧酸循环中有一半以上的酶或因子含铁或者在铁存在时才能发挥其生化作用，细胞色素氧化酶 b、c 及铁硫中心等活性的发挥与铁元素存在联系[25]。缺铁会导致 H^+-ATP 酶活性降低，即降低机体抵抗疾病和产生能量的能力。刘秀红等[26]通过研究观察到贫铁组大鼠体温调节能力弱，而中铁组与富铁组大鼠对冷刺激有较强的抵抗力。锌的作用同样不可忽视。补锌可使正常大鼠促肾上腺皮质激素（ACTH）和血清皮质酮水平升高，却降低了冷应激大鼠 ACTH 和血清皮质酮升高的幅度[27]。ACTH 水平的升高是机体正常的应激防御性反应，虽然目前很难断定锌的这种作用是提高机体抗应激能力还是相反作用，但一些直观的实验说明了锌对提高机体应激能力的重要性。陈景元等[28]研究表明，高锌摄入的小鼠在−15℃的冷室内存活时间比正常锌摄入小鼠延长 15.9%，这表明补锌可以提高机体耐寒力。因此，适量提高饲料锌和铁的添加量对寒区动物尤其是仔猪等幼畜具有重要的实际意义。

3）补充维生素

维生素尤其是维生素 C 和维生素 E 对提高动物抵抗冷应激的能力有很大的作用。动物发生冷应激时，组织细胞线粒体膨胀速度增加，氧化磷酸化偶联和细胞内耗氧增加，而 cAMP 是能量代谢调节剂，它可以促进肝糖原和脂肪的分解，促进糖异生，使体内分解代谢增加、能量释放和产热增加，以适应寒冷需要，但过多的冷应激对机体易造成损害。葛鑫和宋志宏[29]研究表明，饲喂经冷暴露的动物的同时给饲维生素 E 后，其血浆中 cAMP 含量明显低于单纯冷暴露组，这是由于维生素 E 抑制体内过氧化反应，保护生物膜免遭破坏而有利于能量代谢，缓解机体对抗寒冷刺激产生的应激效应，提高机体耐受力。此外，对大鼠的研究表明，虽然大鼠自身可以合成维生素 C，但补充维生素 C 后大鼠的抗寒力优于未补充维生素 C 的对照组。

4）添加有机酸

应激时呼吸频率增加，血液中 CO_2 和 HCO_3^- 水平下降，导致 pH 升高，可能发生呼吸性碱中毒。在饲料中添加酸化剂，可使升高的 pH 下降，调节酸碱平衡，从而避免或缓解了应激造成的不良反应。常用的酸化剂有柠檬酸和延胡索酸。孙小琴和龚月生[30]在高温应激蛋鸡日粮中添加不同的柠檬酸，发现柠檬酸可以缓解蛋鸡热应激反应，提高产蛋率和饲料报酬。有报道称在肉鸡日粮中添加 0.1%延胡索酸，在饮水中添加 0.63% NH_4Cl，结果表明实验组肉鸡在高温下表现安静、骚动少、热喘息次数下降，而对照组则极度不安、骚动多、热喘息严重，且中暑死亡多[31]。

5）营养型添加剂

在实际应用中，有时单一型的饲料添加剂对提高动物的抗寒能力不能达到最理想的效果。研究者往往把几种添加剂通过一定的比例混合添加，使效果更加显著。此外，高脂饲料对于动物抗寒也有重要作用。资料[32,33]显示，大鼠与人在冷环境中红细胞膜 Na^+/K^+-ATP 酶活性的增强与膳食脂肪和补充维生素 E 有关。如果把维生素 C、维生素 E 及 Zn 添加到 35%脂肪饲料中，则抗应激效果增强。王凯等[34]用复方中药制剂（主要由红景天、人参等七味中药组成）饲喂大鼠 5 d 后，发现此制剂能提高大鼠抗冷应激能力，减轻寒冷对机体造成的损害（肾上腺皮质束状带细胞内脂滴比对照组少，对照组细胞基质出现空泡样变化）。

在北方高寒地区，畜禽（尤其是新生幼畜）在生长过程中经常遭受寒冷应激的侵害。冷应激导致其采食量和免疫力下降，影响营养物质的吸收和转化。例如，冷应激导致机体对氨基酸、维生素、电解质的吸收减少，甚至可以使体内营养物质的合成能力下降。同时，在冷应激下机体对营养物质的需求量又会有所增加，这些改变最终引起机体在营养、生理、代谢上发生一系列的变化。因此冷应激给畜禽生产造成的损失不容忽视。尽管目前对冷应激的防治方法很多，但缓解或控制冷应激的措施尚不十分完善。虽然有些药物有一定的效果，但毕竟有一定的毒副反应和残留（特别是性激素），所以要取得良好的抗应激效果，应采取综合性措施（加强饲养管理、合理配制日粮、使用无毒副反应的抗应激剂等）。目前国内外学者的研究对象或市场上的抗应激产品多为单一物质，而应激对动物的影响是多方面的，因此，单一抗应激物质不可能完全或最大限度地消除或缓解应激，针对不同应激综合征，研制复合抗应激剂或系列抗应激剂是未来的方向。

参 考 文 献

[1] 杨焕民, 王秀丽, 贾永全, 李士泽. 抗寒促生长剂对肉仔鸡生长性能和屠体品质的影响[J]. 中国畜牧杂志, 1999, 35(4): 31-32

[2] 程军. 寒冷应激对机体的影响机制研究进展[J]. 动物科学与动物医学, 2004, 21(3): 24

[3] 刘文, 韩秋实. 养猪生产中的应激反应[J]. 畜禽业, 1998, 4(96): 45-46

[4] 马志科. 动物应激与免疫功能[J]. 家畜生态学报, 1997, 18(3): 44-45

[5] 杨焕民, 李士泽. 动物冷应激的研究进展[J]. 黑龙江畜牧兽医, 1999, (3): 42-44

[6] 谭艳芳, 张石蕊, 周映华. 畜禽应激的研究进展[J]. 贵州畜牧兽医, 2002, 26(3): 9-10

[7] 田树飞, 金曙光. 寒冷应激对动物的影响及其预防[J]. 河北北方学院学报, 2005, 21(2): 55-57

[8] 纪孙瑞, 周鉴卿. 应激与抗应激[J]. 家畜生态学报, 1994, 15(3): 41-44

[9] 耿拓宇, 杨恒东. 家禽的应激及其研究进展[J]. 动物科学与动物医学, 2001, 18(4): 35-37

[10] 陈桂根. 畜禽应激及其预防[J]. 中国禽业导刊, 2002, 19(6): 19-20

[11] 曾新福, 陈安国. 环境温度对母猪繁殖性能及仔猪生长的影响[J]. 家畜生态学报, 2001, 22(1): 40-43

[12] 杨彩梅. 日粮能量、蛋白水平对断奶仔猪生长性能、血液生化指标及激素水平的影响[J]. 中国畜牧杂志, 2005, 41(9): 31-32

[13] 刘弟书, 蒋雨, 罗文华. 畜禽饲料中添加油脂的作用与效果[J]. 畜禽业, 2003, (6): 20-21

[14] Ayadhi L Y, Korish A A. The effect of vitamin E, L-arginine, N-nitro L-arginine methyl ester and forskolin on endocrine and metabolic changes of rats exposed to acute cold stress[J]. Saudi Med J, 2006, 27(1): 17-22

[15] Balnave D, Bryden W L. Advances in the amino nutrition of broilers [J]. Anim Sci, 2000, (43): 7378

[16] Goodlad R A, Ratcliffe B, Fordlham J P, Wright N A. Does dietary fiber stimulate intestinal epithelial cell proliferation in germ free tars[J]? Gut, 1989, 30(6): 820-825

[17] Jin L, Reynolds L P, Redmer D A, Caton J S, Crenshaw J D. Effects of dietary fiber on intestinal growth, cell proliferation and morphology in growing piglets[J]. Anim Sci, 1994, (72): 2270-2278

[18] 易中华. 蛋鸡的热应激及营养调控[J]. 饲料博览, 2000, (5): 28-29

[19] 朱达文, 成本翠. 热应激对鸡的危害及防制措施[J]. 中国家禽, 2000, 22(6): 29-31

[20] 毛荣飞. 高温期间饮用碳酸氢钠水对肉种鸡生产性能的影响[J]. 中国家禽, 1999, 21(8): 29-31

[21] 张伟. 畜禽应激与铬元素营养[J]. 营养与日粮, 2006, (196): 14-17

[22] 侯小强, 罗秉坤, 张乃生, 杨勇军. 日粮补铬对早期断奶仔猪生产性能, 血液理化和应激反应指标的影响[J]. 畜牧与兽医, 2004, 36(4): 18-20

[23] 吴东波. 联合添加抗氧化剂在肉鸡生产中的应用[J]. 饲料工业, 2006, 27(4): 42-43

[24] 刘秀红, 龚书明, 陈景元, 高双斌, 陈耀明. 急性冷暴露对不同铁水平大鼠肝线粒体 H^+-ATP 酶活性影响[J]. 解放军预防医学杂志, 1998, 16(1): 11-14

[25] 王吉才. 壳聚糖铁对肉鸡及仔猪生长性能、生理生化指标和免疫功能的影响[D]. 青岛: 青岛农业大学硕士学位论文, 2008

[26] 刘秀红, 龚书明, 陈景元, 高双斌. 不同铁水平大鼠对急性冷暴露耐受性的研究[J]. 解放军预防医学杂志, 1996, 14(6): 409-411

[27] Chen J Y, Wang F Z, Gao S B. Zinc play a role in ACTH secretion and cold endurance in animals[J]. Journal of the Fourth Military Medical University, 2000, 21(6): 699-701

[28] 陈景元, 朱运龙, 王复周, 高双斌. 补锌对急性冷应激大鼠 ACTH 分泌及小鼠耐寒力的影响[J]. 医学争鸣, 2000, 21(6): 699-701

[29] 葛鑫, 宋志宏. 维生素 E 对大白鼠寒冷保护作用的试验观察[J]. 蚌埠医学院学报, 1997, 22(4): 223-224

[30] 孙小琴, 龚月生. 高温条件下在蛋鸡日粮中添加柠檬酸的效果[J]. 饲料工业, 2000, 21(7): 13-14

[31] 钱满昌. 降低热应激影响的主要补救措施[J]. 畜牧工程, 1999, (7): 27

[32] 庞仲卿, 董兆申. 冷暴露大鼠应激与适应代谢状态的试验研究[J]. 解放军预防医学杂志, 1990, 8(56): 474

[33] 王枫, 陈耀明, 董兆申. 高脂膳食和 VE 对冷暴露人红细胞膜 Na, K-ATP 酶活性及血浆脂质过氧化的影响[J]. 营养学报, 1996, 18(1): 39-41

[34] 王凯, 柳巨雄, 陈巍. 复方中药制剂提高大鼠抗冷应激作用时效关系的研究[J]. 中兽医医药杂志, 2002, 2: 3-5

第5章　CIRP 与动物应激

当环境温度降低，动物受到持续长时间或时间虽短但强烈的冷刺激时，机体产生冷应激反应，所谓的冷应激反应是指生活在相对稳定温度条件下的生物，突然遭遇环境温度骤降而导致机体出现的内环境紊乱及生理行为的变化，对动物机体内各器官造成不同程度的损害，严重时甚至会危及生命。当动物长期暴露于过度冷刺激的条件下，首先产生冷应激反应，出现一些全身性的非特异性适应反应，动物内环境稳定性、生理和行为等发生改变，并产生一系列的低温细胞效应，包括耗氧量的降低、代谢速率的减慢、氧化还原状态的改变及基因表达的改变等，导致动物机体代谢功能紊乱，总蛋白的合成受到抑制，免疫机能下降，动物的生长发育和生产性能都会受到影响。之后，代谢活动发生特异性变化，持续稳定的寒冷刺激促进甲状腺激素、儿茶酚胺等分泌增多，使机体能量代谢升高，但机体的保温能力（如动物被毛厚实、血管收缩）不受影响，有机体的存活时间延长[1]。

由于低温可以抑制化学反应，在一般情况下，冷处理会降低酶的反应效率、扩散速率及膜转运速度。某些微生物对冷环境的关键适应策略是酶动力学的修饰[2]。哺乳动物体内对冷应激的应答涉及转录、翻译、细胞骨架、细胞周期及代谢过程的调节[3]。有趣的是近年来有学者发现，当外界环境温度降低时，为适应这种环境的改变，机体会产生许多多肽类物质及细胞因子，其中有一类蛋白质在低温响应中转录上调，使动物机体适应环境的变化，之后的研究将这种蛋白质命名为冷休克蛋白（CSP）[4]。在温度低于生理温度时，CSP 确保增强特定 mRNA 的翻译。CSP 在低温环境下表达升高，与环境温度骤降具有较高的关联性，因此，有学者推测 CSP 很有可能参与低温下对机体器官的保护作用[5]。CSP 在从细菌到脊椎动物等各种生物体的冷应激反应中都发挥着重要作用，大量的研究表明，来自不同物种的 CSP，其分子结构中的折叠机制是高度保守的[6]。目前对 CSP 的研究尚在起步阶段，但 CSP 已展现出广泛的临床应用前景。

5.1　CIRP 的发现及其结构与功能

5.1.1　CIRP 的发现

对细菌等微生物中 CSP 的研究已经十分广泛，相比于细菌和植物，哺乳动物中 CSP 的研究相对较少，目前研究发现，冷诱导 RNA 结合蛋白（cold inducible RNA binding protein, CIRP, 也称为 A18 hnRNP) 和 RNA 结合基序蛋白 3(RNA binding motif protein 3, RBM3) 是哺乳动物体内两种重要的 CSP, 并且它们之间具有较高的同源性。控制冷休克反应能够调控 mRNA 翻译过程, CIRP 和 RBM3 在翻译水平上通过结合不同的转录物, 调节基因的表达, 从而使细胞迅速响应环境信号（图 5-1）。

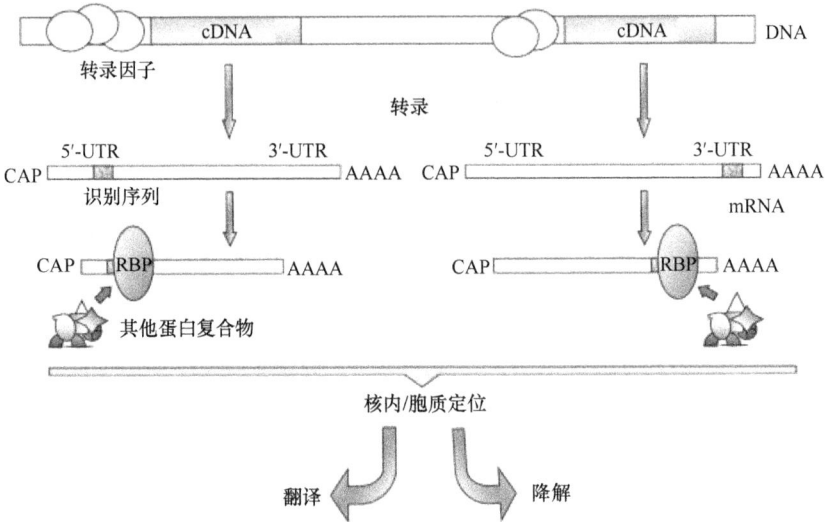

图 5-1　RNA 结合蛋白（RBP）调节 mRNA[7]

RBP 可以与 mRNA 的 5′ 或 3′-UTR 结合并激活/阻断 mRNA 翻译。mRNA 的翻译效率受到 UTR 内正调控因子和负调控因子的影响, 其重要性从整个进化过程中的保守性可以看出。核内或细胞质的定位对于确定 mRNA 转录物的最终命运是至关重要的

CIRP, 即富含甘氨酸的 RNA 结合蛋白, 它是一种进化高度保守的 RNA 结合蛋白, 1997 年 Sheikh 等发现 CIRP 在紫外线辐射或紫外线模拟剂引起 DNA 损伤的转录反应中出现, 并以一种响应紫外线辐射或紫外线模拟剂的剂量依赖性方式增加表达[8]。同年, Nishiyama 等首次从小鼠睾丸细胞中分离出了 CIRP 的 cDNA, 发现 CIRP 在低温条件下出现过量表达, 并通过免疫组织化学技术发现 CIRP 定位于人和小鼠的细胞核中, 进一步鉴定 CIRP 为在轻度冷休克中诱导的蛋白质, 展示了其在冷诱导的细胞生长抑制中的重要作用[9]。随后, Danno 等发现, 在常温状态下人体的胰腺、心脏、肾上腺、甲状腺、胎盘及睾丸细胞中均有 CIRP 的表达, 但表达量不高[10]。Xue 等报道在大鼠的脑、肺、肾、肝、胃、结肠、卵巢、睾丸、甲状腺和骨髓中均检测出 CIRP 的表达, 发现当温度从 37℃降至 32℃时, 大鼠嗜铬细胞瘤细胞 PC12 中的 CIRP 表达量将会明显增高, 并通过原位杂交技术检测出 CIRP 在正常大鼠大脑皮层和海马中的表达情况, 发现缺血再灌注后 3~6 h 大鼠海马中 CIRP 表达水平下降, 而在大脑皮层中未见明显改变[11]。Nishiyama 等研究发现 CIRP 在 K562、HepG2、NC65、HeLa、T24 和 NEC8 等多种细胞系中均有表达,

并且证实当温度降低时，CIRP 的表达水平会明显升高[12]。到目前为止，在人类、大鼠、小鼠、仓鼠、牛蛙、非洲爪蟾、树蛙、鱼腥藻类、鲑鱼及海鞘类等多种生物的细胞中均检测到 CIRP cDNA[13]，其中非洲爪蟾中 CIRP 有三个亚型，即 XCIRP（*Xenopus* cold inducible RNA binding protein）、XCIRP-1 和 XCIRP-2[14]，并且发现 CIRP 的氨基酸结构具有高度保守性，氨基酸序列也具有较高的同源性[13]。经过大量研究表明，CIRP 不仅在人和动物冷应激过程中起到关键性的作用，而且对人和动物的生理及病理等多方面有重要的影响。组织器官中 CIRP 表达差异性可以说明 CIRP 在表达过程中存在着组织特异性表达。由于 CIRP 的表达在多种生理病理过程中起着重要的作用，因此它很有可能为揭示冷应激反应的调节机制和雄性不育症的分子机制提供新的线索；可能参与两栖动物冬眠活动的调节；可能与人和动物的生长发育（如神经发育、胚胎发育及生殖发育）有关；可能与正常子宫内膜周期调节、癌症发生、肿瘤坏死因子 α（TNF-α）及干扰素 γ（IFN-γ）等密切相关；可能在组织器官的低温保护、脑损伤的治疗中起到至关重要的作用等。总之，CIRP 是人体中一种关键性的多功能蛋白。

同时，CIRP 又是在哺乳动物体内发现的第一种 CSP。虽然到目前为止 CIRP 的具体作用机制尚不清楚，但 CIRP 可以以 RNA 分子伴侣身份介入，发挥着多种生物学功能如促进翻译、参与许多生物学过程，因此深入研究并揭示 CIRP 的作用机制对治疗人类的疾病有着深远的影响和巨大的潜在价值。

近年来，国内外众多学者在多种研究领域中均认识到轻度冷休克的重要性，如治疗性低温（32~34℃）已被证明是在治疗婴儿缺氧缺血性大脑疾病中减轻神经损伤的有效工具[15]，并且在治疗成人的急性脑损伤中也起到重要作用[16]。Vacanti 和 Rd 在 1984 年就观察到低温保护在中枢神经系统缺血后治疗中具有良好的效果[17]。轻度低温在多年以前已经作为心脏外科手术中的神经保护手段[18,19]，而在心脏及其他器官的移植手术中则偏向使用更深程度的低温治疗[20]，CIRP 的合成在轻度至中度低温（32~34℃）时达到峰值[21]。但是在实际临床应用中，低温治疗也同样存在一定的风险，常常伴随着各种危及生命的不良反应，因此，利用 CIRP 作为一种新的临床治疗方法有着巨大的研究价值和前景[22]。

5.1.2　CIRP 的结构与功能

哺乳动物（人类、大鼠、小鼠、仓鼠）体内的冷诱导 RNA 结合蛋白统称为 CIRP，人类 CIRP 的基因编码位于 19 号染色体的 p13.3 位点上，是由 172 个氨基酸残基组成的 18 kDa 的 CSP，与小鼠 CIRP 的氨基酸序列同源性达 95.3%[12]。大鼠 CIRP cDNA 编码的氨基酸和小鼠 CIRP 的氨基酸序列同源性高达 100%[9]。Saito 等克隆鉴定了两栖动物体内的 XCIRP，长 887 bp 并编码 163 个氨基酸，与哺乳动物 CIRP 的氨基酸序列同源性达 74%[23]；XCIRP-1 是非洲爪蟾形成胚肾所必需的物质；XCIRP-2 是一种主要的细胞质 RNA 结合蛋白，它的精氨酸和甘氨酸富含区域称为 RG4 区域，RG4 区域是 XCIRP-2 定位细胞核所必需的，Aoki 等研究表明调节细胞定位与 XCIRP-2 功能有关。牛蛙体内的 CIRP 被命名为 BFCIRP（bullfrog cold inducible RNA binding protein），长度为 706 bp，编码 160 个氨基酸，BFCIRP 与 XCIRP 的氨基酸序列同源性达 78.4%，CIRP 在鲑鱼中同系物为鲑鱼富含甘氨酸 RNA 结合蛋白（salmon glycine-rich RNA binding protein），它由 205 个氨基酸组成，分子质量为 21.5 kDa，与哺乳动物和两栖动物 CIRP 的氨基酸序列同源性都高于 70%[24]。

CIRP 属于高度保守且富含甘氨酸的 RNA 结合蛋白家族（glycine-rich RNA binding protein family，GRP），它包括氨基端的 RNA 结合区域（RMM motif）和羧基端的富含甘氨酸区域（RGG motif）（图 5-2A），与植物中发现的应激诱导 RNA 结合蛋白类似。CIRP 和 RBM3 的氨基酸序列对比如图 5-2B 所示，同源性主要发生在 RNA 结合结构域，达 70%左右。

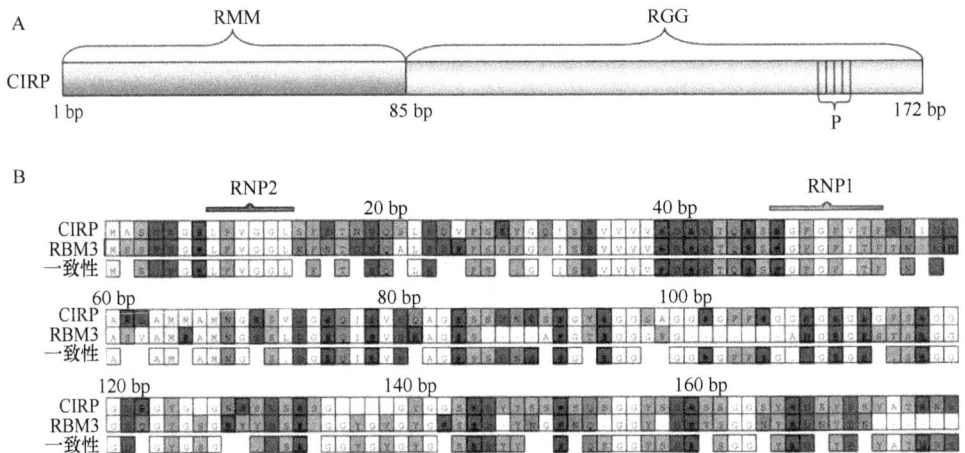

图 5-2 （A）CIRP 蛋白的 RNA 结合（RMM）结构域和富含甘氨酸（RGG）结构域，P 点为假定的 GSK3β 磷酸化靶位点；（B）CIRP 和 RBM3 的氨基酸序列比对[7]（彩图请扫封底二维码）

1）RMM 结构域及功能

CIRP 属于高度保守且富含甘氨酸的 RNA 结合蛋白家族（GRP），含有两个明确的结构域，第一个是氨基端的 RNA 结合（RMM）结构域，又称为 RNP 基序（ribonucleo-protein motif），因其序列高度保守，所以也称为共同序列 RNA 结合域（CS-RBD），RMM 由 90~100 个氨基酸组成，形成 RNA 结合结构域。RMM 存在于 RNA 结合蛋白中，可以和 mRNA 前体、mRNA、前核糖体 RNA（pre-rRNA）和核小 RNA（snRNA）结合，涉及 RNA 的加工、转运和代谢等多个方面。它广泛存在于动物、植物、真菌和细菌细胞中，RMM 结构域具有 RNA 结合功能，可能与基因表达的转录后调控有关，如 mRNA 的剪接、定位、稳定、转运和多腺苷酸化等。研究表明含有 CS-RBD 的蛋白质表达量的降低或突变可以导致机体一系列的发育障碍[25]。RMM 结构域的识别特征是含 RNP 共有序列（RNP-CS），其由一个八聚体核糖核蛋白 1（RNP1）和一个六聚体核糖核蛋白 2（RNP2），以及众多散布在整个结构域中的其他疏水性保守氨基酸组成，特别是酪氨酸和苯丙氨酸，RNP1 和 RNP2 之间间隔约 30 个氨基酸残基[25]。RNP1 和 RNP2 的共同序列分别为（K/R）G（F/Y）（G/A）FVX（F/Y）和（L/I）（F/Y）（V/I）（G/K）（G/N）L[26]。此区域在不同物种之间是高度保守的并且具有 RNA 结合功能。一些 RNA 结合蛋白缺少典型的 RNP1 和 RNP2 序列，但含有其他保守的、结构上重要的残基，使得这些结构域的整体结构可能非常类似于 RMM 结构域。

RMM 结构域是唯一一个具有详细结构信息的 RNA 结合结构域。RMM 模体的二级结构模式为 βαββαβ，其中 4 条反向平行的 β 片层结构位于中间，两个 α 螺旋位于两侧，并与 β 片层结构的方向相垂直，如图 5-3 所示。RNP1 和 RNP2 的氨基酸在折叠结构域的两个中心 β 链（β3 和 β1）上，在与 RNA 的结合中起至关重要的作用[27]。这些结构表现出保守氨基酸的两个作用。第一，RNP1 和 RNP2 的带电侧链和芳香族侧链暴露在溶剂中的外层，可以通过氢键与碱基堆积力直接和 RNA 结合。第二，在 RNP1 最后位置的芳香族侧链与两个 α 螺旋中的其他高度保守的疏水性氨基酸一起形成结构域疏水性核心的一部分[28]。这些相互作用对于 α 螺旋之间及 α 螺旋与 β 折叠之间的定位是至关重要的，是促进构成 RMM 结构域主要结构的关键因素。其他结构特征包括 β 折叠明显的右旋扭曲，α2 和 β4 之间具有 I 型转角的非常小的反平行 β 折叠，以及 β1 和 β4 中的凸起，所有这些可能都是 RMM 结构域所共有的。

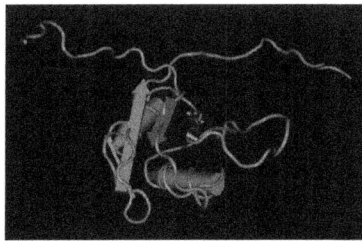

图 5-3　CIRP RNA 结合（RMM）结构域的模型结构（彩图请扫封底二维码）

RMM 的结构与其他几种 RNA 结合蛋白具有共同的特征，甚至与非 RNA 结合蛋白也有相似的特征。事实上，基于与磷酸酶的相似性，针对 RNP 基序结构的预测是非常准确的。有学者在细菌核酸结合 CSP 中发现了 RNP1 共有序列，尽管 CSP 的折叠与 RMM 结构域不同，但是在 RNP1 区段形成了三链 β 折叠的中心链，与 RMM 结构域中的相同[29]。

RNA 结合研究表明，RMM 三种精细的结构元件可能参与 RNA 的结合：β 折叠,连接 β 折叠链的环区,以及 RBD 邻近氨基端和羟基端区域[25]。RNP1 和 RNP2 中高度保守的氨基酸虽然对结合 RNA 至关重要,但是它们可能并不参与识别不同的 RNA 序列。与 RNA 专一性结合的主要识别子位于 RNP 基序的最可变区域,特别是在环区和末端[30]。例如,U170K、U1A 和 hnRNP C 的 RNA 结合特异性高度依赖于其 RMM 羟基端的氨基酸。另外,研究表明虽然在 RMM 中存在许多高度保守的氨基酸以保证其对 RNA 的结合活性,但是 RMM RNA 结合蛋白的不同蛋白质能特异地结合多种 RNA 分子。这些观察结果表明,RBD 中的 β 折叠含有许多高度保守的结构域残基,构成一个 RNA 结合表面,高度可变的特异性决定因子依托这一结构来决定其与 RNA 结合的专一性。上述结果也合理地解释了为何这一家族的不同蛋白质含有许多高度保守的结合元件,却能结合多种 RNA 分子。此外,结合在 RNA 上的蛋白质可为 RNA 在不同细胞区域的定位提供信号。

RMM 结构域具有模块化结构,令人想起转录因子;它们含有多个 RMM 和富含氨基酸的辅助结构域,如甘氨酸、谷氨酰胺、脯氨酸等。许多多 RMM 蛋白(如 hnRNP A1、PABP、U2AF[65] 和 SF2/ASF)需要连续的 RMM 用于与 RNA 的特异性结合,并且连接它们的氨基酸(连接在 RMM 的末端区域)通常在同源蛋白质之间高度保守,这表明它们可以发生序列特异性 RNA 识别[31]。因此,多 RMM 蛋白的总体 RNA 结合活性不仅仅是多个单独 RMM 的 RNA 活性的总和。一些多 RMM 蛋白可以同时结合不同的 RNA 序列,表明在多 RMM 蛋白中具有单个 RMM 独立保守的性质[32]。例如,U1A 通过其第一个 RMM 结合 U1 snRNA,通过其第二个 RMM 结合 mRNA 前体序列[33]。

当与 RNA 结合时,RMM 的结构和未与 RNA 结合时的结构几乎相同。暴露的 β 折叠 RNA 结合表面与 RNA 结合形成一个开放平台,而不是将 RNA 埋藏在结合的缝隙中。结合的 RNA 保持相对暴露可能使其与其他 RNA 序列或 RNA 结合蛋白相互作用[34]。与这种解释一致,RMM 可以促进互补核酸的退火。这种活性可以显著影响整体 RNA 结构,并且可能类似于伴侣活性[35]。

RMM 模体蛋白在不同细胞区室中的存在和它们的 RNA 配体的巨大多样性表明该蛋白家族具有许多不同的功能。RNA 结合实验证明 RMM 模体蛋白可以结合具有广泛亲和力和特异性的 RNA。当结合到高亲和力的结合位点时,它们可以像转录因子一样促进或阻碍特异性复合物(如剪接体)的形成。U2 辅助因子(U2AF 65,具有三个 RMM 结构域)结合到内含子 3′端的分支点的多聚嘧啶区域,并促进 U2 snRNP 与 mRNA 前体的结合[31]。U2 snRNP 与 mRNA 前体的结合也受到 RMM 模体蛋白的负调节。例如,由果蝇伴性致死因子(Sxl,具有两个 RMM)编码的蛋白质,其结合到 mRNA 前体靠近 U2AF 结合位点的位置,阻碍 U2AF 与 mRNA 的结合[36]。用 U2AF 65 的辅助结构域替换 Sxl 的辅助结构域,赋予嵌合蛋白 U2AF 65 活性,进一步说明了 RMM 模体蛋白的模块化性质。

snRNP 等核糖核蛋白颗粒中的 RMM 可以与 RNA 高亲和力结合从而形成稳定结构。那些具有高亲和力结合位点的 RMM 模体蛋白也会与亲和力和序列特异性较低的 RNA 结合。这种结合模式的可能功能是防止可能干扰 RNA 加工反应的高级 RNA 结构的形成，并通过蛋白质-蛋白质相互作用和伴侣活性促进 RNA 模体蛋白与反式作用因子（互补 RNA 和蛋白质）的相互作用。此外，低亲和力结合也有助于降低蛋白质扩散的空间维度，从而促进 RNA 与高亲和力位点的结合[37]。

Nishiyama 等[9,12]认为 CIRP 可能类似于核不均一核糖核蛋白（heterogenous nuclear ribonucleoprotein，hnRNP）来调控基因表达，也可能凭借同 hnRNP C 和 hnRNP A1 竞争靶序列的方式调控特异性或非特异性基因表达，通过参与调节相关蛋白合成来达到保护自身的作用。

2）RGG 结构域及功能

CIRP 的羧基端是一个 GRD，是一段由重复出现的"精氨酸-甘氨酸-甘氨酸"组成的重复片段，又称 RGG（arginine-glycine-glycine，Arg-Gly-Gly）重复序列，含有 20~25 个氨基酸残基，片段间富含一些芳香族氨基酸。RGG 结构域通常与另一些 RNA 结合结构域同时被发现。

RGG 最初被鉴定为 hnRNP U 的 RNA 结合结构域，通常与其他的 RNA 结合结构域共同存在于蛋白质中[38]。结合 RNA 所必需的最小 RGG 重复数目是未知的：一些蛋白质至少具有 6 个（hnRNP A1），而其他蛋白质多则可达 18 个（酵母 GAR1）。高密度的甘氨酸和氨基酸序列的多变性，表明 RNA 结合结构域不太可能形成一个有序的高级结构，但是光谱分析和分子修饰结果说明，RGG 重复序列倾向于形成 β 螺旋结构[39]。

RGG 中的精氨酸可以增强其对 RNA 的亲和力，如核仁蛋白具有 4 个 RMM 和一个 RGG，其与前核糖体 RNA 特异性结合时需要 4 个 RMM 结构域，而 RGG 结构使蛋白质对总 RNA 的亲和力增加了 10 倍[40]。这表明 RGG 与 RNA 结合具有序列非特异性，并且可以促进其他 RNA 结合结构域与 RNA 的结合。另外，RGG 还具有序列特异性结合 RNA 的能力，因为 hnRNP U 的 RGG（其是该蛋白质唯一明显的 RNA 结合元件）可以区分不同的 RNA 序列[38]。

翻译后修饰在 RGG 中是十分常见的，如精氨酸残基的甲基化、相邻氨基酸残基的磷酸化，这种翻译后修饰的作用可能是调节 RGG 蛋白的 RNA 结合活性。甲基化不会影响精氨酸侧链的强正电荷，但是通过空间约束可以调节结合[41]。相邻氨基酸残基的磷酸化可能是调节 RNA 结合的另一种潜在机制。

2002 年 Aoki 等在非洲爪蟾 XCIRP-2 的 RGG 内鉴定出了胞质穿梭信号区（RG4），表明其在细胞核与细胞质之间的穿梭高度依赖 RGG 内的保守序列[42]。此前，也有学者报道 RGG 能够介导蛋白质与蛋白质间的相互作用，从而影响 RNA 与蛋白质结合的活性并且能够影响蛋白质的胞内定位[28]。

CIRP 属于富含甘氨酸的蛋白质（GRP）大家族。此外，因为它们具有 RMM 特征，它们属于 GRP 的 IVa 族亚族。GRP IVa 类亚家族各蛋白质的一级氨基酸序列，以及功能在脊椎动物和高等植物中的进化是高度保守的。例如，在拟南芥中，与 CIRP 同源的 AtGRP7 是冷适应和干旱/渗透胁迫反应中不可或缺的物质[43]。AtGRP7 还参与调节许多转录后和翻译事件[44]，作为昼夜节律振荡器[45]，并参与病原体的防御工作[46]。在变温动物如鱼中，CIRP 同系物表达量能在环境渗透改变或严重的冷应激中升高（8℃），但在正常环境温度下可能不会改变（20~25℃）[47]。研究人员充分研究两栖动物和哺乳动物的 CIRP，发现其具有与 AtGRP7 和鱼 CIRP 高度相似的生物学功能，这意味着它们在生物活性方面是高度保守的。

5.2　CIRP 的分布

5.2.1　CIRP 在时间上的分布

CIRP 是早期发育过程中的关键因子。非洲爪蟾被广泛用作研究两栖动物生长发育的模型，其体内 CIRP 的同源物质 XCIRP-1 是胚肾形成所必需的物质，在肾和脑的发育过程中瞬时表达[48]。RBP 是在墨西哥蝾螈胚胎中分离出来的 RNA 结合蛋白，与人 CIRP 具有高度同源性，在除肝之外的大多数组织中都有表达，成年的蝾螈脑中表达量最高。RBP 的表达从原肠期开始（10~12 d），神经胚期（15 d）在神经板和神经褶表达达到峰值，之后在孵化期（40 d）表达水平逐步降低[49]。尽管 CIRP 具有在早期发育阶段高表达、在成熟的生物体内表达量降低的动态时空表达特点，但许多成熟的细胞仍然保持着其过表达 CIRP 的能力，以应对寒冷等各种各样的应激。

5.2.2　CIRP 在空间上的分布

不同种属及器官的 CIRP 的表达亦不相同，Nishiyama 等[12]研究表明几乎在人类所有的细胞中 CIRP 的 mRNA 都表现为组成型的表达，且大多数被低温诱导过量表达。在雄性鼠类精细胞中 CIRP 呈组成型的表达[50]，Saito 等[23]研究表明 24℃时检测到非洲爪蟾的大脑和肝中有 XCIRP 的表达，低温诱导时脑内表达量增加，在肝中 CIRP 表达变化不明显；非洲爪蟾卵细胞中至少有三种 CIRP 的同系物大量表达[51]，Pan 等[52]证实在高渗透压应激 48 h 后鱼鳃组织中 CIRP 的同系物 SGRP 表达量最高，心脏、肝和肾中表达量没有明显差异。

5.2.3　CIRP 在亚细胞水平上的分布

在亚细胞水平，预测 CIRP 的空间分布主要在细胞核内，因为 CIRP 具有特定的 RGG 结构域，含有核定位信号区，并且可以进行细胞核与细胞质的穿梭。实际上，CIRP 主要在细胞核中被发现，参与调节基因转录或与 mRNA 结合进行转录后调控[53]。此外，在生理或应激条件下，CIRP 在细胞核和细胞质之间穿梭[54]。已有研究表明 CIRP 的亚细胞定位受到生长发育阶段和细胞类型的影响。首先，在哺乳动物睾丸中，CIRP 主要位于生殖细胞中[50]，其次，蛙的 XCIRP-2 已经被发现可作为卵母细胞中的主要细胞质蛋白[51]。最后，CIRP 在小鼠和人类精母细胞中高表达。与此相反，在鼠圆形精子细胞的 I ~ III 阶段，CIRP 在细胞质中而不是在细胞核表达中，展示了 CIRP 在单倍体细胞细胞质中的额外功能[50]。

5.2.4　CIRP 的移行

CIRP 在细胞核和细胞质中的作用不同，在细胞核水平，冷诱导可以抑制细胞的增殖；在细胞质水平，XCIRP-2 和 ElrA［人类抗原 R（HuR）的同源物质］可以共同调节 mRNA 的稳定性。目前研究表明许多应激导致 CIRP 发生细胞核与细胞质的穿梭，但冷应激可以诱导 CIRP 的表达但不能改变其细胞核的定位[9]。CIRP 作为转移抑制因子，由于精氨酸甲基化并且在精氨酸转移酶 I 的作用下发生移行，使其在细胞质中蓄积，细胞核与细胞质的穿梭依赖 RGG 结构域高度相似的基序[42]。

经紫外线诱导后，CIRP 从细胞核转移到细胞质中[55]，紫外线照射处理导致 CIRP 的 RGG 结构域被糖原合成酶激酶 3β（GSK3β）磷酸化，使其转录本结合效率提高两倍，表明这种磷酸化可能在 CIRP 的细胞质重新定位中发挥作用，这是因为在胞质活化 T 淋巴细胞的核因子（NFATc）中也发现了类似的重新定位的途径[56]。de Leeuw 等研究了 CIRP 在其他应激细胞中的定位，结果显示氧化应激可以使 CIRP 发生从细胞核到细胞质的移位，但不影响 CIRP 的表达[57]；遗传毒性应激诱导其表达且在结肠直肠癌 RKO 细胞中发生细胞核与细胞质的易位[55]；高渗应激时鲑鱼诱导产生的 SGRP 是 CIRP 的同系物，含有核定位信号区（nuclear localization signal，RPRR），可以进行细胞核与细胞质的穿梭[52]。

如前所述，Aoki 等已经在非洲爪蟾 XCIRP-2 的 RGG 结构域内鉴定出了核质穿梭信号区（RG4），通过精氨酸甲基转移酶（xPRMT1）甲基化使 XCIRP-2 在细胞质中积累[42]。在非洲蟾蜍属卵母细胞中调节 poly（A）尾部的长度，XCIRP-2 可以在细胞核与细胞质之间穿梭。在哺乳动物中，细胞质应激和内质网（ER）应激导致 CIRP 的 RGG 结构域中精氨酸残基的甲基化，造成 CIRP 在细胞质应激颗粒中积累，应激颗粒是遭受环境应激时细胞内存在的动态细胞质病灶集中点，翻译起始复合物在此积聚。此外，CIRP 重新定位到应激颗粒的现象也伴随着其他细胞质应激（渗透压应激或热休克）和内质网应激的发生，CIRP 向应激颗粒移动不依赖于调节子 TIA-1，能独立依靠 CIRP 氨基酸序列中的 RGG 和 RRM 结构域促进这种移动。而且，RGG 中精氨酸甲基化对于 CIRP 从细胞核向应激颗粒移动是必要的。这表明应激颗粒存在多种形成途径，环境应激通过不同机制调节 CIRP 的表达与定位[57]。总的来说，这些研究揭示了 RGG 结构域的精氨酸残基在 CIRP 核质穿梭中的关键作用。

5.3 CIRP 的表达与动物应激

5.3.1 CIRP 与冷应激

CIRP 是一种应激反应基因，在人类和鼠类细胞中呈组成型表达，它的表达是由各种应激条件（包括冷应激）诱导的。研究发现，将细胞置于 32℃，在 1~3 h 的冷休克应激后检测到 CIRP 蛋白，12 h 后检测到最大表达，表明 CIRP 激活是中度而非严重的冷刺激条件的最早反应之一，Nishiyama 等将人和小鼠的细胞置于轻度冷应激（25~32℃）的环境下，其 *CIRP* mRNA 的表达水平比在正常温度下显著提高，后来发现不同的温度刺激会导致 *CIRP* mRNA 的表达水平的不同，如轻度冷应激（25~32℃）可以明显提高小鼠体内 *CIRP* mRNA 的水平，而适当的热应激（39℃和 42℃）则可以导致体外培养细胞中 *CIRP* mRNA 的水平显著降低，但是不同细胞在低温应激下可以显著诱导 *CIRP* mRNA 表达，而不能使其发生蓄积[9]。在 CIRP 的早期研究中，发现其在哺乳动物睾丸中是高表达的，位于体外的器官保持稍微低于核心体温的温度以确保产生活性较高的精子[58]。在实验性热应激或隐睾下 CIRP 的表达降低。

虽然低温通常会引起 CIRP 表达水平的提高，但不是所有的低温条件都能诱导 CIRP 表达的上调，Tong 等比较了不同程度低温（17℃和 33.5℃）与正常体温（37℃）对小鼠海马神经元细胞中 CIRP 表达的影响，结果显示在中度低温下 CIRP 表达上调，在深度低温和正常体温下均不能上调表达，表明 CIRP 的表达水平在轻度至中度低温（28~34℃）时达到峰值，并且在深度低温（15~25℃）下显著降低[21]。这与在体内病理和实验条件下的变化一致[50]。研究证实在中度低温等应激环境中，其转录物结构最完整，显示强大的内部核糖体进入位点（internal ribosome entry site，IRES，约占细胞 mRNA 的 10%）活性。这些事实表明 CIRP 以微妙的方式在小范围内响应温度变化。

在培养的组织或细胞中，早期中度低温下，CIRP 在 3 h 内被激活并在 12 h 达到最大表达，复温后在 8 h 内下降至 50%。Neutelings 等[59]将细胞培养温度由 37℃降到 25℃，5 d 之后复温，观察到 CIRP 在 25℃时表达量升高，复温后下降到基础水平。研究发现所有被检测的人体细胞（包括 K562、HepG2、NC65、HeLa、T21 和 NEC8 细胞）从 37℃转移到 29℃培养后，在前 12 h 内，细胞中 *CIRP* mRNA

转录水平和蛋白质表达水平显著提高。CIRP 在雄性鼠类精细胞中大量表达，至少三种 CIRP 同系物在非洲爪蟾卵母细胞中存在表达。这两类细胞的生存温度都天然地低于核心体温。因此，CIRP 可能对于冷休克细胞内的 RNA 代谢至关重要。目前，已经证实 CIRP 伴随着人和多种动物如非洲爪蟾、牛蛙、大鼠等细胞培养温度的降低而过量表达。这些研究结果表明 CIRP 是一种重要的 CSP，可能为揭示人和动物冷应激的调节机制提供了一条线索[13]。

5.3.2　CIRP 与缺氧应激

在自然环境下，当呼吸含有 21%氧气的空气时，身体不同组织中的氧气浓度是非常不均匀的。缺氧经常发生在不同的急性和慢性损伤或疾病（包括癌症）中。响应低氧张力的几十个基因的转录调节由低氧诱导因子 1（HIF-1）介导，HIF-1 是由两个亚基 HIF-1α 和 HIF-1β 组成的异二聚体蛋白。在暴露于轻度（8% O_2）或严重（1% O_2）缺氧环境中的 HIF-1α 缺陷型人白血病细胞系 Z-33 中，发现 CIRP 显著上调。缺氧还诱导鼠 HIF-1β 缺陷型细胞系 Hepa-1c4 中 CIRP 的表达上调。在各种 HIF-1 感受态细胞中，亚低温（32℃）可以诱导 CIRP 的表达，但是低温不会引起 HIF-1α 或血管内皮生长因子（VEGF）的增加。*CIRP* mRNA 经低氧诱导后的表达升高可以被放线菌素 D 抑制，并且在体外核转染实验证明了缺氧后 *CIRP* mRNA 的特异性增加，这表明 *CIRP* 的调节发生在基因转录水平。缺氧诱导 *CIRP* 转录被呼吸链抑制剂 NaN_3 和氰化物以剂量依赖性方式抑制。同时，在缺少线粒体的细胞中 CIRP 同样能够响应缺氧上调表达。因此，CIRP 适应性地表达为响应缺氧的机制，既不涉及 HIF-1 也不涉及线粒体[60]。

另外，在应用体外培养神经干细胞（NSC）模拟严重缺氧缺血的模型中，CIRP 在 1% O_2 中的表达受到抑制，与细胞增殖同步下降[61]。由于过氧化氢治疗可以抑制 CIRP 的表达[11]，表明轻度水平的活性氧（ROS）是有益的，而高水平的 ROS 是不利于 NSC 增殖的，已经假设轻度缺氧导致轻度 ROS 的升高，增加 CIRP 的表达，而严重缺氧/缺血会诱导 ROS 过载，抑制 CIRP 的表达[61]。Xue 等将嗜铬细胞瘤细胞 PC12 在 32℃下培养时，*CIRP* mRNA 水平增加。在培养基中的 H_2O_2 剂量依赖性地抑制这种诱导和组成型表达，这表明脑缺血对 CIRP 表达的影响与活性氧的产生有关[11]。总之，CIRP 的氧调节表达是剂量依赖性的并且受到细胞易损性和参与发育或病理变化的其他因素的影响，如缺氧缺血、致癌作用和炎症等。

5.3.3　CIRP 与辐射应激

与 Nishiyama 等[12]描述的 CIRP 低温诱导特征不同，1988 年，Fornace 等将中

国仓鼠卵巢细胞进行紫外线辐射处理，并在其特异性诱导增加的转录物中发现了一种新的 cDNA，即核不均一核糖核蛋白 A18（hnRNP A18），1997 年，Sheikh 等在人的细胞系中也发现了 hnRNP A18 的存在，其仅由紫外线辐射和紫外线模拟剂诱导调节，在处理后 4 h 到达峰值，随即被证明是在 DNA 损伤修复中发挥作用的仓鼠中的 CIRP 的同源物质[8,62]。当细胞受到紫外线照射而损伤后，CIRP 会由细胞核转位到细胞质中，并通过绑定特定的转录因子来活化应激诱导蛋白，使细胞迅速对环境信号做出应答[55]。具体过程如下：第一步，CIRP 蛋白在应激信号的诱导下发生转位，聚集于细胞质的应激颗粒中，并发生甲基化。C 端的甲基化水平决定了 CIRP 在细胞中的定位情况，而 CIRP 的定位情况似乎最终决定了应激状态下某种 mRNA 转录产物是发生降解还是发生易位。第二步，应激颗粒中的 CIRP 蛋白募集特异的 mRNA，使它们移入应激颗粒。在紫外线照射下，靶向 mRNA 的 3′-UTR 会直接与 CIRP 发生相互作用。最后一步，CIRP 蛋白绑定复制蛋白 A（RPA）及硫氧还蛋白（TRX）的 3′-UTR，通过与翻译元件的相互作用在翻译水平调节特定 mRNA 的表达量。TRX 是一种广泛存在的多功能蛋白，可通过抑制 ROS 来调节细胞的信号转导，可将 H_2O_2 还原为 H_2O，还可活化缺氧诱导因子-1（HIF-1）与血管内皮生长因子（VEGF）[63]。在人 MOLT4 细胞的微点阵分析中，经 5 Gy ^{137}Cs γ 射线照射后立刻发现诱导 CIRP 的表达，并且这种高表达的状态持续长达 8 h[64]。与之类似，学者发现电离辐射也可以刺激许多 hnRNP 的表达，包括 CIRP，其在促进辐射诱导的 DNA 损伤修复中起着至关重要的作用[56]。此外，采用反转录 PCR（RT-PCR）和免疫组化分析航天飞行后的大鼠肝中应激相关蛋白的表达情况，显示 CIRP 的表达显著升高，这可能是由空间辐射引起的[65]。

5.3.4　CIRP 与其他应激条件

　　许多毒素和药物也可以促进 CIRP 的诱导表达。例如，神经毒素软骨藻酸可以使小鼠脑中的 CIRP mRNA 表达升高[66]。Prieto-Alamo 等在鱼类中针对脂多糖（LPS）和硫酸铜（$CuSO_4$）刺激产生的基因水平上的应答反应进行研究，结果表明大多数研究的 mRNA 经过 LPS 和（或）$CuSO_4$ 刺激后在表达水平上显现出显著改变，其中 CIRP mRNA 的表达在经过 LPS 处理后显著上调[67]。生长因子，如胰岛素样生长因子-1（IGF-1）也可以诱导 CIRP 的表达上调，Pan 等在牦牛卵母细胞的发育能力的研究中表明成熟卵母细胞中 CIRP 的表达在加入 IGF-1 后显著上调，且在浓度为 100 ng/ml IGF-1 时观察到最高的表达[68]。Pan 等[52]在研究鲑鱼（salmon）从淡水游到海洋环境的过程中受到高渗应激刺激时，在其鳃组织中发现一种大小约为 1.3 kb 的转录物表达上调，该转录物包含由 205 个氨基酸组成的可读框，分子质量约为 21.5 kDa，这种蛋白质被称为 SGRP，其与哺乳动物及两栖动物的 CIRP 具有较高的同源性（>70%），并具有 CIRP 典型的结构特征，即包括一个 RNA 识别基序（RRM）及富含甘氨酸的保守序列，进一步的研究发现暴露于高渗应激环境 48 h 后，鲑鱼的鳃组织内 SGRP 达到最高水平，SGRP 在肝、肾及心脏中亦有表达，但这些器官在高渗胁迫下的表达量没有明显变化，且热应激和冷应激时都不能诱导其产生 SGRP。海鞘体内存在一种富含甘氨酸的 RNA 结合蛋白（CiGRP1），它与植物和脊椎动物中许多富含甘氨酸的 RNA 结合蛋白的同源性很高。多数富含甘氨酸的 RNA 结合蛋白都由寒冷应激诱导表达，而 CiGRP1 在冷应激、热应激时均不能被诱导表达，而是在胚胎发生时的遗传过程中被诱导产生[69]。此外，Sugimoto 和 Jiang 研究发现，CIRP 表达与光暴露相关。在恒温条件下，CIRP 的表达在黑暗条件下减少，在光暴露的条件下诱导其表达[70]。由此可见，许多应激源可以诱导 CIRP 的表达，使其发挥更多的生物学作用。图 5-4 中总结了 CIRP 和 RBM3 参与应激反应的机制。

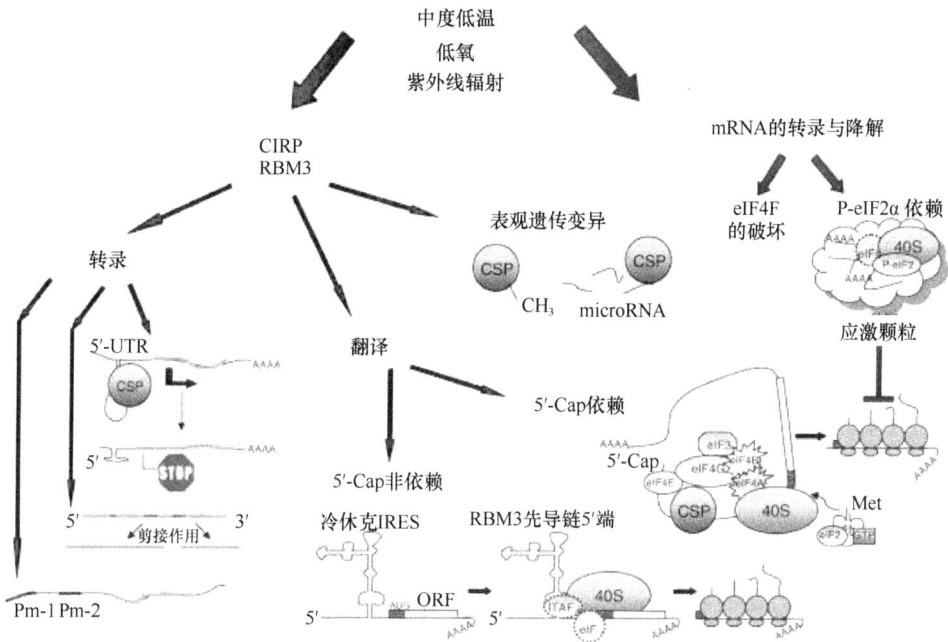

图 5-4　CIRP 和 RBM3 调节转录和翻译的可能的分子途径[7]（彩图请扫封底二维码）

在诸如冷休克、缺氧或紫外线辐射等应激下，一般 mRNA 降解、mRNA 转录和总体蛋白质合成降低。由 CSP 编码的蛋白质能够通过不同水平的几种途径起作用：①转录，CSP 能够绕过应激细胞中大多数蛋白质的一般抑制，主要是由于其转录物的 5′-UTR 和 3′-UTR。CSP 能够在应激条件下稳定自身和其他 mRNA，以避免形成二级结构，或作为分子伴侣来刺激其核质运输。此外，它们通过选择性剪接或不同的应激启动子进行适应性表达。②翻译，CSP 通过与基础转录机制的组分相互作用和（或）刺激参与翻译启动的蛋白质的激活（eIF4G、eIF4E、4EB-P1），参与帽独立或帽依赖性翻译。此外，5′-UTR 内含有 IRES 的 mRNA 具有不同的调节模式。应激下的翻译模式根据应激条件发生变化。例如，当帽依赖性翻译起始减少时，则 IRES 介导的翻译起始占优势。③CSP 能够调节 microRNA，或者可以通过甲基化等表观遗传机制进行调节

5.4 应激状态下 CIRP 的调控表达

5.4.1 CIRP 的分子调控

目前认为冷应激条件下细胞内分子调控包括以下几种机制：①冷应激可激活基因启动子区的冷应激相关元件，促进 mRNA 转录和翻译，使所表达的蛋白质增加；②冷应激使得 mRNA 前体发生选择性剪接，导致后期的蛋白质表达发生变化；③冷应激提高了 mRNA 的翻译效率，使得表达的蛋白质增加。RNA 结合蛋白能够调节 mRNA 剪接、转录及其稳定性，在应激过程中 CIRP 作为蛋白质分子伴侣参与维持细胞的正常机能。CIRP 作为冷应激时细胞内重要的调控蛋白之一，与多种信号通路相关[71]。

我们虽然已经提出几个模型，且已被证明涉及各种调控水平，但对低温和其他应激调节冷诱导蛋白的转录和翻译的精确机制的了解仍然非常匮乏。在转录水平，已经在小鼠 CIRP 基因中鉴定出了核心启动子和替代启动子，并且两个启动子均在温和的低温下被激活。此外，可变剪接是响应冷应激的一个重要途径。仓鼠是非冬眠动物，在它们的心脏中表达一个长 CIRP 转录物。该转录物具有一个额外插入片段，其包含可读框（ORF）内的终止密码子，可能导致翻译产物截短和功能异常。相比之下，冬眠动物主要表达具有完整 ORF 的短同种型的 CIRP 转录物。人工低温可以促进部分转录物从长同种型向短同种型转变[72]。在小鼠成纤维细胞中，产生具有不同转录起始位点的三个 CIRP 转录物，这些转录物的表达水平响应于时间和温度调节。在 37℃产生的主要转录物不编码全长 CIRP ORF，而在亚低温条件（32℃）下产生的两个主要转录物中均存在 CIRP 的 5′-UTR 和全长 ORF。此外，在 32℃检测的最长转录物在温和的低温条件下显示离散的表达和稳定性特征，表明冷应激上调了长的 CIRP 转录物的水平和稳定性，但不能改变其翻译效率，并显示内部核糖体进入位点（IRES）活性。IRES 不响应轻度低温或缺氧的条件，但是携带了假定 IRES 的转录物，其水平和稳定性在 32℃下增加[73]。此外，转录因子可能有助于冷诱导基因转录的调节。在 32℃时，CIRP 基因的 5′侧翼区域中的轻度冷应答元件（MCRE）比在 37℃下招募更多数量的转录因子 Sp1，导致 CIRP 的表达增加[74]。总体而言，CIRP 的表达水平通过多种机制应对压力而进行改变，表明 CIRP 对各种外部和内部环境改变的广泛适应。

5.4.2 CIRP 调节转录后和翻译事件

和其他 RNA 结合蛋白一样，CIRP 具有结合 RNA 的能力，并在转录后水平上对它们进行调节[75]。通常，RNA 结合蛋白的这种转录后相互作用涉及结合到 3′-UTR 内的靶区域，其跨越终止密码子和 poly（A）尾部之间的核苷酸序列[76]。在紫外线照射下，CIRP 结合两个应激反应的转录物，*RPA* 和 *TRX* 的 3′-UTR，从而稳定结合 mRNA 并促进其进行翻译[77]。CIRP RRM 结构域和 RGG 结构域对 *TRX* mRNA 的最大结合活性是必需的[77]。这些结构域通过真核生物引发因子 4G（eIF4G）桥接 *TRX* 转录物的 5′-UTR 和 3′-UTR，eIF4G 是翻译机制的关键组成部分，可以增强 TRX 的翻译。CIRP 结合基序存在于 *RPA* 和 *TRX* 的 3′-UTR 中，研究发现在共济失调毛细血管扩张突变和 Rad3 相关蛋白（*ATR*）的 mRNA 的 3′-UTR 中也存在 CIRP 结合基序，其是 DNA 损伤反应中的关键调节因子。因此，至少有部分 ATR 参与 CIRP 介导的紫外线辐射诱导的 DNA 损伤修复过程[78]。

除了 3′-UTR 之外，poly（A）尾是 CIRP 介导的转录后调节的重要调节元件。实际上，CIRP 富含 poly（A）位点并控制包括昼夜节律基因在内的多种基因的可选多聚腺苷酸化。此外，在 *TRX* mRNA 的调节中，poly（A）尾可以增强 CIRP 与 *TRX* 3′-UTR 的结合能力并增强其稳定性[55]。

另一个 RNA 结合蛋白 HuR，已知其可以与 3′-UTR 富含 AU 的元件相结合，并加强 CIRP 介导的调控作用。在非洲爪蟾中，CIRP 的同系物 XCIRP-2 与 ElrA 之间相互作用，研究表明它们可能参与 mRNA 稳定性调节中的不同步骤，并以一种协同的方式稳定 mRNA[79]。此外，在哺乳动物癌细胞中也发现了 HuR 和 CIRP 通过协同作用来共同调节细胞周期蛋白 *Cyclin E1* mRNA 的稳定性[80]。

目前，CIRP 在蛋白质翻译中的功能尚不清楚。Matsumoto 等研究发现在卵母细胞中 XCIRP-2 非常可能与核糖体相关联，调节特异性 mRNA 的翻译效率[51]。另有研究发现，CIRP 羧基端的 RGG 结构域与 mRNA 3′-UTR 结合可以抑制 mRNA 的翻译[81]。此外，还有一些证据表明 CIRP 可以通过靶向基因内的调节元件抑制基因转录和翻译。例如，APBP-1 是 CIRP 在鸡中的同系物，将其与聚集蛋白聚糖基因的顺式元件结合，模拟天然的顺式元件-反式因子相互作用，*APBP-1* mRNA 表达与聚集蛋白聚糖 mRNA 表达呈负相关，表明 APBP-1 具有抑制聚集蛋白聚糖表达的能力[82]。相比之下，Tan 等在重组 CHO 细胞系中的研究发现，37℃下的 CIRP 的稳定过表达可以提高重组干扰素 γ 的产生[83]。

5.4.3　CIRP 的靶分子

随着大量的深入探究，到目前为止，研究人员发现了多种与 CIRP 相互作用的靶分子。Yang 等[77]发现在紫外线照射下 CIRP 能够与 *TRX* 和 *RPA* mRNA 的 3′-UTR 相互作用，通过免疫共沉淀（Co-IP）技术得出 hnRNP A18 与 eIF4G 的相互作用也有助于提高特定 mRNA 的翻译水平。

Peng 等[84]通过采用 Co-IP 技术和 real-time PCR 技术研究了 CIRP 对爪蟾中胚胎细胞运动和黏附分子表达的作用，结果发现一些黏附分子是 XCIRP 的靶分子，包括近轴原钙黏蛋白、C-钙黏蛋白、E-钙黏蛋白、αE-连环蛋白及 β-连环蛋白等。抑制 XCIRP 的表达，这些黏附分子的表达水平也会随之降低，而 XCIRP-1 mRNA 过表达时，这些黏附分子的表达水平为正常情况。此实验结果证明 XCIRP 在胚胎发育过程中发挥着重要作用。

Yang 和 Carrier[55]证实在紫外线照射时，CIRP 在人 PKO 细胞中表达量显著升高，激发了 CIRP 的核质迁移过程，并且筛选到了特异靶分子。而 Peng 的团队则是在不同的实验体系中筛选出了爪蟾的 XCIRP 的靶分子。那么在其他物种中，CIRP 又会有哪些靶分子，它又是如何与这些靶分子结合，又是通过哪些信号通路起到调控作用，最终达到怎样的生物学功能，这些问题目前并不十分清楚，因此对 CIRP 的作用机制进行深入研究具有重要意义。

5.4.4 CIRP 参与的相关信号通路

作为调节蛋白，CIRP 参与多种细胞生理过程相关的复杂信号转导途径，如细胞生长、增殖、衰老和细胞凋亡等。

1）生长

Wnt 信号通路主要参与调节细胞发育的基本方面，包括增殖、存活和整体器官的形成。在小鼠中，敲低 wnt 基因导致不同表型的产生，因此，Wnt 信号通路在动物中的缺失可能产生严重的后果。Wnt/β-catenin 通路是控制干细胞和祖细胞自我更新的主要途径之一。β-catenin 的内源性抑制剂 GSK3β 激酶上调 CIRP 的转录水平，磷酸化 CIRP 蛋白并促进其胞质易位[77,78]。此外，CIRP（包括 β-catenin）能维持黏附分子的表达，而且其是发育过程中胚胎细胞运动所需的[84]。在细胞核中 Wnt/β-catenin 信号通路最突出的核传感器属于 Lef/TCF 家族的转录因子。高等脊椎动物表达该家族的 4 个不同的成员：TCF-1、TCF-3、TCF-4 和 LEF-1。CIRP 在非洲爪蟾中被确定为一个新的 TCF-3 特异性靶基因，通过 mRNA 的稳定性调节神经发育[85]。此外，Peng 等[84]在非洲爪蟾中证明 Wnt 信号通路中 α-catenin 和 β-catenin 的 mRNA 的片段与 CIRP 结合后，它们的稳定性明显增加。基于上述关于 CIRP 的研究，我们推测 CIRP 通过增加 Wnt 信号通路中部分基因 mRNA 的稳定性，从而在细胞生长发育方面发挥作用，其具体的机制还有待进一步证实。

2）增殖

促分裂原活化蛋白激酶/胞外信号调节激酶（MAPK/ERK）信号通路是信

号由细胞膜到细胞核信号转导的重要调控通路，在细胞增殖、分化和凋亡中起着关键性的作用。在该通路中，ERK1/2、P38 MAPK 及 JNK 途径研究得较清楚，ERK1/2 在细胞增殖调控中扮演了重要的角色。在上述部分研究中，Sakurai 等[14]用放线菌酮和 TNF-α 处理 BALB/3T3 细胞，CIRP 的表达量升高，使 ERK 的磷酸化水平也升高了，从而抑制该细胞的凋亡。随后将 *CIRP* 基因导入缺失 CIRP 的小鼠成纤维细胞中，并用 TNF-α 诱导凋亡，与对照组进行比较后的结果显示通过表达 CIRP 而上调了核转录因子 kappa B（NF-κB）的活性，提高了 ERK1/2 的磷酸化水平，抑制了半胱天冬酶-8（caspase-8）的激活，因此抑制了 TNF-α 所诱导的细胞凋亡。Artero-Castro 等[86]的研究发现 CIRP 提高了小鼠胚胎成纤维细胞中 ERK1/2 的磷酸化水平，影响了相关细胞周期蛋白的合成，从而促进了细胞增殖。此外有两个独立的研究指出，阻断 ERK 途径抑制了 8 个胰腺癌细胞系和鼠视网膜色素上皮细胞的增殖[87,88]。由上述内容可推测，在常温及温和低温条件下，CIRP 可以通过参与 MAPK 中的 ERK 途径调控细胞周期，促进细胞增殖及抑制细胞凋亡。

3）细胞周期

已知低温可减缓细胞的增殖并引起细胞周期的停滞。早期研究也已经发现 CIRP 可以延长细胞周期的 G1 期，在低温诱导的细胞生长抑制中起到重要的作用[9]，而与此相反，最近一系列的研究揭示了 CIRP 在不同阶段对细胞周期的正向调节作用。CIRP 可以与 HuR 相互作用并上调其表达。与 CIRP 协同作用，升高的 HuR 进一步促进细胞周期蛋白 Cyclin E1（一种细胞周期 G1/S 转换中的关键正调节物）的增加，并且可以促进细胞有丝分裂的进行[80,89]。此外，CIRP 直接结合双特异性酪氨酸磷酸化调节激酶 1B（Dyrk1B，也称为 Mirk）并抑制其与 p27 的结合，导致 p27 的磷酸化水平和不稳定性降低。CIRP 不影响 Dyrk1B 与细胞周期蛋白 Cyclin D1 的结合，但会抑制细胞周期蛋白 Cyclin D1 的磷酸化，导致细胞周期蛋白 Cyclin D1 的稳定性增加，加速 G0/G1 和 G1/S 的转换。此外，CIRP 似乎促进细胞周期从 S 期向 G2/M 期发展[90]。因此，我们目前的理解是，CIRP 对细胞增殖起到一定的促进作用。

4）凋亡

NF-κB 信号通路主要参与机体免疫反应、炎症反应、应激反应、细胞增殖、分化和凋亡，以及肿瘤发生等多种生理病理过程。有研究证实，CIRP 也能够参与调控 NF-κB 信号通路。根据当前的文献显示，CIRP 过表达不仅能够提高 ERK1/2 的磷酸化水平，还能上调 NF-κB 表达[86]。与此同时，最近一份报告显示，通过调节 NF-κB 的活性和转染 CIRP 的小干扰 RNA 来影响白细胞介素-1β 的表达，从而降低 NF-κB 的表达[91]。此研究结果说明 CIRP 也能下调 NF-κB 表达，即 CIRP 对 NF-κB 为正调节作用。NF-κB 在几乎所有类型的细胞和组织中都有表达，以及在许多基因的启动子/增强子中存在特定的 NF-κB 结合位点。因此 NF-κB 途径的失调很可能导致一些严重的疾病，这是因为诸如细胞增殖、存活和免疫等许多关键的细胞过程都是通过 NF-κB 依赖性转录调控的。

另外，如上所述，CIRP 的表达量升高，也可以上调 NF-κB 的活性及提高 ERK1/2 的磷酸化水平，抑制半胱天冬酶-8（caspase-8）的激活，因此抑制了 TNF-α 所诱导的细胞凋亡。作为 MAPK/ERK 和 NF-κB 信号通路的上游调控分子，CIRP 通过调控这两条信号通路，实现协同作用来达到抗细胞凋亡作用，还是分别调控这两条通路来发挥抗凋亡作用，这一点目前还不清楚，因此有待深入研究证明。

细胞凋亡是由许多外源性和内源性的信号诱导发生的，涉及各种信号转导途径，并广泛发生在多种疾病中。RNA 结合蛋白在很大程度上被认为是调节细胞凋亡的蛋白质家族。许多研究已经揭示，CIRP 参与细胞凋亡的低温保护。具体来说，CIRP 可能通过线粒体途径来抑制神经干细胞和皮质神经元的凋亡[92]，介导治疗性低体温的保护作用[93]。p53、Fas 和半胱天冬酶-3（caspase-3）通路的抑制也有助于 CIRP 介导的抗凋亡作用[90,94,95]。

5）衰老

CIRP 通过增加 ERK1/2 的磷酸化激活 ERK1/2 通路，促进细胞分裂，并有助于细胞绕过复制衰老[14,86,90]。ERK1/2 经 CIRP 的激活后可以促进垂体皮质营养性腺瘤的肿瘤生长[96]。此外，CIRP 已经在 HeLa 细胞的端粒中被发现[97]。端粒酶由反转录酶 TERT 和 RNA 亚基 TERC 组成，负责向染色体末端添加端粒重复序列。端粒酶的表达和活性受到严格调控，在>85%的人类癌症中可以观察到端粒酶的异常活化。最近的一项研究表明，CIRP 是端粒酶的一个相互作用因子，已经发现 CIRP 是在 32℃和 37℃维持端粒酶活性所必需的物质。此外，通过 CRISPR-Cas9 或 siRNA 敲低抑制 CIRP 导致端粒酶活性降低和端粒长度缩短，揭示了 CIRP 在正常体温和低体温条件下维持端粒酶活性的新作用[98]。这些研究共同支持 CIRP 在抗衰老中的作用。

5.5　CIRP 的生物学功能

5.5.1　CIRP 在生殖发育过程中发挥的生物学功能

CIRP 在雄性生殖发育过程中发挥着重要的作用。生理性阴囊低温对哺乳动物的精子形成和维持正常的生育是必要的。CIRP 是 20 年前在哺乳动物睾丸的生殖细胞中被发现的。睾丸的工作温度在生理条件下低于机体的核心体温，这被认为有利于精子产生及 CIRP 表达。为了阐明 CIRP 在精子发生过程中的作用，

Nishiyama 等[50]首次调查研究了 CIRP 在精子发生和热处理期间的表达水平。结果显示在小鼠睾丸内，在精子不同的分化期 CIRP 的表达水平也不相同，如在初级精母细胞中 CIRP 大量表达，而精原细胞中 CIRP 表达量较低，而且表达水平在胚细胞发育期间被调节；在热处理 6 h 后，CIRP 在精细胞中表达量下降，这表明 CIRP 在初级精母细胞中具有特殊作用；CIRP 在精索静脉曲张患者睾丸中表达量下降表明 CIRP 表达量下降可能与该类患者易患不育症的发病机制有关。因此，在不同温度下，分析 CIRP 在睾丸中的表达水平将有助于阐明雄性不育的分子机制。CIRP 还对精子的发育及成熟有至关重要的作用。目前已经提出了几种机制来解释精子发生和睾丸损伤保护中 CIRP 的温度敏感功能。转录后，CIRP 与睾丸中男性不育有关的 mRNA 相结合，并增加其稳定性[75]。因此，CIRP 的存在对生精功能具有重要意义；并且由于温度升高、疾病等的影响导致 CIRP 的表达水平降低，最终影响睾丸的正常功能。阴囊温度的升高能够导致精子活力下降和不育，2005 年，Banks 等[99]实验性地增加阴囊温度，发现阴囊温和热应激导致睾丸和附睾中 CIRP 的表达水平降低，促进生殖细胞凋亡，影响鼠类精子 DNA 完整性，进一步表明 CIRP 可能在精子发生过程中发挥重要作用。在研究 CIRP 对小鼠胚胎成纤维细胞的增殖影响时，Artero-Castro 等[86]发现随着 CIRP 的过表达，可以提高小鼠胚胎成纤维细胞中 ERK1/2 的磷酸化水平，激活细胞周期蛋白 Cyclin D1、4E 结合蛋白 1（4E-BP1）、核糖体小亚基蛋白 S4 等蛋白质的合成，从而缩短细胞周期，最终达到激活细胞增殖的目的。此外，CIRP 也可以通过调节细胞周期中的关键途径或元件来影响精子生成功能。综合研究表明，在雄性小鼠未成熟的精子细胞中，过表达的 CIRP 通过与双重特异性酪氨酸磷酸化调节激酶 1B（Dyrk1B）相互作用，调节 p27 蛋白和细胞周期蛋白 Cyclin D1 的磷酸化水平，以及 Dyrk1B 与 p27 的结合来促进未分化的精原细胞的增殖作用。可见，CIRP 在不同细胞类型中对细胞增殖的影响不同，并且可以通过不同的途径来影响细胞增殖。虽然对 CIRP 的研究显示 CIRP 是通过调节 Dyrk1B 来调节精原细胞增殖的，但目前该基因功能的形成机制还未完全清晰。与 CIRP 蛋白相似的 CSP RBM3 蛋白只是在隐睾症患者支持细胞中降低了表达，而对于 CIRP 蛋白在睾丸中的组织分布还未能进行详尽的研究。

近年来，Shize 等[100]克隆了 BALb/c 鼠睾丸组织中 *CIRP* 的 cDNA 并对其序列进行分析，表明在冷应激活体动物的过程中能诱导 CIRP 过量表达而防止冷损伤；此外，Zhou 等[94]研究表明 CIRP 的过量表达及 p53 和 Fas 蛋白表达降低可能减少隐睾症患者的睾丸损伤。在睾丸扭转或脱落时，CIRP 可能是通过减少生殖细胞中的氧化应激和凋亡来预防睾丸损伤的[101]。当 CIRP 的合成受到抑制时，p44/p42、p38 和 SAPK/JNK MAPK 通路在生殖细胞中被激活并会对精子发生造成损伤[75]。以上研究均证实 CIRP 在生殖发育过程中具有不容忽视的作用。因此，对 CIRP 在睾丸中表达的研究将有助于对雄性不育分子机制的进一步了解。此外，在乌龟中，CIRP 以温度依赖的方式参与性别决定[102]。

CIRP 除了在雄性生殖器官中起作用外，其在卵巢等雌性相关生殖器官及卵细胞中也有表达。这充分证明，CIRP 蛋白在不同器官、组织中具有不同的功能。在非洲爪蟾中的研究显示，CIRP-2 是该物种卵细胞中主要的细胞质 RNA 结合蛋白[51]。研究指出，CIRP-2 蛋白在非洲爪蟾细胞中可以调节核糖体功能，调节蛋白质翻译过程，还能够影响卵母细胞的生长。此外，Hong 等[103]发现中国仓鼠卵巢细胞的生长与 CIRP 的表达有密切关系。同时，对大菱鲆表达序列标签（EST）测序分析发现，雌性特异性表达片段与 CIRP 基因具有同源性[104]。卵母细胞和胚胎冷冻保存在生殖医学中非常重要，为了冻结卵或胚胎，一种称为玻璃化冷冻法的新型闪冷法代替了传统的慢冷法，具有更多的益处。在卵母细胞的玻璃化过程中，一些基因（包括 CIRP）的表达谱发生改变，并被认为参与了针对冷应激或结晶的保护作用。然而，关于 CIRP 是否参与了胚胎的冷冻保存目前还存在争议。一项研究表明，在玻璃化组中的 8 个细胞期胚胎中，CIRP 在升温后的原核前期胚胎中表达量较高[105]。之后另外一个实验室报道，在 8 个细胞期胚胎中，在玻璃化组和慢冷冻组之间没有观察到 CIRP 表达的显著差异，但相比于未冻存的胚胎，两组 CIRP 的表达水平都有明显的升高[106]。CIRP 还与增强玻璃化复温后的卵母细胞的发育能力有关[68]。此外，在生殖器官如小牛睾丸和绵羊卵巢的冷冻保存中也已经发现较高的 CIRP 表达水平[107,108]。

因此，从已经报道的研究中可以看出在生殖发育过程中 CIRP 蛋白具有重要的生理作用。而对精巢（睾丸）中 CIRP 的研究揭示了 CIRP 在精子发生中起重要作用，揭示了雄性不育及生精功能的异常与 CIRP 相关的分子机制；同样的，相关研究显示 CIRP 在卵巢中也起到非常重要的作用。

5.5.2　CIRP 在神经系统中发挥的生物学功能

RNA 结合蛋白具有重要的神经发育调节作用。1998 年，Nishiyama 等[109]发现 CIRP 是一种冷诱导 RNA 结合蛋白，氨基酸序列类似于植物昼夜节律蛋白，CIRP 在小鼠神经系统的不同区域（如视交叉上核和大脑皮层）中昼夜节律性表达，白天表达水平升高，夜间表达水平下降。啮齿类动物体温是昼夜波动的，白天降低，夜间升高。这表明 CIRP 昼夜节律性表达可能与小鼠体温昼夜节律性变化有关，温度调节 CIRP 表达的机制在脑区间、器官间是不同的。此外，CIRP 被发现定位在小鼠神经细胞的细胞核中。因此，CIRP 可能参与与昼夜节律相关或不相关的神经基因表达的转录后调节。XCIRP 在发育的非洲爪蟾神经组织内瞬时表达，这表明它可能在神经发育过程中发挥重要作用。同年，Uochi 和 Asashima[48]研究发现非洲爪蟾体内的 XCIRP 在神经组织和原肾（中胚层）的生长发育早期短暂表达，进而说明 XCIRP 可能在神经和胚胎的生长发育及细胞周期的调节过程中发挥重要的作用。此外，研究发现 *XCIRP* 作为一种新型 XTcf-3 特异性的靶基因，神经发育的不同阶段由不同的 Lef/Tcf 进行差异调节，XTcf-3 和 Tcf 亚型特异性靶标 XCIRP 似乎是神经发育所必需的[85]。

2008 年，Stephanie 等发现 XCIRP 在非洲爪蟾的前脑发育中发挥着不可或缺的作用，敲除 *XCIRP* 会使蟾蜍前脑神经板异常增大。2010 年，Saito 等[110]将小鼠神经干细胞培养于含有或不含有表皮生长因子（epidermal growth factor，EGF）的培养基中，发现去除 EGF 会增加神经干细胞凋亡率、降低巢蛋白（nestin）阳性细胞数量，并促进神经干细胞分化为神经胶质细胞。然而适当的低温条件可通过活化 CIRP 来抑制去除 EGF 所引发的干细胞凋亡与分化，维持神经干细胞的干性。该研究提示 CIRP 在低温神经保护中发挥着重要作用，有望用于神经干细胞的冷冻保存。Xue 等于 1997 年从大鼠睾丸中克隆出 *CIRP* 基因，之后一直对 CIRP 在神经保护方面的作用进行研究，发现在常温环境下，CIRP 的表达水平在脑皮层和海马中相似，属于低水平表达，而在下丘脑区仅有微量表达；低温或脑缺血处理后的 24 h 观察期间发现，在低温环境下，脑组织中的 CIRP 表达水平明显升高，且具有区域性和时间性差异，下丘脑区出现 CIRP 表达水平增强明显早于其他脑区。且低温处理组较缺血处理组其 CIRP 表达水平的增加更为显著。此外，当低温处理后诱导脑缺血时，皮层中 CIRP 的表达水平再次显示出显著增加的趋势，缺血性损伤可以推迟低温造成的 CIRP 的表达，但并不能降低 CIRP 的表达量[111]。在此基础上，研究者进一步分析了 CIRP 在低温条件下对神经元细胞凋亡的调节作用，发现与 37℃相比，在 32℃ 条件下，CIRP 蛋白表达水平在皮质神经元中显著升高，活化的 caspase-3 的表达减少，而 TRX 表达增加，神经元凋亡速率显著降低，表明在低温环境下大鼠皮层神经元中的 CIRP 蛋白表达水平的增加可以抑制 H_2O_2 诱导的神经元凋亡，从而发挥神经保护作用[112]。在研究亚低温下缺糖缺氧海马神经元的 CIRP 表达情况，以及亚低温对受损神经元的保护作用时，蔡英等[113]发现与 37℃培养条件下的受损海马神经元比较，32℃的亚低温条件下能够明显提高受损神经元的细胞存活率，明显降低细胞凋亡，结果显示亚低温具有良好的神经保护作用，与 Hernandez-Guillamon 等[114]的研究结果一致，通过检测海马神经元 CIRP 和 caspase-3 的表达量与相关性，说明亚低温能够诱导 CIRP 的表达升高，同时还伴有 caspase-3 的表达下降，两者具有负相关关系。初步说明了 CIRP 在亚低温下通过抑制神经元的凋亡发挥神经元保护作用，是亚低温条件下保护大脑的有效途径之一。另有研究表明，将大鼠脑皮层神经元在亚低温（32℃）下进行体外培养，神经元晚期凋亡显著降低，但是神经元超微结构保持相对完整。针对 84 种细胞凋亡途径相关因子进行分析，显示亚低温和 CIRP 过表达诱导相似的基因表达谱，特别是线粒体凋亡途径中涉及的基因的改变。在温和低温治疗的神经元中凋亡通路相关基因有 12 个表达上调，38 个表达下调。CIRP 过表达的神经元中凋亡通路相关基因有 15 个表达上调，46 个表达下调。将 CIRP 敲降的神经元进行低温治疗，结果显示有 9 个上调基因和 40 个下调基因。在蛋白质水平上也获得了相似的结果，表明在轻度低温条件下引起 CIRP 的增高后激活并启动抗凋亡信号转导通路，主要通过阻断线粒体凋亡途径抑制神经元凋亡，从而起到神经保护作用[92]。李静辉等[115]采用原代大鼠的海马神经元进行体外分离培养，显示亚低温处理组及 CIRP 过表达组的海马神经元中 CIRP 的表达水平明显增加，神经元的凋亡率明显下降，此时总抗氧化能力（T-AOC）、谷胱甘肽过氧化物酶（GSH-Px）、超氧化物歧化酶（SOD）的活性明显升高，而丙二醛（MDA）的活性则有不同程度的降低；而干扰 CIRP 的表达后，与亚低温处理组相比，凋亡细胞的数目明显增加，T-AOC、GSH-Px、SOD 的活性有所降低，MDA 的活性成分表达增高。以上结果表明：亚低温处理通过上调 CIRP 的表达，抑制细胞内氧自由基的生成，从而直接或间接地抑制了氧自由基诱导的神经元凋亡，进而起到保护海马神经元的作用。上述研究结果提示，CIRP 在低温神经保护中可能发挥重要作用。

5.5.3 CIRP 在胚胎发育过程中发挥的生物学功能

CIRP 在许多物种的发育过程中也起到了非常重要的作用。例如，以非洲爪蟾为模式物种对两栖动物的 CIRP 研究发现，CIRP 在非洲爪蟾卵细胞中为母源性积累蛋白，是卵细胞中主要的 RNA 结合蛋白[51]。而在胚胎发育过程中，CIRP 在非洲爪蟾的原肠胚中上调表达[49]。而且 CIRP 在非洲爪蟾胚胎的前肾和脑中有显著表达，这表明在爪蟾前肾形成过程中，母源的 XCIRP1 发挥着重要作用。在原肠（胚）形成过程中 CIRP 高表达，有研究者降低了非洲爪蟾胚胎中 CIRP 的表达量，发现超过半数的胚胎在 22 细胞期时死亡，此外该研究者还发现在胚胎发育至 32 细胞期时降低 CIRP 的表达量会导致胎肾发育异常。尽管对 CIRP 在胚胎早期发育期间所起的作用还不清楚，但是 CIRP 存在于两栖动物卵母细胞中。Uochi 和 Asashima[48]研究发现非洲爪蟾属体内的 CIRP 在原肠胚形成期间表达量迅速增加，并且在神经组织和原肾（中胚层）的生长发育早期短暂表达，原肾是两栖动物在幼虫期最初级的排泄器官，由原肾管和原肾小管构成。这表明 CIRP 可能在神经和胚胎的生长发育过程中发挥重要的作用。原索动物中发现的第一个富含甘氨酸的蛋白质是海鞘类体内的 CiGRP1，CiGRP1 转录物在原肠胚期和神经胚期的脑前体和间质前体细胞，以及尾芽期胚胎的大脑和间质细胞中表达。CiGRP1 蛋白存在于脑和间质细胞的所有细胞核和细胞质中，其特性是温度升高或降低引起应激不会诱导其表达，而是在胚胎时期诱导其表达，这种现象说明 CiGRP1 在海鞘类的胚胎期发育中起着非常重要的作用[69]。后来，Peng 等[84]发现反义 RNA 和吗啉环反义寡核苷酸链（MOs）能够显著减少蛋白质的表达，降低细胞迁移率，并抑制胚胎成纤维细胞生长因子（eFGF）。此外，XCIRP 表达的降低可以抑制黏附因子的表达，研究证实在非洲爪蟾胚胎发育期间，XCIRP 对原肾的特化和形态发生移行，以及黏附分子的表达和胚胎细胞的移行是必要的，但作用机制尚不明确，还需进一步研究。

5.5.4　CIRP 在哺乳动物冬眠中发挥的生物学功能

冬眠是温带地区两栖动物适应低温的一种重要生理活动，但冬眠的确切机制并不十分明确。有研究表明，CIRP 在动物冬眠等活动中也起重要作用。目前已经发现在生物体内存在许多对冬眠发挥着重要作用的激素。与此同时，其他因素如光或温度对冬眠产生的影响也是至关重要的。温度降低促使动物进入冬眠过程，同时也诱导体内相关 CSP 的表达。Saito 等[23]研究发现牛蛙脑中 CIRP 的表达量受到季节的影响，随着季节不同而表现出很大的差异，在夏季 CIRP 的表达量很低，而在冬季其表达量显著升高，并据此推测 CIRP 表达的变化可能与动物冬眠过程相关，其可能在冬眠过程中发挥一定的作用。2008 年，Sugimoto 和 Jiang[70]以日本树蛙为模型再次证实 CIRP 的表达量与动物冬眠之间存在着一定的关系，研究发现，在 12 月气候条件下 CIRP 的总表达量比 7 月气候条件下高得多。CIRP 在人工冬眠条件下表达的增加可能导致 CIRP 转录物的增加，表明 CIRP 表达的增加可能在保护脑细胞免于在冬眠中缺氧或者在冬眠中延长细胞周期中发挥一定的作用。尽管观察到了上述现象，但 CIRP 在动物冬眠中所发挥的具体作用还有待进一步研究。

5.5.5　CIRP 在昼夜节律中发挥的生物学功能

CIRP 的氨基酸序列与拟南芥中的一种富含甘氨酸的 RNA 结合蛋白（AtGRP7）具有高度的同源性。而 CIRP 是昼夜节律调节反馈回路中的关键组成部分。类似的，CIRP 在小鼠视交叉上核（SCN）和大脑皮层中的表达在日间上调。Nishiyama 等[109]首先研究发现 CIRP 在成年小鼠的多种组织中表达，以脑和睾丸中表达量最大；还检测了小鼠 24 h 内大脑中 CIRP 的表达情况，结果发现 12:00~18:00 表达呈现升高趋势，且 18:00 表达量最高，随后表达下降，至 3:00 表达量达到最低，随后表达量开始回升，从而说明在白天 CIRP 的表达水平升高；在夜间 CIRP 的表达水平下降，以光依赖的方式调节改变，但是波动只发生在幼年和成年小鼠中，在新生小鼠中不出现，由这种表达趋势推测出大脑中 CIRP mRNA 的表达呈昼夜节律变化，但是在睾丸和肝中则未检测到此变化；免疫组化实验表明 CIRP 在大脑皮层、海马、丘脑、下丘脑、小脑皮层大量表达，但 CIRP 的表达呈昼夜节律性仅发生于大脑皮层和视交叉上核，有研究表明哺乳动物中昼夜节律表达的主要起搏点是视交叉上核[116]，啮齿动物体温同样是昼夜波动的，白天升高，夜间降低，说明 CIRP 的表达可能与啮齿类动物体温趋势呈正相关。刘爱军等[117]以 RT-PCR 半定量方法检测不同脑区 CIRP mRNA 的表达，研究结果表明正常体温时海马中 CIRP mRNA 表达量比皮层和下丘脑表达量高；低温处理 1 h 后下丘脑中 CIRP mRNA 表达量开始增高，下丘脑和皮层在低温处理 2 h 时 CIRP mRNA 表达量最高，4 h 后海马中 CIRP mRNA 表达量最高，结果说明不同低温条件下 CIRP mRNA 的表达量均明显增高，并进一步验证大鼠脑内不同脑区 CIRP mRNA 的表达也各不相同。Saito 等[23]研究也证实非洲爪蟾属的脑中 CIRP 表达呈昼夜节律性变化，白天 CIRP 的表达水平下降，夜间 CIRP 的表达水平升高，与 Nishiyama 等[109]研究的小鼠脑内 CIRP 的表达趋势相反；之后研究发现低温诱导脑中 CIRP 的表达量明显高于肝，冬季牛蛙大脑中 CIRP 表达量高，而在夏季的表达量较低；Sugimoto 和 Jiang[70]研究发现树蛙的大脑和眼睛中 CIRP 的表达量在 12 月显著高于 7 月。

　　日内瓦大学的 Schibler 教授揭示了体温节律性变动影响"昼夜节律基因"表达的分子机制[74]。他们发现温度的变化可以调节 CIRP 蛋白的节律性表达，是体内昼夜节律基因激活的必要条件。我们身体中的大部分细胞内有一个"昼夜节律调解系统"，由一组基因组成，周期性变化。研究人员还发现，与大部分调控蛋白不同，CIRP 是通过结合到某些基因转录物的 RNA 上来控制这些基因的表达并发挥调节作用的。机体的许多生理功能如心率调节、激素分泌、体温调节等都与细胞内部昼夜节律基因表达的时相及强弱相关，CIRP 与这些生理功能调控的关系正一一被揭示。同一团队利用开发的尖端遗传工程技术鉴别了活细胞中几乎所有与 CIRP 结合的靶 RNA，得出"在细胞中 CIRP 结合了编码不同昼夜节律调节器蛋白的转录物，提高了它们的稳定性，使得它们累积"的结论，说明这种调节顺序是，温度变化诱导 CIRP 表达发生变化，再激活下游昼夜节律调节器基因，引发机体生物学功能发生改变。这一发现使我们观察到每 1℃ 体温差异都呈现出新的意义。受到 CIRP 调控的这些生化体系中，研究人员还发现了一个参与药物解毒和代谢的蛋白 DBP（D-site of albumin promoter binding protein），它的周期性累积可对药物代谢起调节作用。有些抗癌药物在早上给予患病的小鼠可导致其 100% 的死亡率，而在晚上接受同样剂量的小鼠却全部存活了下来。这表明体内生物钟对药物的效用和毒性有着极其重要的影响。

　　2012 年，CIRP 被确定为哺乳动物转录后模式中昼夜节律振荡基因（包括

CLOCK 基因）的调控者。进一步的实验表明 CIRP 在睡眠阶段上调[118]。在哺乳动物中，SCN 中的中心时钟系统地将体温周期与环境光-暗循环和外周时钟（如肝和胰腺）同步。最近的一项研究表明，CIRP 有助于鼠肝细胞的温度敏感性昼夜节律调节，将哺乳动物体温和组织的昼夜节律的微小波动联系起来[119]。此外，由于肝和胰腺是必需的代谢器官，营养必然会影响这些器官中的外周时钟。生酮饮食和禁食会干扰外周时钟，诱导肝中 CIRP 的表达[120]。膳食时间延长大大提高了 CIRP 在胰腺癌中的昼夜节律性表达，表明 CIRP 的昼夜节律性表达和癌症治疗之间具有联系[121]。因此，CIRP 被认为是哺乳动物昼夜节律振荡的一个组成部分，通过身体温度的改变和响应环境中的变化（如光以微妙的方式）进行调节，同时也控制下游昼夜节律基因的表达。

综上所述表明 CIRP 昼夜节律性表达可能与鼠类体温发生昼夜节律性的变化等有关。此外，含有 RNA 识别基序的蛋白质参与基因的转录后调节，与靶序列有很高的亲和力，CIRP 定位于神经细胞的细胞核中，可能参与一些与昼夜节律相关或不相关基因表达的转录后调节。因此，推测大脑的不同区域及不同器官中 CIRP 表达的调节机制对温度的敏感性有所不同，CIRP 可能在动物昼夜节律性的调节中发挥很大作用。

5.5.6 CIRP 在免疫反应中发挥的生物学功能

除了对正常生理具有重要作用外，有研究指出 CIRP 在人类子宫内膜异位症和癌症中上调表达[122]。而下调 CSP 表达可以降低癌细胞的存活率，并增加其化学敏感性[123]。进一步研究证明，CIRP 可以与癌症细胞中的细胞周期蛋白 Cyclin E 相互作用[80]，因此 CIRP 对癌细胞的增殖具有调节作用。上述研究结果说明 *CIRP* 可以被认为是一种新的原癌基因。

模式识别受体（PRR）从植物到哺乳动物都是高度保守的，是鉴定病原体相关分子模式（PAMP）和损伤相关分子模式（DAMP）的原始关键成分[124]。2007 年，植物冷诱导蛋白 AtGRP7 首次被发现参与植物免疫反应[46]。AtGRP7 通过结合 FLS2 和 EFR 两个 PRR 的转录物和蛋白质显著增强 PAMP 触发的免疫[125]。据报道，哺乳动物的冷诱导型蛋白质也参与先天性免疫应答。2013 年，CIRP 被确定为一种新型的炎症介质，在出血性休克和败血症中从心脏和肝分泌释放到循环系统中。分泌的 CIRP 通过结合 Toll 样受体 4-髓样分化蛋白 2（TLR4-MD2）复合物（一类哺乳动物 PRR）起到 DAMP 的作用，刺激 TNF-α 和高迁移率族蛋白 B1（HMGB1）的分泌，触发炎症反应[126]。同时，CIRP 的表达也可以被 TNF-α 或转化生长因子 β（TGF-β）削弱[127]，形成一个负反馈环。与上述 CIRP 在脑中的双重作用的讨论相类似，Sakurai 等（2013）研究显示，低温诱导肝中 CIRP 的表达可以通过减少急性重型肝炎中 ROS 的产生，直接保护肝细胞免于死亡[128]，同时，CIRP 最近被认定为出血性休克和败血症中的新型炎症介质的核蛋白，而通过抗 CIRP 抗体治疗来中和血清中分泌的 CIRP，可以显著降低全身和局部炎症反应的发生，减少肝细胞损伤，改善肝微结构，保护肝免受缺血再灌注所造成的损伤[129]。其他抗 CIRP 治疗也被认为是治疗炎症相关疾病的有效方案，如基于动物实验的腹主动脉瘤的治疗[130]。如今，我们可以使用酶联免疫吸附测定（ELISA）试剂盒定量测量外周血中的 CIRP 水平，开放研究 CIRP 作为脓毒症的新型诊断标记物的可能性[131]。此外，研究表明 CIRP 缺乏可以加速伤口愈合过程，缩短炎症期[132]。总之，细胞外 CIRP 通过诱导炎症反应诱导细胞损伤。然而，在炎症的后期，损伤的细胞被炎症消除，并且再生的细胞可以替代功能障碍的细胞[133]。这意味着 CIRP 介导的免疫应答也可能具有有利的方面。因此，研究 CIRP 在免疫过程中的功能及相关机制对人类健康及畜牧业养殖疾病的防治有重要意义。

5.5.7 CIRP 作为 RNA 伴侣发挥的生物学功能

研究发现越来越多的 RNA 结合蛋白，包括冷刺激结构域（CSD）蛋白，其特征在于它们具有结合单链 RNA 的能力，并通过作为分子伴侣来调节翻译。1999 年 Fujita 等发现 CIRP 在 37℃时表达并参与发育调节，推测 CIRP 可作为 RNA 伴侣[4]。此外，研究者已经提出 CIRP 结合 DNA 参与 DNA 包装、转录、RNA 降解、翻译、核糖体装配等基本功能，并且可能作为协助各种蛋白质的折叠/解折叠、组装/拆解和转运的伴侣。Nishiyama 等[9]研究表明，CIRP 具有特异性的 RNA 结合特性，可能以类似于 hnRNP（核不均一核糖核蛋白家族）的方式独自调控特异性或非特异性基因表达，也可能凭借同 hnRNP C 和（或）hnRNP A1 竞争靶序列的方式调控特异性或非特异性基因表达。Matsumoto 等[51]证实，在卵母细胞中 XCIRP-2 与核糖体相关联调节特异性 mRNA 的翻译。因此，在真核细胞中，CIRP 可能通过调节核糖体功能影响细胞生长。此外，CIRP 可以通过羧基端富含 RG 区下调 mRNA 的翻译水平，这说明 CIRP 具有 RNA 伴侣分子活性[13]。

5.5.8 CIRP 在细胞保护中发挥的生物学功能

如上文所述，Sakurai 等[14]用 TNF-α 和放线菌酮处理 BALB/3T3 细胞，温度从 37℃下调至 32℃，增加了 CIRP 的表达，使 ERK 的磷酸化水平升高，抑制了细胞凋亡。在温和低温（32℃）时将 CIRP 转导入 CIRP 缺失的鼠成纤维细胞后，提高了 ERK 的磷酸化水平并抑制了 TNF-α 诱导的凋亡。ERK 特异性抑制剂 PD98059 降低了 CIRP 的细胞保护作用。另外，在同一个实验中，他们将含有 NF-κB 结合位点并带有报道基因的载体与 *CIRP* 共转染 *CIRP* 缺失的小鼠胚胎成纤维细胞，对照组细胞只转染含有 NF-κB 结合位点并带有报道基因的载体，其他实验条件相同，结果发现通过表达 CIRP 而增加了 NF-κB 的活性。NF-κB 是一个具有抗凋亡活性的转录因子，它除了参与免疫应答外，还参与转录调控，广泛地影响参与细胞存活、分化和增殖的基因的表达。总之，Sakurai 等[14]的实验结果表明，在温和低温应激下，CIRP 通过激活 MAPK 级联反应中的 ERK 通路和 NF-κB 信号通路而达到保护细胞的作用，但具体的作用机制有待进一步研究阐明。

　　早期研究已经证实氧化应激可以导致细胞损伤，而抗氧化酶可以清除 ROS，避免细胞损伤。例如，SOD 在不同细胞和组织中被发现具有抗衰竭的能力。研究发现 SOD 的表达增加能延长初级成纤维细胞的存活时间；相反，如果敲除 SOD 则诱发细胞早期出现衰竭现象。此外，TRX 也具有保护细胞的作用，TRX 是一种普遍存在的多功能蛋白，通过清除氧自由基调节细胞信号来发挥保护细胞的作用。研究证实，CIRP 除了可以使特殊的和翻译机制中必需的蛋白质活化外，还可以激活一些 mRNA（能编码参与清除 ROS 的蛋白质，如抗氧化酶 TRX）。Li 等[112]在研究温和低温条件下 TRX 对大脑的保护作用时，分离培养了大鼠皮质神经元原代细胞，用 H_2O_2 诱导凋亡，分别在 37℃和 32℃进行培养。结果表明，与 37℃相比，32℃时皮质神经元中的 CIRP 被显著诱导，TRX 的表达增加，当 CIRP 的表达被干涉时，TRX 的表达降低，神经元细胞凋亡的水平与 TRX 蛋白的表达呈负相关。在温和低温时，CIRP 通过诱导 TRX 表达而抑制 H_2O_2 诱导的大鼠皮质神经元细胞的凋亡，发挥保护细胞的作用。Lleonart[7]首次提出了 CIRP 具有细胞保护作用的模型，并得到如下事实支持：①CIRP 表达水平下降的细胞比 CIRP 表达正常的细胞对紫外线（UV）照射更敏感，众所周知，UV 是 ROS 的主要诱导物；②当 UV 照射时，CIRP 被激活并引起 TRX 的表达；③缺氧是产生 ROS 的一个机制，同时也激活了 CIRP；④CIRP 刺激基础翻译机制中的成分（如 eIF4G、4E-BP1 和 S6）或与它们相互作用，促进翻译。此外，研究发现 UV 照射时，CIRP 也可以对细胞起到较好的保护作用，避免其被杀伤[55]。CIRP 在缺氧时的高表达能增加 mRNA 和蛋白质水平，并且参与细胞增生，显示它可能参与了新生血管的形成。CIRP 保护细胞的能力，可能和它保护细胞免受蓄积的 ROS 毒害的作用密切相关。因此，我们认为探索 CIRP 详尽的分子调节机制是非常重要的，这是因为在生理和病理特性中，包括肿瘤的发生，其在分子和细胞水平上的调节功能可能和拓宽生理及生物进程密切相关（图 5-5）。

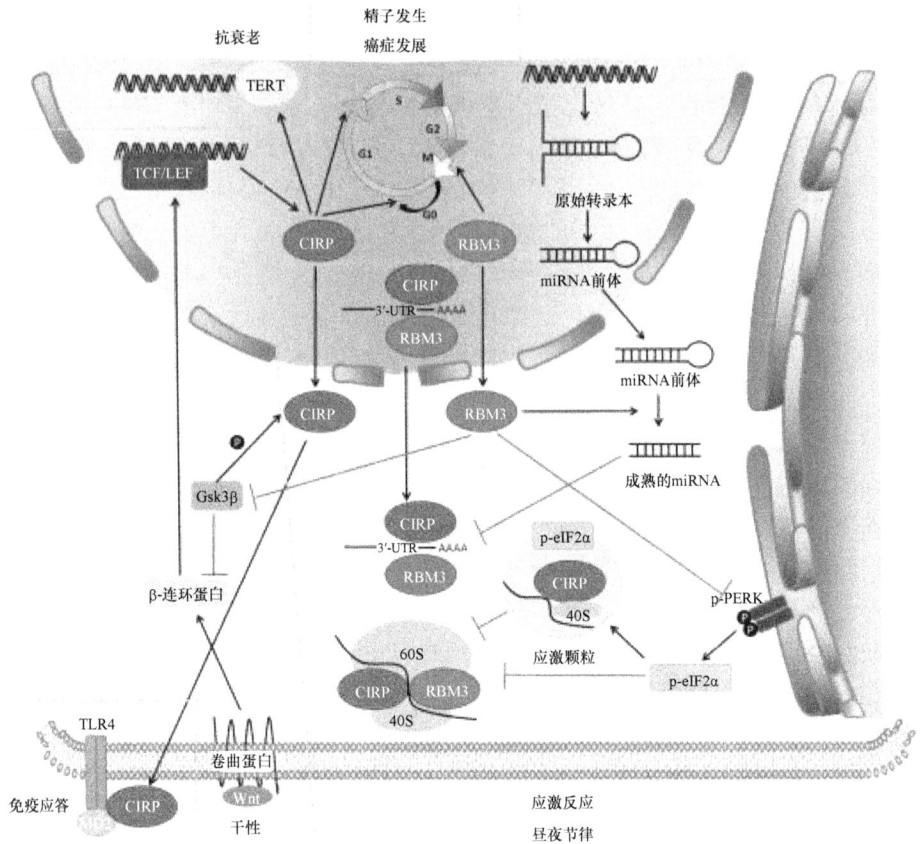

图 5-5 CIRP 和 RBM3 功能的分子网络图[134]（彩图请扫封底二维码）

5.6 CIRP 与疾病发生

5.6.1 CIRP 与脑部疾病

治疗性低温不仅可以在严重局部缺血[20]和脊髓损伤（SCI）[135]中有效地减少原发性损伤并且预防继发性损伤的发生，还可以延缓慢性神经退行性疾病的发展。1999 年，Danno 等[10]提出低温治疗脑损伤中 CIRP 可能是一种具有保护性的蛋白质，之后刘爱军等[117]又进一步验证了这一观点。大脑损伤过程的保护机制在于低温时相对耗能低，导致组织处于休眠状态，同时提高了应激的耐受能力，从而对大脑损伤具有保护作用。Sakurai 等[14]研究发现亚低温（32℃）可以诱导 BALB/3T3细胞中 CIRP 表达量升高，而且在激活细胞外的信号调节激酶的情况下，有效地抑制 TNF-α 诱导的细胞凋亡。在体外，两种冷诱导蛋白 CIRP 和 RBM3 都对培养的原代神经元或神经元样 PC12 细胞中的凋亡起作用。

CIRP 在脑缺血损伤中的作用是有争议的。通过 RNA 印迹（Northern blot）测定大鼠海马中 *CIRP* mRNA 表达水平在瞬时缺血后 3~6 h 降低，但大脑皮层中 *CIRP* mRNA 表达水平在 48 h 观察期间保持不变[11]。然而，在相同的缺血模型中，实时 RT-PCR 结果显示大脑皮质中 *CIRP* mRNA 在脑缺血后 24 h 内逐渐增加约 5 倍。而与缺血相比，低温诱导 *CIRP* mRNA 的表达增加更为显著，低温处理后 24 h *CIRP* mRNA 表达量增加约 30 倍；在低温和缺血共同处理的动物模型中，*CIRP* mRNA 的表达水平同样增加了约 30 倍，与单独低温处理相比，*CIRP* mRNA 的表达没有进一步增强[111]。

提高的 ROS 水平是脑缺血再灌注损伤期间诱导氧化应激的一个重要有害因素。在 PC12 细胞中，已经观察到 CIRP 表达在 H_2O_2 处理后下调，ROS 产生增多[11]。当内源性诱导或人工过表达 CIRP 时，培养的神经细胞中 H_2O_2 诱导的凋亡被显著抑制，表明 CIRP 在脑损伤中的神经保护作用[99,112]。与 CIRP 在细胞内的这种有益作用相反，当 CIRP 被释放到血液系统中时，其与有害免疫反应的激活相关。Zhou 等报道，脑缺血后小胶质细胞中 CIRP 的分泌与随后 CIRP 介导的 TNF-α 表达导致神经炎症的发生，并在体内和体外引起神经元细胞的损伤[136]。一项关于乙醇引起的大脑炎症的调查也表明，细胞外的 CIRP 通过上调 TNF-α 和 IL-1b 的水平来介导神经炎症的发生[137]。概括来说，CIRP 在脑缺血再灌注损伤中发挥的作用具有双相性。一方面，只要 CIRP 保持细胞内定位，就可以保护神经元免受凋亡损伤；另一方面，一旦 CIRP 从细胞如小胶质细胞中释放，其在细胞水平可介导具破坏性的神经炎症。

5.6.2　CIRP 与肿瘤

肿瘤发生的过程可以分为细胞永生化、细胞转化、细胞浸润、细胞转移几个阶段。细胞过度生长是肿瘤发生的重要因素，然而有机体具有精密的机制用于防止细胞不受控制的生长和恶变，细胞衰老就是其中之一。然而，当细胞因为基因突变而避免衰老时，肿瘤就会发生[63]。癌细胞由于具有很多特征很难被消灭，研究发现，对于细胞的无限增长及恶变，伴随着生物发育演变，机体已经形成了某些特殊机制来抑制其增长及恶变。目前有报道称复制衰竭是其中的主要机制之一，当癌症发生时，癌变会被阻止。动物组织的原始细胞可以在出现复制衰竭之前分化成多种不同的细胞，其表型、形态、活性及基因型会出现明显的变化。起初，复制衰竭被认为是由应激所导致的，如组织培养处理等影响；但是随着学者的不断努力，衰竭的细胞被发现也存在于良性病变的肿瘤中。到目前为止，恶性肿瘤中没有发现衰竭细胞的存在，可能是由于某些变化使细胞发生了癌变。

从以上概括的特征推断，CIRP 参与细胞周期调节和细胞增殖，并且存在于增殖和恶性细胞中。*CIRP* 具有逃逸衰老和诱导永生的功能（图 5-6），因此被认为是原癌基因，促进癌细胞增殖和体外转化，并且与正常组织相比在多种不同癌症中差异表达。CIRP 似乎是不良预后的指标。因此，较高的 CIRP 水平与癌细胞低水平的化学敏感性相关[123]。

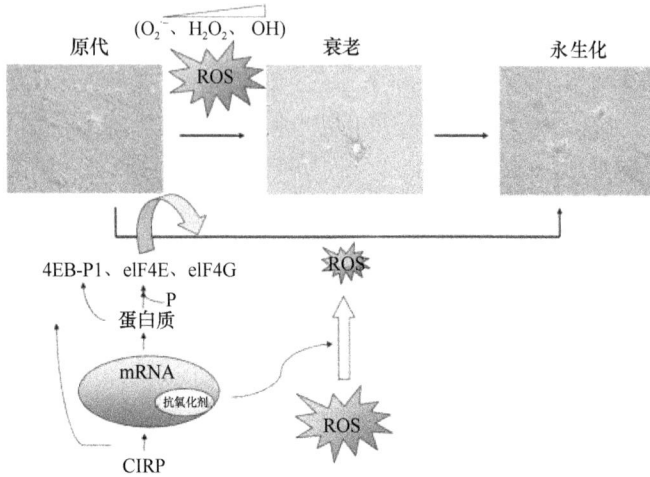

图 5-6　CIRP 在小鼠原代细胞中使其逃逸衰老发生细胞永生化的作用模型[7]（彩图请扫封底二维码）

为了逃逸衰老，CIRP 可能通过两种途径影响增殖：①CIRP 直接或间接诱导参与翻译启动的蛋白质以促进增殖；②CIRP 通过直接相互作用结合并稳定特异性 mRNA，从而引发其激活。某些 mRNA 可能是抵消 ROS 作用的抗氧化 mRNA（如 TRX）。相当多的致癌蛋白具有抵抗 ROS 积累能力的增殖潜力

研究发现，当 CIRP 的表达量升高时，胰内质网激酶 1/2（PERK1/2）水平也会随之升高，在这个过程当中，某些蛋白质会受到影响，如 4E-BP1、S6 的磷酸化，从而使鼠的原始细胞受到保护，衰竭凋亡的现象得以抑制[86]。CIRP 是一把双刃剑，不但可以作为致癌蛋白，而且具有抗癌的作用。研究发现 CIRP 可以有效地抑制前列腺细胞（LNCaP 和 PC-3）的增殖，但如果对 *CIRP* 进行敲除则直接促进细胞的凋亡；此外，研究发现当敲除 *CIRP* 后，细胞对顺铂和阿霉素变得异常敏感，这很容易让人联想到 CIRP 可能与前列腺癌的发生存在着某种联系[123]。

CIRP 在多种不同的癌症中差异表达[86]。在肝细胞癌（HCC）中，研究者已经提出 CIRP 是通过控制 ROS 积累和癌症干/祖细胞的扩增来促进癌症发生的，并且肝癌复发的风险与肝中的 CIRP 表达呈正相关[138]。在结肠直肠肿瘤中，CIRP 通过刺激细胞因子（包括 TNF-α 和 IL-23）促进肿瘤和慢性炎症发生[139]。因此，抑制 CIRP 的表达至少在肝癌的治疗中具有重要的价值[95]。

在垂体腺瘤中，CIRP 高表达与肿瘤的侵袭和增殖能力及复发相关，可能通过复合激酶 1/2（RK1/2）信号通路发挥作用[96]。在口腔鳞状细胞癌中，CIRP 与 Toll

样受体 4（TLR4）共表达，并与癌症患者低存活率相关[140]。此外，CIRP 被认为参与乳腺癌的发生发展，推测其通过增加 Cyclin E1（一种重要的细胞周期调节剂）的表达，从而促进乳腺癌转化中的增殖和肿瘤发展[80,89]。人类的多种癌症中细胞周期蛋白 Cyclin E1 都表现为异常表达，乳腺癌细胞中 CIRP 可同时调节 HuR 和细胞周期蛋白 Cyclin E1，从而促进二者表达量增加。

Hamid 等[122]研究发现在正常子宫内膜细胞、子宫内膜增生细胞、子宫内膜癌细胞中的 CIRP 表达量各不相同，在子宫肥大细胞中的 CIRP 的表达是可变的，而 CIRP 在大多数子宫内膜癌细胞和非典型的增生细胞中不表达或表达量显著降低；而且在月经周期 CIRP 的表达与腺细胞的增殖活动是呈负相关关系的，在间质细胞和血管内皮细胞 CIRP 的表达量是保持不变的。表明 CIRP 可能参与调节正常子宫内膜细胞的活动，推测其表达量的减少可能与子宫内膜癌的发生有关。Tan 等[83]研究表明 CIRP 的过量表达增加中国仓鼠卵巢细胞中抗肿瘤干扰素 γ 的产生，从而抑制肿瘤的发生。

总之，越来越多的临床研究已经证明 CIRP 与癌症中的不良临床结果相关（表 5-1）。基于众多学者对 CIRP 与癌症的临床研究，在各种可能的机制中，我们强调以下几点。首先，炎症反应中主要的细胞和分子途径参与肿瘤的发生，炎症反应可能诱导癌症的发展。其次，免疫应答中 CIRP 的细胞外作用与有害的后果相关，加重细胞损伤[126]。尽管尚未发表关于癌症中类似细胞外作用的数据，但是我们假设癌症中的细胞外 CIRP 信号转导可能通过细胞因子激活而促进肿瘤发展和恶化[138,139]。

表 5-1　CIRP 参与的癌症

癌症类型	可能的机制	预后
乳腺癌	增加细胞周期蛋白 E1	预后不良
子宫内膜癌	—	—
口腔鳞状细胞癌	诱导 TLR4 相关炎症反应	预后不良
肝癌	增加 ROS、IL-1、IL-6，抑制 P53	预后不良
结肠直肠癌	诱导 TNF-α 和 IL-23	预后不良
垂体腺瘤	通过 ERK1/2 途径抑制 p27 增加，诱导细胞周期蛋白 D1 合成	预后不良

"—"表示机制及预后不清楚

5.6.3　CIRP 与心脏疾病

心肌梗死是营养心肌细胞的动脉因各种原因引起梗死，导致心肌瞬时或永久性缺血缺氧损伤。心肌梗死最终将导致心肌细胞死亡，从而影响心脏功能，造成心脏衰竭。CIRP 具有保护细胞的功能已经被众多学者发现并认可。在缺血缺氧早期，高表达的 CIRP 可以起到保护细胞的作用。在恢复灌流后，CIRP 更多地定位于细胞质内，可以对抗过氧化物超载引起的细胞器及质膜的损伤。同时，CIRP 具有调节心肌细胞昼夜节律的作用，有助于心肌梗死后恢复[141]。

Li 等[142]研究发现 CIRP 在心脏复极化中的新的生理作用，通过控制心肌细胞中 I_{to} 通道的表达和功能来调节心脏复极化，异常心室复极化与多种心律失常表现紧密相关，CIRP 在心脏中的组成型表达和心脏复极化的 CIRP 依赖性可能意味着 CIRP 在心脏生理学和病理生理学中具有关键作用。重要的是，CIRP 是具有多种生物活性的重要分子，其在心脏电生理学中的潜在作用将是心脏病学领域的重要研究方向之一。

寒冷的气候条件是导致动物产生应激反应最为常见的因素，对畜禽的生产性能及抗病能力有着严重的影响，极大地制约了畜牧行业的发展。CIRP 是一种应激反应蛋白，在应激条件下大量表达，我们回顾了对 CIRP 的早期发现和近年来的研究，CIRP 是存在于许多细胞类型中的独特的细胞工具，可以被各种细胞应激原激活并发挥作用，广泛参与体内各种生理和病理过程。CIRP 已经被鉴定为严重炎症或缺血时的重要介质，具有加重细胞损伤的有害功能，同时，在低温保护肿瘤坏死因子诱导细胞凋亡过程中也发挥着一定作用，由此可见，CIRP 是一种重要的多功能蛋白，具有重要的基础研究价值和应用前景。

未来对哺乳动物中 CIRP 的研究将受益于在植物中对其同源物 AtGRP7 作用的发现。将目前关于 CIRP 的知识转化为直接靶向 CIRP 或其参与的信号转导途径的特异性治疗方法的能力，是 CIRP 在未来临床治疗上发挥重要作用的关键。

参 考 文 献

[1] 王辉, 丁协刚, 李世文, 郑航, 郑新民. 冷休克蛋白的生物学功能研究进展[J]. 中华临床医师杂志: 电子版, 2015, (8): 119-125

[2] Hoyoux A, Blaise V, Collins T, D'Amico S, Gratia E, Huston A L, Marx J C, Sonan G, Zeng Y, Feller G, Gerday C. Extreme catalysts from low-temperature environments[J]. Journal of Bioscience and Bioengineering, 2004, 98(5): 317-330

[3] Al-Fageeh M B, Smales C M. Control and regulation of the cellular responses to cold shock: the responses in yeast and mammalian systems[J]. The Biochemical Journal, 2006, 397(2): 247-259

[4] Fujita J. Cold shock response in mammalian cells[J]. Journal of Molecular Microbiology and Biotechnology, 1999, 1(2): 243-255

[5] Nonoguchi K, Itoh K, Xue J H, Tokuchi H, Nishiyama H, Kaneko Y, Tatsumi K, Okuno H, Tomiwa K, Fujita J. Cloning of human cDNAs for Apg-1 and Apg-2, members of the Hsp110 family, and chromos-omal assignment of their genes[J]. Gene, 1999, 237(1): 21-28

[6] Huang L, Shakhnovich E I. Is there an en route folding intermediate for cold shock proteins[J]? Protein Science: a Publication of the Protein Society, 2012, 21(5): 677-685

[7]　Lleonart M E. A new generation of proto-oncogenes: cold-inducible RNA binding proteins[J]. Biochim Biophys Acta, 2010, 1805(1): 43-52

[8]　Sheikh M S, Carrier F, Papathanasiou M A, Hollander M C, Zhan Q, Yu K, Fornace A J Jr. Identification of several human homologs of hamster DNA damage-inducible transcripts. Cloning and characterization of a novel UV-inducible cDNA that codes for a putative RNA-binding protein[J]. The Journal of Biological Chemistry, 1997, 272(42): 26720-26726

[9]　Nishiyama H, Itoh K, Kaneko Y, Kishishita M, Yoshida O, Fujita J. A glycine-rich RNA-binding protein mediating cold-inducible suppression of mammalian cell growth[J]. The Journal of Cell Biology, 1997, 137(4): 899-908

[10]　Danno S, Nishiyama H, Higashitsuji H, Yokoi H, Xue J H, Itoh K, Matsuda T, Fujita J. Increased transcript level of RBM3, a member of the glycine-rich RNA-binding protein family, in human cells in resp-onse to cold stress[J]. Biochemical and Biophysical Research Communications, 1997, 236(3): 804-807

[11]　Xue J H, Nonoguchi K, Fukumoto M, Sato T, Nishiyama H, Higashitsuji H, Itoh K, Fujita J. Effects of ischemia and H_2O_2 on the cold stress protein CIRP expression in rat neuronal cells[J]. Free Radical Biology & Medicine, 1999, 27(11-12): 1238-1244

[12]　Nishiyama H, Higashitsuji H, Yokoi H, Itoh K, Danno S, Matsuda T, Fujita J. Cloning and characterization of human CIRP (cold-inducible RNA-binding protein) cDNA and chromosomal assignment of the gene[J]. Gene, 1997, 204(1-2): 115-120

[13]　李士泽, 金福厚, 赵巧香, 尹位, 杨焕民. 冷诱导 RNA 结合蛋白的生物学功能研究进展[J]. 生理科学进展, 2009, 40(3): 271-273

[14]　Sakurai T, Itoh K, Higashitsuji H, Nonoguchi K, Liu Y, Watanabe H, Nakano T, Fukumoto M, Chiba T, Fujita J. Cirp protects against tumor necrosis factor-alpha-induced apoptosis via activation of extracellular signal-regulated kinase[J]. Biochim Biophys Acta, 2006, 1763(3): 290-295

[15]　Papile L A, Baley J E, Benitz W, Cummings J, Carlo W A, Eichenwald E, Kumar P, Polin R A, Tan R C, Wang K S. Hypothermia and neonatal encephalopathy[J]. Pediatrics, 2014, 133(6): 1146-1150

[16]　Yenari M A, Han H S. Neuroprotective mechanisms of hypothermia in brain ischaemia[J]. Nature Reviews Neuroscience, 2012, 13(4): 267-278

[17]　Vacanti F X, Rd A A. Mild hypothermia and Mg++ protect against irreversible damage during CNS ischemia[J]. Stroke, 1984, 15(4): 695-698

[18]　Bernard S A, Gray T W, Buist M D, Jones B M, Silvester W, Gutteridge G, Smith K. Treatment of comatose survivors of out-of-hospital cardiac arrest with induced hypothermia[J]. The New England Journal of Medicine, 2002, 346(8): 557-563

[19]　Hypothermia after Cardiac Arrest Study Group. Mild therapeutic hypothermia to improve the neurologic outcome after cardiac arrest[J]. The New England Journal of Medicine, 2002, 346(8): 549-556

[20]　Lampe J W, Becker L B. State of the art in therapeutic hypothermia[J]. Annual Review of Medicine, 2011, 62: 79-93

[21]　Tong G, Endersfelder S, Rosenthal L M, Wollersheim S, Sauer I M, Buhrer C, Berger F, Schmitt K R. Effects of moderate and deep hypothermia on RNA-binding proteins RBM3 and CIRP expressions in murine hippocampal brain slices[J]. Brain Research, 2013, 1504: 74-84

[22]　Choi H A, Badjatia N, Mayer S A. Hypothermia for acute brain injury mechanisms and practical aspects[J]. Nature Reviews Neurology, 2012, 8(4): 214-222

[23] Saito T, Sugimoto K, Adachi Y, Wu Q, Mori K J. Cloning and characterization of amphibian cold inducible RNA-binding protein[J]. Comparative Biochemistry and Physiology Part B, Biochemistry & Molecular Biology, 2000, 125(2): 237-245

[24] 赵雅楠. 不同强度冷刺激对大鼠心脏、肺脏、大脑和睾丸中 CIRP 表达的影响[D]. 大庆: 黑龙江八一农垦大学硕士学位论文, 2010

[25] Burd C G, Dreyfuss G. Conserved structures and diversity of functions of RNA-binding proteins[J]. Science (New York, NY), 1994, 265(5172): 615-621

[26] Nomata T, Kabeya Y, Sato N. Cloning and characterization of glycine-rich RNA-binding protein cDNAs in the moss *Physcomitrella patens*[J]. Plant & Cell Physiology, 2004, 45(1): 48-56

[27] Nagai K, Oubridge C, Jessen T H, Li J, Evans P R. Crystal structure of the RNA-binding domain of the U1 small nuclear ribonucleoprotein A[J]. Nature, 1990, 348(6301): 515-520

[28] Kenan D J, Query C C, Keene J D. RNA recognition: towards identifying determinants of specificity[J]. Trends in Biochemical Sciences, 1991, 16(6): 214-220

[29] Schnuchel A, Wiltscheck R, Czisch M, Herrler M, Willimsky G, Graumann P, Marahiel M A, Holak T A. Structure in solution of the major cold-shock protein from *Bacillus subtilis*[J]. Nature, 1993, 364(6433): 169-171

[30] Crozat A, Aman P, Mandahl N, Ron D. Fusion of CHOP to a novel RNA-binding protein in human myxoid liposarcoma[J]. Nature, 1993, 363(6430): 640-644

[31] Zamore P D, Patton J G, Green M R. Cloning and domain structure of the mammalian splicing factor U-2AF[J]. Nature, 1992, 355(6361): 609-614

[32] Dreyfuss G, Swanson M S, Pinol-Roma S. Heterogeneous nuclear ribonucleoprotein particles and the pathway of mRNA formation[J]. Trends in Biochemical Sciences, 1988, 13(3): 86-91

[33] Lutz C S, Alwine J C. Direct interaction of the U1 snRNP-A protein with the upstream efficiency element of the SV40 late polyadenylation signal[J]. Genes & Development, 1994, 8(5): 576-586

[34] Gorlach M, Wittekind M, Beckman R A, Mueller L, Dreyfuss G. Interaction of the RNA-binding domain of the hnRNP C proteins with RNA[J]. The EMBO Journal, 1992, 11(9): 3289-3295

[35] Portman D S, Dreyfuss G. RNA annealing activities in HeLa nuclei[J]. The EMBO Journal, 1994, 13(1): 213-221

[36] Horabin J I, Schedl P. Regulated splicing of the *Drosophila sex-lethal* male exon involves a blockage mechanism[J]. Molecular and Cellular Biology, 1993, 13(3): 1408-1414

[37] Dreyfuss G, Matunis M J, Pinol-Roma S, Burd C G. hnRNP proteins and the biogenesis of mRNA[J]. Annual Review of Biochemistry, 1993, 62: 289-321

[38] Kiledjian M, Dreyfuss G. Primary structure and binding activity of the hnRNP U protein: binding RNA through RGG box[J]. The EMBO Journal, 1992, 11(7): 2655-2664

[39] Ghisolfi L, Joseph G, Amalric F, Erard M. The glycine-rich domain of nucleolin has an unusual supersecondary structure responsible for its RNA-helix-destabilizing properties[J]. The Journal of Biological Chemistry, 1992, 267(5): 2955-2959

[40] Ghisolfi L, Kharrat A, Joseph G, Amalric F, Erard M. Concerted activities of the RNA recognition and the glycine-rich C-terminal domains of nucleolin are required for efficient complex formation with pre-ribosomal RNA[J]. European Journal of Biochemistry, 1992, 209(2): 541-548

[41] Calnan B J, Tidor B, Biancalana S, Hudson D, Frankel A D. Arginine-mediated RNA

recognition: the arginine fork[J]. Science (New York, NY), 1991, 252(5009): 1167-1171

[42] Aoki K, Ishii Y, Matsumoto K, Tsujimoto M. Methylation of *Xenopus* CIRP2 regulates its arginine and glycine-rich region-mediated nucleocytoplasmic distribution[J]. Nucleic Acids Research, 2002, 30(23): 5182-5192

[43] Yang D H, Kwak K J, Kim M K, Park S J, Yang K Y, Kang H. Expression of *Arabidopsis* glycine rich RNA-binding protein AtGRP2 or AtGRP7 improves grain yield of rice (*Oryza sativa*) under drought stress conditions[J]. Plant Science: an International Journal of Experimental Plant Biology, 2014, 214: 106-112

[44] Streitner C, Hennig L, Korneli C, Staiger D. Global transcript profiling of transgenic plants constitutively overexpressing the RNA-binding protein AtGRP7[J]. BMC Plant Biology, 2010, 10: 221

[45] Heintzen C, Nater M, Apel K, Staiger D. AtGRP7, a nuclear RNA-binding protein as a component of a circadian-regulated negative feedback loop in *Arabidopsis thaliana*[J]. Proceedings of the National Academy of Sciences of the United States of America, 1997, 94(16): 8515-8520

[46] Fu Z Q, Guo M, Jeong B R, Tian F, Elthon T E, Cerny R L, Staiger D, Alfano J R. A type Ⅲ effector ADP-ribosylates RNA-binding proteins and quells plant immunity[J]. Nature, 2007, 447(7142): 284-288

[47] Verleih M, Borchel A, Krasnov A, Rebl A, Korytar T, Kuhn C, Goldammer T. Impact of thermal stress on kidney-specific gene expression in farmed regional and imported rainbow trout[J]. Marine Biotechnology (New York, NY), 2015, 17(5): 576-592

[48] Uochi T, Asashima M. XCIRP (*Xenopus* homolog of cold-inducible RNA-binding protein) is expressed transiently in developing pronephros and neural tissue[J]. Gene, 1998, 211(2): 245-250

[49] Bhatia R, Dube D K, Gaur A, Robertson D R, Lemanski S L, McLean M D, Lemanski L F. Expression of axolotl RNA-binding protein during development of the Mexican axolotl[J]. Cell and Tissue Research, 1999, 297(2): 283-290

[50] Nishiyama H, Danno S, Kaneko Y, Itoh K, Yokoi H, Fukumoto M, Okuno H, Millan J L, Matsuda T, Yoshida O, Fujita J. Decreased expression of cold-inducible RNA-binding protein (CIRP) in male germ cells at elevated temperature[J]. The American Journal of Pathology, 1998, 152(1): 289-296

[51] Matsumoto K, Aoki K, Dohmae N, Takio K, Tsujimoto M. CIRP2, a major cytoplasmic RNA-binding protein in *Xenopus oocytes*[J]. Nucleic Acids Research, 2000, 28(23): 4689-4697

[52] Pan F, Zarate J, Choudhury A, Rupprecht R, Bradley T M. Osmotic stress of salmon stimulates upregulation of a cold inducible RNA binding protein (CIRP) similar to that of mammals and amphibians[J]. Biochimie, 2004, 86(7): 451-461

[53] Rzechorzek N M, Connick P, Patani R, Selvaraj B T, Chandran S. Hypothermic preconditioning of human cortical neurons requires proteostatic priming[J]. Ebiomedicine, 2015, 2(6): 528-535

[54] Thandapani P, O'Connor T R, Bailey T L, Richard S. Defining the RGG/RG motif[J]. Molecular Cell, 2013, 50(5): 613-623

[55] Yang C, Carrier F. The UV-inducible RNA-binding protein A18 (A18 hnRNP) plays a protective role in the genotoxic stress response[J]. The Journal of Biological Chemistry, 2001, 276(50): 47277-47284

[56] Haley B, Paunesku T, Protic M, Woloschak G E. Response of heterogeneous ribonuclear proteins (hnRNP) to ionising radiation and their involvement in DNA damage repair[J].

International Journal of Radiation Biology, 2009, 85(8): 643-655

[57] de Leeuw F, Zhang T, Wauquier C, Huez G, Kruys V, Gueydan C. The cold-inducible RNA-binding protein migrates from the nucleus to cytoplasmic stress granules by a methylation-dependent mechanism and acts as a translational repressor[J]. Experimental Cell Research, 2007, 313(20): 4130-4144

[58] Danno S, Itoh K, Matsuda T, Fujita J. Decreased expression of mouse Rbm3, a cold-shock protein, in Sertoli cells of cryptorchid testis[J]. The American Journal of Pathology, 2000, 156(5): 1685-1692

[59] Neutelings T, Lambert C A, Nusgens B V, Colige A C. Effects of mild cold shock (25℃) followed by warming up at 37℃ on the cellular stress response[J]. PLoS One, 2013, 8(7): e69687

[60] Wellmann S, Buhrer C, Moderegger E, Zelmer A, Kirschner R, Koehne P, Fujita J, Seeger K. Oxygen regulated expression of the RNA-binding proteins RBM3 and CIRP by a HIF-1-independent mechanism[J]. Journal of Cell Science, 2004, 117(Pt 9): 1785-1794

[61] Zhang Q, Wang Y Z, Zhang W, Chen X, Wang J, Chen J, Luo W. Involvement of cold inducible RNA-binding protein in severe hypoxia-induced growth arrest of neural stem cells *in vitro*[J]. Molecular Neurobiology, 2016, 54(3): 1-11

[62] Fornace A J, Alamo I, Hollander M C. DNA damage-inducible transcripts in mammalian cells[J]. Proceedings of the National Academy of Sciences of the United States of America, 1988, 85(23): 8800-8804

[63] 李俊峰, 刘雨潇, 张志文, 洪鹏, 薛菁晖. 冷诱导 RNA 结合蛋白研究进展[J]. 生物技术通讯, 2014, 25(2): 272-275

[64] Barenco M, Tomescu D, Brewer D, Callard R, Stark J, Hubank M. Ranked prediction of p53 targets using hidden variable dynamic modeling[J]. Genome Biology, 2006, 7(3): R25

[65] Baba T, Nishimura M, Kuwahara Y, Ueda N, Naitoh S, Kume M, Yamamoto Y, Fujita J, Funae Y, Fukumoto M. Analysis of gene and protein expression of cytochrome P450 and stress-associated molecules in rat liver after spaceflight[J]. Pathology International, 2008, 58(9): 589-595

[66] Ryan J C, Morey J S, Ramsdell J S, van Dolah F M. Acute phase gene expression in mice exposed to the marine neurotoxin domoic acid[J]. Neuroscience, 2005, 136(4): 1121-1132

[67] Prieto-Alamo M J, Abril N, Osuna-Jimenez I, Pueyo C. Solea senegalensis genes responding to lipopolysaccharide and copper sulphate challenges: large-scale identification by suppression subtractive hybridization and absolute quantification of transcriptional profiles by real-time RT-PCR[J]. Aquatic Toxicology (Amsterdam, Netherlands), 2009, 91(4): 312-319

[68] Pan Y, Cui Y, He H, Baloch A R, Fan J, Xu G, He J, Yang K, Li G, Yu S. Developmental competence of mature yak vitrified-warmed oocytes is enhanced by IGF-I via modulation of CIRP during *in vitro* maturation[J]. Cryobiology, 2015, 71(3): 493-498

[69] Tanaka K J, Kawamura H, Matsugu H, Nishikata T. An ascidian glycine-rich RNA binding protein is not induced by temperature stress but is expressed under a genetic program during embryogenesis[J]. Gene, 2000, 243(1-2): 207-214

[70] Sugimoto K, Jiang H. Cold stress and light signals induce the expression of cold-inducible RNA binding protein (CIRP) in the brain and eye of the Japanese treefrog (*Hyla japonica*)[J]. Comparative Biochemistry and Physiology Part A, Molecular & Integrative Physiology, 2008, 151(4): 628-636

[71] 杨旭. 冷应激对猪卵母细胞发育与 CIRP 表达的影响[D]. 南京: 南京农业大学硕士学位论

文, 2014

[72] Sano Y, Shiina T, Naitou K, Nakamori H, Shimizu Y. Hibernation-specific alternative splicing of the mRNA encoding cold-inducible RNA-binding protein in the hearts of hamsters[J]. Biochemical and Biophysical Research Communications, 2015, 462(4): 322-325

[73] Al-Fageeh M B, Smales C M. Cold-inducible RNA binding protein (CIRP) expression is modulated by alternative mRNAs[J]. RNA (New York, NY), 2009, 15(6): 1164-1176

[74] Morf J, Rey G, Schneider K, Stratmann M, Fujita J, Naef F, Schibler U. Cold-inducible RNA-binding protein modulates circadian gene expression posttranscriptionally[J]. Science (New York, NY), 2012, 338(6105): 379-383

[75] Xia Z, Zheng X, Zheng H, Liu X, Yang Z, Wang X. Cold-inducible RNA-binding protein (CIRP) regulates target mRNA stabilization in the mouse testis[J]. FEBS Letters, 2012, 586(19): 3299-3308

[76] Schwerk J, Savan R. Translating the untranslated region[J]. Journal of Immunology (Baltimore, Md: 1950), 2015, 195(7): 2963-2971

[77] Yang R, Weber D J, Carrier F. Post-transcriptional regulation of thioredoxin by the stress inducible heterogenous ribonucleoprotein A18[J]. Nucleic Acids Research, 2006, 34(4): 1224-1236

[78] Yang R, Zhan M, Nalabothula N R, Yang Q, Indig F E, Carrier F. Functional significance for a heterogenous ribonucleoprotein A18 signature RNA motif in the 3′-untranslated region of ataxia telangiectasia mutated and Rad3-related (ATR) transcript[J]. The Journal of Biological Chemistry, 2010, 285(12): 8887-8893

[79] Aoki K, Matsumoto K, Tsujimoto M. *Xenopus* cold-inducible RNA-binding protein 2 interacts with ElrA, the *Xenopus* homolog of HuR, and inhibits dead enylation of specific mRNAs[J]. The Journal of Biological Chemistry, 2003, 278(48): 48491-48497

[80] Guo X, Wu Y, Hartley R S. Cold-inducible RNA-binding protein contributes to human antigen R and cyclin E1 deregulation in breast cancer[J]. Molecular Carcinogenesis, 2010, 49(2): 130-140

[81] Goncalves K A, Bressan G C, Saito A, Morello L G, Zanchin N I, Kobarg J. Evidence for the association of the human regulatory protein Ki-1/57 with the translational machinery[J]. FEBS Letters, 2011, 585(16): 2556-2560

[82] Pirok E W, Domowicz M S, Henry J, Wang Y, Santore M, Mueller M M, Schwartz N B. APBP-1, a DNA/RNA-binding protein, interacts with the chick aggrecan regulatory region[J]. The Journal of Biological Chemistry, 2005, 280(42): 35606-35616

[83] Tan H K, Lee M M, Yap M G, Wang D I. Overexpression of cold-inducible RNA-binding protein increases interferon-gamma production in Chinese-hamster ovary cells[J]. Biotechnology and Applied Biochemistry, 2008, 49(4): 247-257

[84] Peng Y, Yang P H, Tanner J A, Huang J D, Li M, Lee H F, Xu R H, Kung H F, Lin M C. Cold-inducible RNA binding protein is required for the expression of adhesion molecules and embryonic cell movement in *Xenopus laevis*[J]. Biochemical and Biophysical Research Communications, 2006, 344(1): 416-424

[85] van Venrooy S, Fichtner D, Kunz M, Wedlich D, Gradl D. Cold-inducible RNA binding protein (CIRP), a novel XTcf-3 specific target gene regulates neural development in *Xenopus*[J]. BMC Developmental Biology, 2008, 8(1): 77

[86] Artero-Castro A, Callejas F B, Castellvi J, Kondoh H, Carnero A, Fernandez-Marcos P J, Serrano M, Cajal S R, Lleonart M E. Cold-inducible RNA-binding protein bypasses replicative senescence in primary cells through extracellular signal-regulated kinase 1 and 2 activation[J].

Molecular and Cellular Biology, 2009, 29(7): 1855-1868

[87] Gysin S, Lee S H, Dean N M, McMahon M. Pharmacologic inhibition of RAF→MEK→ERK signaling elicits pancreatic cancer cell cycle arrest through induced expression of p27Kip1[J]. Cancer Research, 2005, 65(11): 4870-4880

[88] Yamaguchi K, Tomita H, Sugano E, Nakazawa T, Tamai M. Mitogen-activated protein kinase inhibitor, PD98059, inhibits rat retinal pigment epithelial cell replication by cell cycle arrest[J]. Japanese Journal of Ophthalmology, 2002, 46(6): 634-639

[89] Wu Y, Guo X, Brandt Y, Hathaway H J, Hartley R S. Three-dimensional collagen represses cyclin E1 via β1 integrin in invasive breast cancer cells[J]. Breast Cancer Research and Treatment, 2011, 127(2): 397-406

[90] Liu J, Xue J, Zhang H, Li S, Liu Y, Xu D, Zou M, Zhang Z, Diao J. Cloning, expression, and purification of cold inducible RNA-binding protein and its neuroprotective mechanism of action[J]. Brain Research, 2015, 1597: 189-195

[91] Brochu C, Cabrita M A, Melanson B D, Hamill J D, Lau R, Pratt M A, McKay B C. NF-kappaB-dependent role for cold-inducible RNA binding protein in regulating interleukin 1beta[J]. PLoS One, 2013, 8(2): e57426

[92] Zhang H T, Xue J H, Zhang Z W, Kong H B, Liu A J, Li S C, Xu D G. Cold-inducible RNA-binding protein inhibits neuron apoptosis through the suppression of mitochondrial apoptosis[J]. Brain Research, 2015, 1622: 474-483

[93] Wu L, Sun H L, Gao Y, Hui K L, Xu M M, Zhong H, Duan M L. Therapeutic hypothermia enhances cold-inducible RNA-binding protein expression and inhibits mitochondrial apoptosis in a rat model of cardiac arrest[J]. Molecular Neurobiology, 2017, 54(4): 2697-2705

[94] Zhou K W, Zheng X M, Yang Z W, Zhang L, Chen H D. Overexpression of CIRP may reduce testicular damage induced by cryptorchidism[J]. Clinical and Investigative Medicine Médicine Clinique et Experimental, 2009, 32(2): E103-E111

[95] Lee H N, Ahn S M, Jang H H. Cold-inducible RNA-binding protein, CIRP, inhibits DNA damage-induced apoptosis by regulating p53[J]. Biochemical and Biophysical Research Communications, 2015, 464(3): 916-921

[96] Jian F, Chen Y, Ning G, Fu W, Tang H, Chen X, Zhao Y, Zheng L, Pan S, Wang W, Bian L, Sun Q. Cold inducible RNA binding protein upregulation in pituitary corticotroph adenoma induces corticotroph cell proliferation via Erk signaling pathway[J]. Oncotarget, 2016, 7(8): 9175-9187

[97] Dejardin J, Kingston R E. Purification of proteins associated with specific genomic loci[J]. Cell, 2009, 136(1): 175-186

[98] Zhang Y, Wu Y, Mao P, Li F, Han X, Zhang Y, Jiang S, Chen Y, Huang J, Liu D, Zhao Y, Ma W, Songyang Z. Cold-inducible RNA-binding protein CIRP/hnRNP A18 regulates telomerase activity in a temperature-dependent manner[J]. Nucleic Acids Research, 2016, 44(2): 761-775

[99] Banks S, King S A, Irvine D S, Saunders P T. Impact of a mild scrotal heat stress on DNA integrity in murine spermatozoa[J]. Reproduction (Cambridge, England), 2005, 129(4): 505-514

[100] Shize L, Fuhou J, Yan P. Cloning and sequence analysis of cold inducible RNA-binding protein cDNA from testis tissue in BALB/C mice[J]. Chinese Journal of Applied & Environmental Biology, 2010, 2009(1): 87-90

[101] Xia Z, Jiang K, Liu T, Zheng H, Liu X, Zheng X. The protective effect of cold-inducible RNA-binding protein (CIRP) on testicular torsion/detorsion: an experimental study in mice[J]. Journal of Pediatric Surgery, 2013, 48(10): 2140-2147

[102] Schroeder A L, Metzger K J, Miller A, Rhen T. A novel candidate gene for temperature-dependent sex determination in the common snapping turtle[J]. Genetics, 2016, 203(1): 557-571

[103] Hong J K, Kim Y G, Yoon S K, Lee G M. Down-regulation of cold-inducible RNA-binding protein doesnot improve hypothermic growth of Chinese hamster ovary cells producing erythropoietin[J]. Metabolic Engineering, 2007, 9(2): 208-216

[104] Taboada X, Robledo D, del Palacio L, Rodeiro A, Felip A, Martinez P, Vinas A. Comparative expression analysis in mature gonads, liver and brain of turbot (Scophthalmus maximus) by cDNA-AFLPS[J]. Gene, 2012, 492(1): 250-261

[105] Boonkusol D, Gal A B, Bodo S, Gorhony B, Kitiyanant Y, Dinnyes A. Gene expression profiles and in vitro development following vitrification of pronuclear and 8-cell stage mouse embryos[J]. Molecular Reproduction and Development, 2006, 73(6): 700-708

[106] Shin M R, Choi H W, Kim M K, Lee S H, Lee H S, Lim C K. In vitro development and gene expression of frozen-thawed 8-cell stage mouse embryos following slow freezing or vitrification[J]. Clinical and Experimental Reproductive Medicine, 2011, 38(4): 203-209

[107] Devi L, Makala H, Pothana L, Nirmalkar K, Goel S. Comparative efficacies of six different media for cryopreservation of immature buffalo (Bubalus bubalis) calf testis[J]. Reproduction Fertility and Development, 2014, 28: 872-885

[108] Du T, Chao L, Zhao S, Chi L, Li D, Shen Y, Shi Q, Deng X. Successful cryopreservation of whole sheep ovary by using DMSO-free cryoprotectant[J]. Journal of Assisted Reproduction and Genetics, 2015, 32(8): 1267-1275

[109] Nishiyama H, Xue J H, Sato T, Fukuyama H, Mizuno N, Houtani T, Sugimoto T, Fujita J. Diurnal change of the cold-inducible RNA-binding protein (Cirp) expression in mouse brain[J]. Biochemical and Biophysical Research Communications, 1998, 245(2): 534-538

[110] Saito K, Fukuda N, Matsumoto T, Iribe Y, Tsunemi A, Kazama T, Yoshida-Noro C, Hayashi N. Moderate low temperature preserves the stemness of neural stem cells and suppresses apoptosis of the cells via activation of the cold-inducible RNA binding protein[J]. Brain Research, 2010, 1358(2): 20-29

[111] Liu A, Zhang Z, Li A, Xue J. Effects of hypothermia and cerebral ischemia on cold-inducible RNA-binding protein mRNA expression in rat brain[J]. Brain Research, 2010, 1347(1): 104-110

[112] Li S, Zhang Z, Xue J, Liu A, Zhang H. Cold-inducible RNA binding protein inhibits H_2O_2-induced apoptosis in rat cortical neurons[J]. Brain Research, 2012, 1441(3): 47

[113] 蔡英, 郑君毅, 王冠, 武俏丽, 巫嘉陵, 苏心. 冷诱导 RNA 结合蛋白在亚低温下的神经保护作用研究[J]. 中华老年心脑血管病杂志, 2014, 16(7): 754-757

[114] Hernandez-Guillamon M, Ortega L, Merino-Zamorano C, Campos-Martorell M, Rosell A, Montaner J. Mild hypothermia protects against oxygen glucose deprivation (OGD)-induced cell death in brain slices from adult mice[J]. Journal of Neural Transmission (Vienna, Austria: 1996), 2014, 121(2): 113-117

[115] 李静辉, 张雪, 孟宇, 李昌盛, 计红, 杨焕民, 李士泽. 亚低温状态下冷诱导 RNA 结合蛋白调节氧化还原系统对海马神经元的保护作用[J]. 生理学报, 2015, 67(4): 386-392

[116] Meijer J H, Rietveld W J. Neurophysiology of the suprachiasmatic circadian pacemaker in rodents[J]. Physiological Reviews, 1989, 69(3): 671-707

[117] 刘爱军, 薛菁晖, 张志文, 徐东刚, 周磊磊, 李安民. 冷诱导 RNA 结合蛋白 mRNA 在低体温大鼠脑内的表达[J]. 中华神经医学杂志, 2007, 6(12): 1228-1231

[118] Bellesi M, de Vivo L, Tononi G, Cirelli C. Effects of sleep and wake on astrocytes: clues from molecular and ultrastructural studies[J]. BMC Biology, 2015, 13(1): 66

[119] Gerber A, Saini C, Curie T, Emmenegger Y, Rando G, Gosselin P, Gotic I, Gos P, Franken P, Schibler U. The systemic control of circadian gene expression[J]. Diabetes, Obesity & Metabolism, 2015, 17 (S1): 23-32

[120] Oishi K, Yamamoto S, Uchida D, Doi R. Ketogenic diet and fasting induce the expression of cold-inducible RNA-binding protein with time-dependent hypothermia in the mouse liver[J]. FEBS Open Bio, 2013, 3(1): 192-195

[121] Li X M, Delaunay F, Dulong S, Claustrat B, Zampera S, Fujii Y, Teboul M, Beau J, Levi F. Cancer inhibition through circadian reprogramming of tumor transcriptome with meal timing[J]. Cancer Research, 2010, 70(8): 3351-3360

[122] Hamid A A, Mandai M, Fujita J, Nanbu K, Kariya M, Kusakari T, Fukuhara K, Fujii S. Expression of cold-inducible RNA-binding protein in the normal endometrium, endometrial hyperplasia, and endometrial carcinoma[J]. International Journal of Gynecological Pathology: Official Journal of the International Society of Gynecological Pathologists, 2003, 22(3): 240-247

[123] Zeng Y, Kulkarni P, Inoue T, Getzenberg R H. Down-regulating cold shock protein genes impairs cancer cell survival and enhances chemosensitivity[J]. Journal of Cellular Biochemistry, 2009, 107(1): 179-188

[124] Rajamuthiah R, Mylonakis E. Effector triggered immunity[J]. Virulence, 2014, 5(7): 697-702

[125] Nicaise V, Joe A, Jeong B R, Korneli C, Boutrot F, Westedt I, Staiger D, Alfano J R, Zipfel C. Pseudomonas HopU1 modulates plant immune receptor levels by blocking the interaction of their mRNAs with GRP7[J]. The EMBO Journal, 2013, 32(5): 701-712

[126] Qiang X, Yang W L, Wu R, Zhou M, Jacob A, Dong W, Kuncewitch M, Ji Y, Yang H, Wang H, Fujita J, Nicastro J, Coppa G F, Tracey K J, Wang P. Cold-inducible RNA-binding protein (CIRP) triggers inflammatoryresponses in hemorrhagic shock and sepsis[J]. Nature Medicine, 2013, 19(11): 1489-1495

[127] Lopez M, Meier D, Muller A, Franken P, Fujita J, Fontana A. Tumor necrosis factor and transforming growth factor beta regulate clock genes by controlling the expression of the cold inducible RNA-binding protein (CIRBP)[J]. The Journal of Biological Chemistry, 2014, 289(5): 2736-2744

[128] Sakurai T, Kudo M, Watanabe T, Itoh K, Higashitsuji H, Arizumi T, Inoue T, Hagiwara S, Ueshima K, Nishida N, Fukumoto M, Fujita J. Hypothermia protects against fulminant hepatitis in mice by reducing reactive oxygen species production[J]. Digestive Diseases (Basel, Switzerland), 2013, 31(5-6): 440-446

[129] Godwin A, Yang W L, Sharma A, Khader A, Wang Z, Zhang F, Nicastro J, Coppa G F, Wang P. Blocking cold-inducible RNA-binding protein protects liver from ischemia-reperfusion injury[J]. Shock (Augusta, Ga), 2015, 43(1): 24-30

[130] Li G, Yang L, Yuan H, Liu Y, He Y, Wu X, Jin X. Cold-inducible RNA-binding protein plays a central role in the pathogenesis of abdominal aortic aneurysm in a murine experimental model[J]. Surgery, 2016, 159(6): 1654-1667

[131] Zhou Y, Dong H, Zhong Y, Huang J, Lv J, Li J. The cold-inducible RNA-binding protein (CIRP) level in peripheral blood predicts sepsis outcome[J]. PLoS One, 2015, 10(9): e0137721

[132] Idrovo J P, Jacob A, Yang W L, Wang Z, Yen H T, Nicastro J, Coppa G F, Wang P. A deficiency in cold-inducible RNA-binding protein accelerates the inflammation phase and

improves wound healing[J]. International Journal of Molecular Medicine, 2016, 37(2): 423-428

[133] Kizil C, Kyritsis N, Brand M. Effects of inflammation on stem cells: together they strive[J]? EMBO Reports, 2015, 16(4): 416-426

[134] Zhu X, Bührer C, Wellmann S. Cold-inducible proteins CIRP and RBM3, a unique couple with activities far beyond the cold[J]. Cellular & Molecular Life Sciences, 2016, 73(20): 1-21

[135] Alkabie S, Boileau A J. The role of therapeutic hypothermia after traumatic spinal cord injury a systematic review[J]. World Neurosurgery, 2016, 86: 432-449

[136] Zhou M, Yang W L, Ji Y, Qiang X, Wang P. Cold-inducible RNA-binding protein mediates neuroinflammation in cerebral ischemia[J]. Biochim Biophys Acta, 2014, 1840(7): 2253-2261

[137] Rajayer S R, Jacob A, Yang W L, Zhou M, Chaung W, Wang P. Cold-inducible RNA-binding protein is an important mediator of alcohol-induced brain inflammation[J]. PLoS One, 2013, 8(11): e 79430

[138] Sakurai T, Yada N, Watanabe T, Arizumi T, Hagiwara S, Ueshima K, Nishida N, Fujita J, Kudo M. Cold-inducible RNA-binding protein promotes the development of liver cancer[J]. Cancer Science, 2015, 106(4): 352-358

[139] Sakurai T, Kashida H, Watanabe T, Hagiwara S, Mizushima T, Iijima H, Nishida N, Higashitsuji H, Fujita J, Kudo M. Stress response protein cirp links inflammation and tumorigenesis in colitis-associated cancer[J]. Cancer Research, 2014, 74(21): 6119-6128

[140] Ren W H, Zhang L M, Liu H Q, Gao L, Chen C, Qiang C, Wang X L, Liu C Y, Li S M, Huang C, Qi H, Zhi K Q. Protein overexpression of CIRP and TLR4 in oral squamous cell carcinoma: an immunohistochemical and clinical correlation analysis[J]. Medical Oncology (Northwood, London, England), 2014, 31(8): 120

[141] 孙爱萍, 程晓曙. CIRP 在心肌梗死和脑血管意外发病中的作用[J]. 中国老年学, 2013, 33(11): 2734-2735

[142] Li J, Xie D, Huang J, Lv F, Shi D, Liu Y, Lin L, Geng L, Wu Y, Liang D, Chen Y H. Cold-inducible RNA-binding protein regulates cardiac repolarization by targeting transient outward potassium channels[J]. Circulation Research, 2015, 116(10): 1655-1659

第 6 章　RBM3 与动物应激

环境温度明显改变时，生物体会产生某种蛋白质来调节机体功能，以适应温度变化。例如，当温度明显增高时，热休克蛋白（heat shock protein，HSP）表达会明显增高。同样，当环境温度降低时，生物体也会产生一组蛋白来适应环境的变化，通常称该组蛋白质为冷休克蛋白（cold shock protein，CSP）。CSP 的表达情况与环境温度下降有高度的关联性。许多证据表明低温条件下 CSP 的高表达很可能参与了对器官的保护作用。本章着重介绍作为 CSP 成员之一冷诱导 RNA 结合基序蛋白 3（RNA binding motif protein 3，RBM3）的结构特征、表达情况、生物学功能及应用前景。

6.1　RBM3 简介

6.1.1　RBM3 的发现

RBM3 是 Danno 等于 1997 年首次在人类胎儿的脑组织中分离鉴定得到的一种冷应激蛋白，是三种 X 关联染色体 RBM 基因（RBMX、RBM3 和 RBM10）之一，在基因图谱中定位于 Xp11.23，是进化过程中高度保守的 RNA 结合蛋白，由 172 个氨基酸组成，分子质量为 18 kDa，与小鼠 RBM3 氨基酸序列同源性为 94%。RBM3 是哺乳动物体内重要的冷应激蛋白，是结构高度保守且富含甘氨酸 RNA 结合基序蛋白家族的成员之一，受轻度低温影响而上调。RBM3 具有相对简单的结构（三维结构见图 6-1），包括两个结构域：一个是氨基端 RNA 识别基序（RNA-recognition motif，RRM），它在不同的物种之间高度保守，包含两个高度保守序列，即核糖核蛋白 1（ribonucleoprotein 1，RNP1）的八聚体和核糖核蛋白 2（ribonucleoprotein 2，RNP2）的六聚体。另一个是富含精氨酸、甘氨酸和酪氨酸的羧基端区域。除了这两个保守序列之外还有大量的疏水性氨基酸分散贯穿在整个基序中。富含甘氨酸的羧基端区域含有 Arg-Gly-Gly（RGG）重复子[1]。

6.1.2　RBM3 与 CRIP 结构比较

CIRP 和 RBM3 都属于一组在 N 端 RNA 结合结构域中氨基酸序列具有高度相

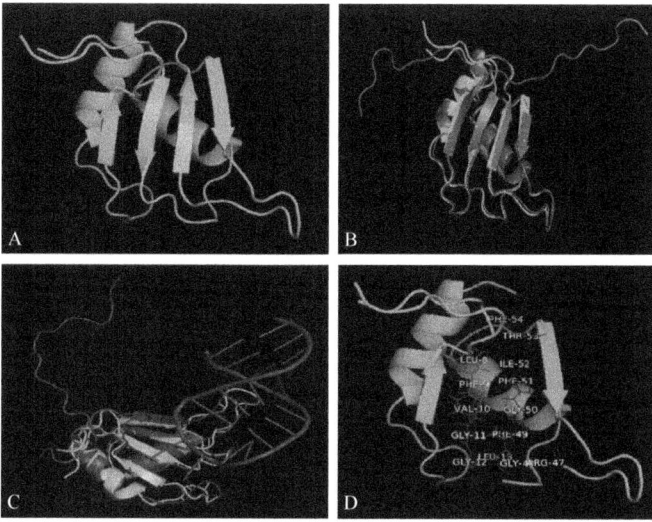

图 6-1 印度帕什米那（Pashmina）山羊 RBM3 的立体结构（彩图请扫封底二维码）

A. 帕什米那 RBM3 同源性模型的色带图，显示 α 螺旋、β 折叠和无规卷曲；B. 帕什米那 RBM3 建模（绿色）和智人 CIRBP 模型的叠加（PDB 代码：1X5SA，粉红色）；C. 帕什米那 RBM3 建模（绿色）和智人 RBMY 模型（PDB 代码：2FY1，红色）的叠加；D. 生物模拟存在于帕什米那 RBM3 结构域 RNP1 和 RNP2 上的保守氨基酸，如蓝色和粉红色表示两条 β 带（http://www.elsevier.com/locate/rvsc）

似性的应激反应蛋白（图 6-1）。它们都拥有一个保守的 RNA 识别基序（RRM），其包含位于 N 端蛋白质末端的两个核糖核蛋白结构域（RNP）RNP1 和 RNP2。RNP1 和 RNP2 的共有序列是（K/R）G（F/Y）（G/A）FVX（FY）和（L/I）（F/Y）（V/I）（G/K）（G/N）L[2]。值得注意的是，来自 CIRP、RBM3 的 RNP1 和 RNP2 与冷休克蛋白（CSP）的部分序列和功能相似，其进化保守序列为（K/S）G（F/K/Y）G（F/L）IXX 和（L/I/V）（F/Q）（V/A/L）HX（STR）[3]。原核 CSP 在抵御剧烈的温度降低（如 37℃降低到 10℃[3,4]）中发挥重要作用，这既表明了共同特征，也体现了 CIRP/RBM3 和 CSP 之间的差异。

CIRP 和 RBM3 的 C 端部分含有较少保守的 RGG 结构域，因此，CIRP 和 RBM3 属于富含甘氨酸的蛋白质（glycine-rich protein，GRP）大家族。另外，由于它们的 RRM 特征，两者属于 GRP 的Ⅳa 亚族[2,4]。GRP 亚科Ⅳa 亚族的主要氨基酸序列，以及它们的蛋白质功能在脊椎动物和高等植物中的进化是高度保守的[2]。例如，在拟南芥中，CIRP/RBM3 同源物 AtGRP7（表 6-1）在冷适应和干旱/渗透胁迫反应中是不可或缺的[5-8]。AtGRP7 还调节了一些转录后和翻译活动[8-11]，作为昼夜节律振荡器[12]，涉及病原体防御[13,14]。在鱼类中，CIRP 同源物在环境渗透或严重的冷应激（8℃）时表达水平升高，但正常环境温度（20~25℃）下可能不会改变[15-17]。

表 6-1　UniProtKB 数据库中部分 RBM3 同源物

	物种	缩写	数据库 ID	全称
植物	*Arabidopsis thaliana*	Ath_GRP7	Q03250	GRP7
	Arabidopsis thaliana	Ath_GRP8	Q03251	GRP8
鱼类	*Salmo salar*	Ssa_CIRP	B5DGC5	CIRP
两栖动物	*Xenopus laevis*	Xla_xCIRP1	O93235	CIRP A
	Xenopus laevis	Xla_xCIRP2	Q9DED4	CIRP B
哺乳动物	*Bos taurus*	Bta_CIRP	Q3SZN4	CIRP
	Bos taurus	Bta_RBM3_S	Q3ZBA4	RBM3（RNP1，RRM）
	Capra hircus	Chi_RBM3	W8E7I1	RBM3
	Mus musculus	Mmu_CIRP	P60824	CIRP
	Mus musculus	Mmu_CIRP	O89086	RBM3
	Homo sapiens	Hsa_CIRP	Q14011	CIRP
	Homo sapiens	Hsa_RBM3	P98179	RBM3

注：数据源自 http://www.uniprot.org/uniprot

6.2　RBM3 的空间及时间表达

动物发育过程中机体蛋白质表达受环境及遗传信息控制，动物个体不同组织器官中 RBM3 的动态表达水平也不同，亚细胞水平 RBM3 分布也存在差异。

6.2.1　空间表达

不同物种之间主要器官中的 RBM3 的空间分布不同，其亚细胞定位受到发育阶段和细胞类型影响。在人类中，RBM3 在甲状腺和心脏中表达水平低或不存在[18,19]，在其他组织中均有表达。在冬眠动物中，黑熊的肌肉、肝和心脏组织中 RBM3 表达上调[20,21]，在老年松鼠的脑、心脏和肝组织中表达上调[4]。相反，慢性间歇性冷暴露的大鼠的肌肉和肝组织中 CIRP 不能被刺激表达上调，但是在脑和心脏中被诱导上调表达[22]。在同一组织内，它们的空间分布具有细胞类型特异性：在哺乳动物睾丸中，CIRP 主要在生殖细胞中[23]，而 RBM3 主要在支持细胞中[24]。在亚细胞水平，RBM3 的空间分布主要集中在细胞核中，因为这种蛋白质的特点之一是具有 RGG 结构域，该结构域是一个核定位信号，引导 RBM3 在细胞核和细胞质之间穿梭。且经 Rzechorzek 等验证，RBM3 主要在细胞核中[25]，以调节基因转录或绑定到 mRNA 进行转录后调控。此外，在生理或应激刺激下，RBM3 也在细胞核和细胞质之间穿梭[26]。然而，Pilotte 等的研究发现 RBM3 在大鼠出生后的第一周驻留在细胞核中，之后在出生后第二周其更多地向细胞质中转移；在成年大鼠大脑组织中，RBM3 通常每周表达，并且 RBM3 亚细胞动态分布也似乎高度依赖于细胞类型[27]。

　　有关 RBM3 亚细胞定位信号，Aoki 等已经在与 RBM3 高度同源的蛙 XCIRP2 的 RGG 结构域内确定了胞质穿梭信号（RG4）——精氨酸残基甲基化，当精氨酸残基被蛋白质精氨酸甲基转移酶（protein arginine methyltransferase，PRMT1）甲基化后，会促进 XCIRP2 向细胞质中移动[28]。在哺乳动物中，由于细胞质应激和内质网（endoplasmic reticulum，ER）应激，CIRP 的 RGG 结构域中的精氨酸残基的甲基化导致 CIRP 在细胞质的应激颗粒中积累，而不依赖于应激颗粒形成 TIA-1（T 细胞胞质内抗原，T-cell intracytoplasmic antigen）的主要介质[29]。对于 RBM3，细胞中不同细胞器中的 RBM3 蛋白在 ER 应激时可以穿梭到 ER，且 RBM3 可调节 ER 膜蛋白——蛋白激酶样内质网激酶（PKR-like ER kinase，PERK）的活性。但是，大部分 RBM3 蛋白依然主要分布在细胞核中[30]。小鼠 RBM3 不同剪接体中 RGG 结构域中缺少单个精氨酸残基，剪接体促进 RBM3 在神经元树突中累积而不是促进其在细胞核中定位[31]。这些研究揭示了 RBM3 在胞质穿梭时 RGG 结构域中精氨酸残基的关键作用。更明确的信号转导仍有待深入研究。

6.2.2　时间表达

　　出生后发育大鼠脑的免疫组化显示神经元 RBM3 的表达模式非常类似于神经元前体细胞分化和迁移标志双皮质素（doublecortin）[32]。RBM3 与 CIRP 都是动物早期发育过程中的关键因素。在两栖动物中，被广泛用作发育研究模型的非洲爪蟾，与 RBM3 同源的 XCIRP-1 在肾和脑的发育中短暂表达[30]，XCIRP-1 也是胚肾形成所必需的[33]。在哺乳动物中，大脑中 RBM3 表达水平在产后早期达峰值，之后青年和成年期的脑组织中除了增殖保持活跃的区域如室下区（subventricular zone，SVZ）和海马齿状回颗粒下区（subgranular zone，SGZ）[27,32]以外，大部分区域其表达降至非常低的水平，表明 RBM3 在维持神经干/祖细胞的干性和增殖中发挥关键作用。尽管 RBM3 的动态时间表达为早期发育阶段具有高表达和成熟生物体中低表达，但许多成熟细胞仍保持过表达 RBM3 的能力以应对包括冷应激在内的多种应激。

　　研究发现与 RBM3 高度同源的 AtGRP7 、AtGRP8 和 CRIP 蛋白参与昼夜节律关系[12,34,35-37]。而目前只显示 RBM3 的两种可变剪接体亚型在睡眠剥夺小鼠中表达水平不一[38]（详见下文 "昼夜节律"）。而关于 RBM3 在昼夜中的表达变化尚未有详细研究。

6.3 影响 RBM3 表达的应激因子

有关调节 RBM3 表达的机制研究进展不大。*RBM3* 是应激反应基因，多种应激条件引起其调节表达。

6.3.1 冷应激和高热应激

冷应激是首个确定上调 RBM3 表达的应激条件[18,39]。早期研究 RBM3 阶段，发现这种蛋白质在哺乳动物睾丸中高表达，睾丸位于体表的器官，保持温度略低于核心体温以确保精子的有效发生[24]。在实验性热应激或隐睾下 RBM3 的表达降低，低温时与 CIRP（6 h）相比，RBM3（12 h）对低体温的反应较慢[23,24]。在哺乳动物细胞中，RBM3 的表达水平在轻度至中度低体温（28~34℃）时达到峰值，并且在深度低温（15~25℃）下显著降低[25,39,40]。相比之下，高热（39~42℃）条件下体外培养细胞 RBM3 的表达显著减少[18,39]，这与它在体内病理和实验条件下的变化一致[40,41]。值得注意的是，至少在神经细胞中 RBM3 诱导表达对温度变化非常敏感，甚至在 37~36℃ 每下降 1℃ 也足够引起其表达变化[41]。这些事实表明 RBM3 以敏锐的方式在小范围内响应温度变化。

在培养的组织或细胞中，RBM3 在早期中度低温下比 CIRP 增加慢，在随后的复温过程中下降得慢，表明冷应激中 RBM3 具有较慢的动态变化[40,42]。当细胞暴露于低温时，CIRP 在 3 h 内被激活并在 12 h 表达量达到最大，但在复温期间 8 h 内下降 50%。相比之下，RBM3 暴露于冷应激 3 h 后被诱导和大约在 24 h 表达达到峰值，其间表达水平保持不变，并且复温 8 h 内表达不变[43,18,42]。然而，RBM3 的剂量-反应动力学取决于所研究的生物系统[18,25,40,42]。

当哺乳动物低温暴露时，研究人员确定了 5 种冷诱导基因表达变化的机制。第一种机制是广义的冷诱导抑制转录和翻译。第二种机制涉及抑制 RNA 降解，该机制在细菌中用于增加冷休克蛋白表达[44,45]和在肝母细胞瘤细胞系中增加 ATP 酶 6+8 亚基[46]的表达。第三种机制涉及提高转录水平，由冷诱导型 RNA 结合蛋白（CIRP）、冷应激蛋白（J. Fujita，未发表的观察）的启动子区中的冷应答元件介导。第四种机制是 mRNA 前体的选择性剪接，在暴露于 20~32℃ 的神经纤维瘤病 1 型 mRNA 中被发现。第五种机制涉及低温提高翻译效率，由冷休克蛋白 *RBM3* mRNA 5′ 的前导序列的特定区域介导——内部核糖体进入位点[47]（internal ribosome entry site，IRES）。

通过低温暴露恢复到正常体温之后基因表达发生的变化，研究人员已经假设了三种机制。第一，剧烈冷暴露激活细胞应激反应信号（如蛋白质变性或

MAP 促分裂原活化蛋白激酶磷酸化），但也充分干扰转录和翻译过程，以排除应激蛋白表达，直到恢复正常温度。这可以解释人类成纤维细胞和 HeLa 细胞在 4℃冷应激后由 HSF-1 介导的诱导 HSP70 和 HSP90 的表达[48]。此外，冷诱导 HSF-1 三聚化并与 HRE 的结合及 HSP 表达的增加不是发生在低温期间，而是在复温至 37℃后发生的。这种机制还可以解释人类支气管上皮细胞 IL-8 的冷诱导表达[49]。这些细胞在暴露于 1℃时表现出 p38 MAPK 激酶的酪氨酸磷酸化增加，但是直到复温至 37℃时，没有显示 p38 依赖性 IL-8 mRNA 表达和蛋白质分泌的增加。第二，冷暴露之后恢复温度导致产生自由基和诱导应激反应的其他有毒代谢物的产生。这个假说也可以解释 HSF-1 冷应激激活后只发生在复温期间的现象[48]。第三种机制解释小鼠体细胞（Sertoli 细胞和 NIH/3T3 成纤维细胞）中 APG-1（HSP）和 HSP105 的特异诱导模式。在这些细胞中，常规热休克细胞培养温度由 37℃升高至 42℃和细胞在 32℃冷休克后升温至 39℃引起热休克相比，两种热休克模式均诱导 APG-1 启动子 HSF-1 与 HSE 结合。但是，只有后者（32~39℃）温度变化导致 APG-1 表达的增加[49]。上述这些发现的一种可能的（尽管未经验证）假设是 APG-1 和 HSP 105 启动子处于 HSF-1 和假设阻遏物双重控制下，阻遏物在低温下活性降低，并且在 42℃条件下的再活化速率快于 39℃条件下。蛋白质结构决定其功能，RBM3 的结构潜在表明其可能参与到冷刺激后基因变化及复温后基因表达变化机制。

6.3.2 缺氧应激

在自然环境下，当呼吸含 2%氧气的空气时，身体不同组织中的氧气浓度是非常不均一的[50]。在不同的急性和慢性损伤或疾病（包括肿瘤）中发现与生理张力相比氧含量减少现象[51]。响应低氧应激的几十个基因的转录调节是由低氧诱导因子 1（HIF-1）介导的，HIF-1 是由两个亚基 HIF-1a 和 HIF-1b 组成的异二聚体蛋白。2002 年，Harris 等发现，HIF-1a 缺陷型人白血病细胞系 Z-33 暴露于轻度（8% O_2）或严重（1% O_2）缺氧中，两种相关的异源核糖核蛋白、RBM3 和冷诱导 CIRP 表达显著上调；缺氧还诱导鼠 HIF-1b 缺陷型细胞系 Hepa-1c4 中 RBM3 和 CIRP 的表达上调。在各种 HIF-1 感受态细胞中，通过亚低温（32℃）诱导 RBM3 和 CIRP，但是在增加 HIF-1a 或血管内皮生长因子（vascular endothelial growth factor，VEGF，一种已知的 HIF-1 靶）时低温诱导无效。相比之下，铁螯合剂诱导 VEGF 而不诱导 RBM3 或 CIRP。缺氧后 RBM3 和 CIRP mRNA 的增加被放线菌素 D 抑制，并且体外核运行测定法证实缺氧后 RBM3 和 CIRP mRNA 的特异性增加，这表明调节发生在基因转录水平。低氧诱导的 RBM3 或 CIRP 转录被呼吸链抑制剂 NaN_3 和氰化物以剂量依赖性方式抑制。然而，耗尽线粒体的细胞仍然能够上调响应缺氧的 RBM3 和 CIRP。因此，RBM3 和 CIRP 通过不涉及 HIF-1 或线粒体的机制响应缺氧应激进行适应性表达且可将 RBM3 表达诱导至相当水平[52]。总之，缺氧调节 RBM3 的表达是剂量依赖性的并且受细胞易损性和参与发育或病理变化的其他因素影响，如缺氧缺血、致癌作用和炎症。

当前肿瘤仍是医学中重点研究领域，缺氧是肿瘤微环境中普遍存在的现象，缺氧诱导肿瘤组织中 RBM3 表达上调。已有的研究显示，多数肿瘤细胞周围的氧分压在 7.5 mmHg[①][53]以下，而正常组织中氧分压多在 40 mmHg 以上。导致微环境缺氧的原因有很多，主要有以下几点。

（1）由于多数肿瘤细胞处于高代谢和快速增殖状态，氧气的消耗量要远大于供应量，造成微环境中的氧含量持续下降，最终形成缺氧微环境。

（2）缺氧的肿瘤细胞会分泌 VEGF 等促血管因子，加快肿瘤血管的新生，增加肿瘤微血管密度，而且这些血管在结构上存在异常，形态上扭曲细长或有管腔的异常膨大，微观结构上内皮细胞之间不连续并且缺乏周细胞的覆盖，这些异常使得微血管无法对血流进行调节，造成了过度灌注性缺氧；此外，肿瘤内微血管并非均一分布，微血管之间的距离往往超过了氧气可扩散距离，导致氧气不能被有效地输送到缺氧部位[54]。

（3）一些肿瘤本身，以及药物和放射治疗都可以导致机体发生贫血，血红素降低在肿瘤患者中是常见现象，研究发现当血红素低于 10~12 g/d 时，肿瘤中氧气的供应量会大幅下降并引起缺氧[55]。

（4）也有研究表明，在化疗初期化疗药物会损伤肿瘤细胞的线粒体，导致氧耗的减少并形成氧分压峰值，但在化疗后期，由于化疗药物的血管内皮损伤作用，肿瘤局部血流量会显著下降，氧气供应量相应减少，最终形成缺氧微环境[56]。肿瘤组织缺氧诱导高表达 RBM3 通常预后良好（见下文"RBM3 与疾病"），而肿瘤 CIRP 高表达则预后不良。

6.3.3 辐射应激

关于 RBM3 的辐射调节有待深入研究且有关研究多与其同源物 CIRP 等有关。在 1997 年，不同于来自 Nishiyama 等的 CIRP 的表征，Sheikh 等鉴定了紫外线诱导的核不均一核糖核蛋白 A18（hnRNP A18），该蛋白在 DNA 损伤修复中发挥作用，之后很快被证明与仓鼠中的 CIRP 是同源物[57]。类似的，电离辐射也可以诱导许多 hnRNP，包括 CIRP，其促进辐射诱导的 DNA 损伤的修复[58]。但是，在 2010 年，Lebsack 等运用微阵列研究显示航天飞行增加了 RBM3 的表达[59]，这可能是由空间辐射引起的。

---

① 1 mmHg=9.806 65 Pa

6.3.4　其他应激

毒素和药物也可以诱导 RBM3。例如，神经毒素软骨藻酸（domoic acid）促进小鼠脑中 *RBM3* 的 mRNA 表达[60]。此外，如小鼠白血病细胞系所示，RBM3 与其他 RNA 结合蛋白一起形成 RNA-蛋白复合物，这些复合物与环加氧酶-2（cyclo-oxygenase-2，COX-2）mRNA 的 3′-UTR 的前 60 个核苷酸结合[61]。生长因子，如成纤维细胞生长因子 21（FGF21）可诱导 RBM3 表达[41,62]。褪黑激素是一种被充分研究的具有内源和外源来源的激素，轻度低温时可以在新生神经元中增强对 RBM3 的诱导，从而增强成熟神经元中对 RBM3 的诱导[41]。值得注意的是，2015 年，Laustriat 等已经指出 RBM3 被二甲双胍和 AMP 类似物 AICAR 抑制，推测可能是由细胞代谢和 AMPK 的活化引起的[63]。这些观察表明应激并不总是诱导剂，也可能是冷诱导蛋白的抑制剂。

6.4　RBM3 的细胞和分子活性

6.4.1　信号通路

干性细胞：类似于 CIRP，RBM3 也参与 Wnt/β-联蛋白（β-catenin）信号转导途径。在结肠直肠癌细胞中，RBM3 通过涉及抑制 GSK3β 激酶活性的机制诱导干性，从而增强 β-联蛋白信号转导[64]。在该实验中发现，无论 APC 还是 β-联蛋白状态，RBM3 过表达均能够增加 β-联蛋白水平，以及 TCF/LEF 转录活性。此外，GSK3β 磷酸化失活导致 β-联蛋白磷酸化减少。研究人员使用抑制剂 2′Z,3′E-6-溴靛玉红-3′-肟（2′Z,3′E-6-bromo-indirubin-3′-oxime，BIO）药理学抑制 GSK3β 也重现了 RBM3 诱导的 β-联蛋白活性。

多数研究显示缺氧能够影响各种癌症中的干细胞群体[65]，缺氧微环境会刺激肿瘤细胞改变一系列基因的表达水平，使细胞去分化，细胞变得不成熟并获得干细胞样特性，这与干细胞巢的功能相类似；因此，肿瘤干细胞多位于缺氧区域。前期研究表明，肿瘤干细胞需要在缺氧条件下激活 HIF-1α 与 HIF-2α 来维持自我更新，并通过上调 *Sox2* 和 *Oct4* 等基因获得多能性，更为重要的是，HIF-2α 所激活的 c-Myc 是保证肿瘤干细胞始终处于未分化状态所必需的。由于 RBM3 也受 HIF-1α 独立机制中的缺氧调节，潜在表明 RBM3 参与干细胞信号转导。总之，研究者发现 RBM3 通过抑制 GSK3β 活性从而增强 β-联蛋白信号的机制诱导结肠直肠癌细胞的干性，但 RBM3 在调节 β-联蛋白信号转导中所起的作用仍有待深入探究。

细胞周期：类似于 CIRP，最近的研究证实了 RBM3 在促进细胞周期进程中的促进作用。与小鼠野生型成纤维细胞（mouse embryonic fibroblast，MEF）相比，RBM3 纯合缺陷型小鼠胚胎 MEF 显示出较低的增殖速率。进一步进行细胞周期分析显示，G2 期 RBM3 缺陷型小鼠胚胎成纤维细胞数量显著增加，表明 RBM3 调节细胞周期的 G2/M 转换[66,67]，而不同于 CIRP 调节细胞周期的 G0/G1 和 G1/S 转换[68]，具体来说，在肿瘤细胞中敲降 RBM3 的表达增加了与半胱氨酸蛋白酶介导的细胞凋亡偶联的核细胞周期蛋白 B1，磷酸化的 Cdc25c、Chk1 和 Chk2 激酶，这意味着在 RBM3 下调的条件下，细胞分裂存在有丝分裂灾难（mitotic catastrophe）[69]。来自 RBM3 缺陷型小鼠的胚胎成纤维细胞显示出 G2 期细胞数目明显增加[67]，这证实了 RBM3 在细胞有丝分裂过程中的重要作用。这可能解释了为什么高表达 RBM3 的肿瘤对化疗敏感性增加，与低表达 RBM3 甚至阴性肿瘤相比，具有更好的预后。

凋亡：2011 年，Chip 等也发现在原代神经元 PC12 细胞和大脑皮质切片培养中，亚低温（32℃）极大地促进 RBM3 表达，抑制神经元细胞凋亡，从而保护神经细胞。通过特异性 siRNA 阻断神经元细胞中的 RBM3 表达，显著降低其在低温时的神经保护作用，而低温时载体驱动的 RBM3 过表达抑制了 PARP 的切割，阻止了核小体间 DNA 断裂和释放乳酸脱氢酶（LDH）。低温应激时诱导的神经元 PC12 中 RBM3 表达上调抑制了 PARP 切割，从而抑制了由星形孢菌素诱导的神经细胞凋亡。显然，RBM3 上调在神经保护中起到重要作用[32]。N-甲基-D-天冬氨酸受体（N-methyl-D-aspartic acid receptor，NMDA）在神经系统发育过程中发挥重要的生理作用，如调节神经元的存活，调节神经元的树突、轴突结构发育及参与突触可塑性的形成等，而且对神经元回路的形成亦起着关键的作用。2005 年，Hsu 等通过抑制消减杂交（suppression subtractive hybridization，SSH）后，使用拮抗剂（地高辛氢化马来酸盐，MK-801）筛选阻断 NMDA 受体的反应基因。研究者也发现在雄性大鼠的视前叶区 SSH 法检测到一些神经营养基因如 *RBM3*、β-微管蛋白及凋亡相关基因（*Bcl-2*、细胞色素氧化酶亚基 II、细胞色素氧化酶亚基 III），阻断 NMDA 受体时这些基因下调。经 MK-801 处理的雄性大鼠组中上述基因的 RT-PCR 产物显著低于未处理的雄性大鼠组。这些结果表明 NMDA 受体激活调节的基因可能参与神经元生长和（或）抗凋亡，并参与 NF-κB 信号通路激活，其靶基因（*Bcl-2*）在雄性大鼠性发育过程中预防下丘脑视前区性别二型（sexually dimorphic nuclei of the preoptic area，SDN-POA）中的神经元凋亡[70]，这表明 RBM3 可能受 NMDA 调节，且可能参与预防神经凋亡作用。

2011 年，Ferry 等[71]应用冷应激（32℃暴露 6 h）诱导 C_2C_{12} 小鼠成肌细胞 RBM3 过表达或用 Myc 标记的 RBM3 表达载体瞬时转染 C_2C_{12} 小鼠成肌细胞。他们发现：冷应激或 RBM3 转染没有观察到增殖的变化；H_2O_2 1000 μmol/L（诱导细胞死亡）

没有增加 DNA 断裂，并且细胞渗透性测定表明 H_2O_2 引起细胞死亡与凋亡相比更类似于坏死；RBM3 过表达抑制细胞凋亡，也抑制由 5μmol/L StSp（StSp，十字孢碱，诱导细胞死亡）引起的膜电位崩溃；此外，StSp 诱导细胞的半胱天冬酶（caspase）-3，-8 和-9 活性的增加，且活性与 RBM3 过表达的对照组水平相似。这些研究结果进一步证明 RBM3 表达的增加减少肌细胞坏死及凋亡[71]。RBM3 也可能参与了诱导 Bcl-2 表达抑制 caspase 的凋亡调节的过程。

　　各种应激源刺激敲除 *RBM3* 基因小鼠的海马体切片培养物，与野生型相比发现大量蛋白激酶 R 样内质网激酶（protein kinase R-like ER kinase，PERK）-真核翻译起始因子 2α（eIF2α）-CCAAT 增强子结合蛋白同源蛋白质（CHOP）信号。此外，通过特异性小干扰 RNA 阻断 RBM3 在人胚肾 HEK293 细胞中的表达增加了 PERK 和 eIF2α 的磷酸化，而 RBM3 的过表达阻止了毒胡萝卜素或衣霉素诱导的内质网应激过程中的 PERK-eIF2α-CHOP 信号转导。RBM3 不影响内质网应激感受器免疫球蛋白结合蛋白/GRP78 的表达。然而，基于亲和纯化耦合质谱、共轭免疫沉淀和邻位连接技术（proximity ligation assay）显示核因子 90（NF90）是一个与 PERK 相互作用的新蛋白质，也发现这种 RNA 依赖性的相互作用是 RBM3 介导 PERK 活性调节所必需的。这些结果表明 RBM3 与 NF90 共同抑制 PERK-eIF2α-CHOP ER 应激通路在预防细胞死亡中的重要作用[30]。

　　内质网应激（endoplasmic reticulum stress）：在 ER 应激存在下，未折叠的蛋白质积累在 ER 腔中并激活未折叠蛋白反应（unfolded protein response，UPR）以挽救细胞。如果 ER 应力持续存在，UPR 启动凋亡程序。PERK- eIF2α-CHOP 信号是 UPR 的三个主要分支之一，它在 UPR 诱导的凋亡中发挥最重要的作用[72]。在持续 ER 应激下，RBM3 抑制 PERK 和 eIF2α 的磷酸化，这导致 CHOP 表达降低并在 UPR 诱导的凋亡中保护细胞[30]。值得注意的是，虽然 RBM3 由低温诱导，但是低温本身可以激活 UPR 而不诱导凋亡[25]。根据 Zhu 等的报道[30]，缺血诱导的长时间 ER 应激条件下，低温具有通过抑制 UPR 来预防凋亡的保护作用[73]。

6.4.2　RBM3 与 miRNA

　　小 RNA（miRNA）是具有大约 21 个核苷酸的非编码小 RNA 分子。这些分子广泛存在于不同的生物体中并调节许多发育和转录后细胞加工。由体内标准通路生成大多数 miRNA：转录的初级前体（pri-miRNA）在细胞核中被 Drosha/DGCR8 复合体加工成 70 个核苷酸前体（pre-miRNA），pre-miRNA 被转运到细胞质中并由酶切复合物处理，产生成熟的 miRNA 双链体。双链体的一条单链结合到 RNA

诱导沉默复合体（RNA-induced silencing complex，RISC）中以指导靶 mRNA 的降解[74]。RBM3 被认为可调节 miRNA 水平（如在低温条件下），从而有助于整体蛋白质翻译[75]。RBM3 结合 70 个核苷酸前体，并促进前体由酶切复合物进行加工[76]。RBM3 似乎正调节大多数 miRNA，并且仅负调节一小部分 miRNA。然而，研究发现 RBM3 上调大多数 miRNA 与 RBM3 促进整体翻译的事实相矛盾。特别如 Dresios 等所研究，当 RBM3 过表达时，成熟 miR-125b 表达降低，但 Pilotte 等证明了相反的结果，使 RBM3 介导的特异性 miRNA 的调节存在争议[75,76]。此外，最近的研究已经证明，当 RBM3 表达水平提高时，靶向免疫基因和预防病理性高热的温度敏感性 miRNA 的小亚组表达降低[77]。因此，研究者认为 RBM3 在 miRNA 表达中执行调节功能，尽管对其确切的作用仍然不清楚。

6.4.3 RBM3 与转录后及翻译调控

真核生物基因表达调控包括转录水平调控和转录后水平调控，转录后水平调控分为 mRNA 稳定性调控和翻译水平调控。mRNA 稳定性调控在真核细胞基因表达调控中起重要作用，其机制主要是通过影响 mRNA 的降解速率从而影响蛋白质的翻译效率[78]。mRNA 合成和降解的平衡是顺式调控元件（cis-acting element）与反式作用因子（trans-acting factor）共同作用的结果。ARE（活化蛋白应答元件）结构域是位于 mRNA 3′端非翻译区（3′-untranslated region，3′-UTR）的一类十分重要的顺式调控元件，常见的有 AUUUA 和 UUAUUUAUU 重复序列两种形式。细胞中存在的 RNA 结合蛋白与 mRNA 有高度亲和性，通过直接或间接结合到顺式调控元件促进 mRNA 的脱腺苷化和降解[79]。RNA 结合蛋白在转录后调控 mRNA 稳定性和翻译中起到关键作用。研究表明富含 ARE 的 mRNA 通常不稳定，这是因为某些 RNA 结合蛋白会与之结合促使 mRNA 降解。现已鉴定的一些参与 RNA 稳定性调控的 RNA 结合蛋白有核不均一核糖核蛋白（hnRNP）、人抗原 R（HuR）等[80]。其中 HuR 在与快速降解的转录物如前列腺素内氧化还原酶-2（COX-2）、血管内皮生长因子（VEGF）和白介素（IL-8）的 3′-UTR 中的 ARE 序列结合后介导核质转运、mRNA 稳定性调控和翻译功能。而致癌基因和肿瘤抑制基因的失调表达是肿瘤发生的关键调节因子。已知的部分导致肿瘤发生的原癌基因有 COX-2、IL-8 和 VEGF。这些靶基因的 mRNA 均含有 ARE 结构域。

2004 年，Cok 等使用 LPS 处理鼠巨噬细胞系（RAW 264.7）后，报道基因活性增加。这个反应依赖于存在于报道基因结构中来自 COX-2 结构的 3′-UTR 序列[61]。使用 EMSA 的组合、蛋白质组学和 Western Blot，研究者确定了结合 COX-2 的 3′-UTR 的近端含 60 个核苷酸的蛋白质——RBM3。免疫共沉淀耦联 RT-PCR（coupled immunoprecipitation RT-PCR）显示 RBM3 过表达细胞中 RBM3 结合的

COX-2 mRNA 水平更高。用 *VEGF* 和 *IL-8* 也获得相似的结果[61]。2008 年，Sureban 等为确定 RBM3 是否参与调控 mRNA 稳定性，在 HCT116 细胞中将 RBM3 和 HuR 瞬时过表达，随后加入肌动蛋白霉素 D（actino-mycin D）以抑制 mRNA 从头合成[66]。在用 RBM3 或 HuR 单独转染的细胞中瞬时过表达 RBM3 或 HuR，*COX-2* mRNA 的稳定性增加，半衰期从对照细胞中的 1 h 增加到 RBM3 或 HuR 表达细胞中的 5 h。此外，当共表达 RBM3 和 HuR 时，*COX-2* mRNA 半衰期增加至 8 h。类似的，*IL-8* mRNA 的半衰期用 RBM3 或 HuR 从 0.5 h 增加到 1 h，当两种蛋白质共表达时，其进一步增加到 4 h。*VEGF* mRNA 的半衰期用 RBM3 或 HuR 从 0.5 h 增加到 8 h，用两种蛋白质进一步增加到多于 8 h。这些数据表明虽然 RBM3 和 HuR 相互拮抗，但是它们也可以协同增加关键致癌蛋白的 mRNA 稳定性[66]。之后，Sureban 等确定了嵌合荧光素酶的 *COX-2* 3′-UTR mRNA 的水平。RBM3 和 HuR 显著增加荧光素酶 mRNA 的稳态水平，当 RBM3 和 HuR 共表达时，稳态水平进一步增加。此外，当 RBM3 和 HuR 共转染时，荧光素酶活性增加。相反，RBM3 和 HuR 都不影响由对照转录物表达的荧光素酶水平。这些数据证明 RBM3 和 HuR 通过结合 3′-UTR 单独或彼此合作增加 *COX-2* mRNA 的翻译能力[66]。RBM3 结合 mRNA 的 3′-UTR 可能具有细胞特异性[19]并涉及与 HuR 的相互作用[67]。

　　此外，RBM3 可与剪接体结合并参与剪接[81]。与成体前列腺或前列腺上皮细胞（PrEC）相比，RBM3 在人胎儿前列腺或 CD133-CD133-PrEC 中低基础水平表达，并且在软琼脂中培养或暴露于应激的细胞中时 RBM3 下调。值得注意的是，前列腺癌细胞中的 RBM3 过表达减弱了它们在体外的干细胞样特性及它们在体内的致瘤潜力。有趣的是，过表达 RBM3 或在 32℃条件下培养细胞抑制 CD44 变体 v8~v10 的 RNA 剪接并增加标准 CD44 同种型的表达。相反，沉默 RBM3 或在软琼脂（在富集干细胞样细胞的条件）下培养细胞增加了 CD44 v8~v10 与 CD44 mRNA 的比例。后续研究显示升高的 CD44 v8~v10 干扰 MMP9 介导的 CD44 的切割和抑制细胞周期蛋白 D1 的表达，而 siRNA 介导的 CD44 v8~v10 的沉默削弱前列腺癌细胞在软琼脂中形成集落的能力。这些研究结果表明在前列腺癌中 RBM3 抑制 *CD44* mRNA 的可变剪接体 v8~v10 从而抑制干细胞和肿瘤发生，但增加标准剪接的 CD44 转录体[82]。并且，RBM3 可以与 CIRP 相同的方式调节替代多聚腺苷酸化[38,83]。

　　RBM3 在转录水平也可促进机体内蛋白质翻译[31,33]，基础机制包括如下几点。①以 RNA 非依赖性方式结合 60S 核糖体亚基；②增加活性多核体的形成；③去磷酸化真核起始因子 2α（eIF2α）；④促进真核起始因子 4E（eIF4E）的磷酸化[31,75]。

　　然而，RBM3 是否可以通过微小 RNA 调节翻译仍有争议（见上文）。此外，部分学者最近的研究揭示了许多核糖体蛋白质与 RBM3 结合[30]，表明其在促进翻译中的作用。研究者还不清楚 RBM3 在翻译过程中的参与性与 CIRP 差异，这是因为 CIRP 在翻译过程中的作用尚未得到充分研究。

6.5　生物学功能和疾病

6.5.1　RBM3 与疾病

1）脑疾病

突触数量的减少是神经变性疾病的早期特征之一[84]，而健康成人脑突触具有结构可塑性，即突触通过消除和形成的过程不断重塑。这表明神经变性疾病的神经组织缺乏补偿机制。虽然在这些疾病中对导致突触功能障碍的毒性过程和损失了解甚多，但突触再生如何被影响是未知的[85,86]。在冬眠哺乳动物中，存在结构可塑性形式，低温诱导突触体的消失，而复温时突触重塑[87,88]。研究者发现，类似的变化发生在人工气候室低温培养的啮齿动物中。冬季冬眠动物脑中诱导上调表达许多冷休克蛋白（包括 RNA 结合蛋白）[89]，然而这些蛋白质与结构可塑性的关系是未知的。进一步研究发现，突触再生受损的小鼠模型的神经变性疾病与未能诱导 RBM3 相关联。在朊病毒感染和患阿尔茨海默病（5XFAD）小鼠中，发现低温培养后突触再生的能力与 RBM3 诱导的表达同步[90]。2015 年，Peretti 等在朊病毒感染和患阿尔茨海默病小鼠中运用慢病毒递送方法或在 RBM3 表达丧失之前通过低温诱导提高内源表达水平使 RBM3 过表达，在整个朊病毒感染过程中 RBM3 过表达预防行为缺陷和神经元死亡，并显著延长小鼠存活时间[91]。相比之下，RBM3 的敲低加剧了两种模型中的突触损失，加速了疾病进程并抑制了低温的神经保护作用，可以看出 RBM3 在阿尔茨海默病和朊病毒疾病模型中的重要神经保护作用。值得注意的是，此时小鼠体温过低显著诱导 RBM3 而不是 CIRP 上调表达[91]。虽然 RBM3 防止神经元死亡和恢复突触重组的机制是未知的，但其中一个假说可能涉及 eIF2α 激酶 PERK，且已被证明 RBM3 是阿尔茨海默病相关的突触可塑性缺陷的潜在治疗靶点[92]。PERK 的活性被证实与 RBM3 有关[30]。

RBM3 响应于脑或脊髓的急性损伤，其时间和空间分布改变类似于 CIRP。在大鼠脊髓损伤（spinal cord injury，SCI）模型中，RBM3 表达上调细胞的数量随着时间延长而增加[93,94]。其中 Zhao 等报道，以成年大鼠实验动物建立急性脊髓损伤模型中，Western blot 分析显示脊髓损伤后 RBM3 的表达上调[94]。在星形胶质细胞和神经元中，双免疫荧光染色发现 RBM3 的免疫反应性。有趣的是，RBM3 主要在星形胶质细胞中表达增加。此外，在星形胶质细胞中检测到 RBM3 与增殖细胞核抗原（PCNA）的共定位。为了进一步了解 RBM3 是否在星形胶质细胞增殖中起作用，研究者应用脂多糖（LPS）在体外诱导星形胶质细胞增殖。Western blot

分析表明 RBM3 表达与 LPS 刺激后的 PCNA 表达呈正相关。此外，在体外缺氧处理的星形胶质细胞中，用小干扰 RNA（siRNA）敲低 RBM3，结果显示 RBM3 可能在星形胶质细胞增殖中起重要作用。该实验中 RBM3 在脊髓损伤 1 d 后表达显著增加，但在脊髓损伤 5 d 后没有达到最大表达水平[93]。而在 2014 年 Cui 等的报道中，同样以成年大鼠为实验动物建立急性脊髓损伤模型，Western blot 分析显示在损伤后 1 d RBM3 表达水平显著增加，然后在随后的几天内下降。免疫组化进一步证实正常条件下 RBM3 免疫活性在灰质和白质中低水平表达，且在 SCI 后第 1 天增加。此外，双免疫荧光染色显示 RBM3 主要表达于神经元和正常组中的一些星形胶质细胞中。而损伤后第 1 天，RBM3 的表达在神经元和星形胶质细胞中增加。该研究中 RBM3 表达在脊髓损伤 1 d 后达到峰值[94]。对比 Zhao 等和 Cui 等的报道，RBM3 的空间表达也不一致，Cui 等研究表明在正常条件下大多数原代神经元和仅少数星形胶质细胞中 RBM3 表达呈阳性，并且在神经元和星形胶质细胞中 RBM3 被诱导[93,94]。而在 2014 年 Zhao 等的报道中，RBM3 存在于假手术组的神经元和星形胶质细胞中，并且只有星形胶质细胞中的 RBM3 可以应答脊髓损伤诱导的应激[93]。这种差异可能是由不稳定的手术条件引起的，但是这两个报道都支持脊髓损伤可诱导 RBM3，以及 RBM3 可能发挥重要的病理生理功能的假说。

到目前为止，研究者支持 RBM3 是常规神经保护效应器的主张，而 CIRP 可以保护神经元细胞，但是 CIRP 一旦被释放，会通过介导神经炎症诱导大量神经元死亡。

2）癌症

大量的免疫组织化学研究一致表明 RBM3 低表达与临床上更具浸润性的肿瘤相关，并且是不良预后的独立生物标志物。

大多数肿瘤组织的关键特征是缺氧[95]，缺氧对肿瘤干细胞样特性的获得具有很重要的作用。在正常组织中，存在一个有利于维持干细胞未分化状态的微环境，称为干细胞巢（stem cell niche），低氧含量是干细胞巢的一个重要特点[96]。研究显示癌干细胞灶也具有缺氧特征，缺氧不仅维持了未成熟癌细胞的微环境[96]，而且在癌干细胞灶中诱导了 RBM3 的表达上调[52]。

乳腺癌是女性易患的主要癌症类型，RBM3 在这种癌症中过表达[97]，这与 RBM3 表达水平和改善的临床结果直接相关[98]。在女性生殖器官中，RBM3 与良好的顺铂敏感性和上皮性卵巢癌（EOC）预后良好相关联[99]，可能是通过 RBM3 抑制预后不良标志物 MCM3、Chk1 和 Chk2，这些都涉及 DNA 完整性和细胞周期[100]。

在男性中，前列腺癌是最常见的癌症类型之一。非常类似于乳腺癌和 EOC，高水平的 RBM3 作为前列腺癌中的独立生物标志物，可以预测低风险的疾病进展和癌症低复发性[101]。有趣的是，在低分化前列腺癌中发现 RBM3 高表达[102]，在体外试验中，下调前列腺癌细胞 RBM3 表达减弱了细胞存活能力但增强了细胞化学敏感性[103]。这些观察结果与 RBM3 在促进细胞增殖和存活中的作用一致，但不能解释有利的预后，表明有其他机制的参与。一项研究表明在根治性前列腺癌中转录因子相关基因（ETS-related gene，ERG）的激活和人 10 号染色体缺失的磷酸酶及张力蛋白同源的基因（phosphatase and tension homolog deleted on chromosome ten，PTEN）的消耗可能有助于 RBM3 介导的良性预后[104]。另一项研究表明，RBM3 通过抑制 CD44 可变剪接体减弱前列腺癌细胞的干性（stemness）和肿瘤形成[82]，但是这一发现与在结肠直肠癌中的发现相反[64]。特异性癌症类型可能影响不同的 RBM3 信号转导，如对于其他已知的蛋白质（如雌激素受体）[105]。此外，低表达 RBM3 与非精原细胞性生殖细胞癌的低治愈相关[106]。尿路上皮性膀胱癌中 RBM3 表达水平降低与肿瘤形成和不良预后相关[107]，而 RBM3 高表达与早期肿瘤相关，可降低淋巴管浸润的风险[108]。

结肠直肠癌是消化系统最常见的癌症类型，高表达 RBM3 与良好预后相关[109]，而低表达 RBM3 与不良预后和右侧（right-side）定位相关[110]。因此，特别是在年轻患者中，RBM3 已被提出作为潜在的预后生物标志物[111]。

在消化系统中，与正常口腔黏膜相比，在人乳头病毒（HPV）阴性口咽鳞状细胞癌中 RBM3 表达下调[112]。在食管癌和胃腺癌中，细胞核中 RBM3 高表达是有益的，可视为预测低风险复发和死亡的单独标志物[113]。

此外，在其他癌症类型中 RBM3 低表达与致死率高相关。在恶性黑色素瘤中 RBM3 低表达[114]，2011 年，Jonsson 等研究也证实了 RBM3 的低表达与肿瘤形成和不良预后相关[115]。2012 年，Nodin 等观察到恶性黑色素瘤不良预后标志物微小染色体维系蛋白 3（MCM3）高表达伴随着 RBM3 表达水平降低[116]。但是在星形细胞瘤中发现高表达的 RBM3 促进星形细胞癌发生[117]。

在各种肿瘤类型（表 6-2）中收集的与 RBM3 相关临床数据表明，作为良好预后标志物的 RBM3 指向一个比之前考虑的机制更复杂的调节网络。各种特定细胞类型可能差异性地影响 RBM3 的基础表达和功能，细胞环境也对 RBM3 有重要影响。

综上所述，可以发现 RBM3 在肿瘤或者癌症中可视为预后良好的生物标志物。

6.5.2 RBM3 与免疫

与野生型小鼠相比，敲除 RBM3 的小鼠中，在 DNA 介导的先天性免疫反应的模型中没有发现细胞因子表达的明显变化[71]。截至 2015 年底，Justin 等发现在发热的 30 名各种感染患者中已知响应冷应激和调节 miRNA 表达的 RBM3 表达

表 6-2 癌症中 RBM3 角色

癌症类型	机制	高表达预后	参考文献
乳腺癌	*	良	[98]
上皮性卵巢癌	抑制 MCM3、Chk1 和 Chk2	良	[98,99]
前列腺癌	涉及 ERG 和 PTEN;增强化学敏感性;调节 CD44 拼接	良	[83,101-103]
睾丸非精原细胞癌	*	良	[106]
膀胱癌	*	良	[107,109]
口咽鳞状细胞癌	*	良	[113]
食管癌和胃腺癌	*	良	[114]
结肠直肠癌	抑制 GSK3b 的活动和增强 β-联蛋白信号	良	[64,110-112]
		良	[115-117]
		不确定	[116]
黑色素瘤	抑制 MCM3		
星型细胞癌	*		

*表示未知

减少,并且在人急性单核细胞系-1(human acute monocytic leukemia cell line,THP-1)衍生的巨噬细胞中维持发烧样温度(40℃)。值得注意的是,无论是否感染,RBM3 在发热期间表达减少。RBM3 表达减少导致 RBM3 靶向温度敏感性 miRNA 的表达增加,称为热敏-miR(thermomiR)。热敏-miR 如 miR-142-5p 和 miR-143 依次靶向包括 IL-6、IL6ST、TLR2、PGE2 及 TNF 在内的内源性热源以形成负反馈机制。研究人员将正常外周血单核细胞(peripheral blood mononuclear cell,PBMC)暴露于外源性发热样温度(40℃),进一步证明在 24 h 内 RBM3 的表达水平降低与 miR-142-5p 和 miR-143 的水平升高相关,它们呈负相关趋势。表明存在通过降低 RBM3 表达水平和增加 miR-142-5p 和 miR-143 表达水平来调节发热的负反馈回路[81]。据 2013 年 Qiang 等报道,在出血和患败血症的动物模型中,CIRP 在心脏和肝中表达上调并被释放到血液循环中。在缺氧应激的巨噬细胞中,CIRP 从细胞核转移到胞质并被释放。但尚未有相关文章显示 RBM3 被积极释放进入细胞外液中。

已知 RBM3 参与多种转录和翻译过程,毋庸置疑它在病毒感染中也发挥作用。RBM3 与 hnRNP A2 协作,可以与牛痘病毒蛋白相互作用,有助于病毒的后期转录[119,120]。RBM3 介导病毒感染及其与免疫反应的潜在关系仍有待深入研究。

6.5.3 RBM3 与生殖及发育

阴囊处于生理低温是哺乳动物正常精子发生和生育所必需的。在成年小鼠的睾丸生精小管中除生殖细胞外，支持细胞的所有发育阶段均检测到 *RBM3* mRNA 和 RBM3 蛋白。在胎儿的支持细胞中未观察到表达，但在新生小鼠和老年小鼠中观察到其表达[24]。在精子发生过程中支持细胞是滋养生殖细胞的"护士"细胞，表明 RBM3 可能仅起支持作用，研究表明在 TAMA26 小鼠支持细胞系中，温度由 37℃分别变为 32℃或 39℃时，RBM3 表达水平在 12 h 内上调或下调。与 CRIP 相反，冷诱导处于生长抑制的 TAMA26 细胞不受抑制 RBM3 表达的影响。当小鼠睾丸暴露于实验性隐睾的热应激时，支持细胞中 RBM3 的表达水平降低。这不同于 CRIP 在精子发生和隐睾中通过调节基因表达在睾丸支持细胞中所发挥的直接作用。上文提到 RBM3 在 NMDA 受体失活时下降 50%，但雄性大鼠中，RBM3 在下丘脑视前区性别二型（sexually dimorphic nuclei of the preoptic area，SDN-POA）神经元中的表达水平几乎是雌性大鼠的两倍。相反，在雌性中 RBM3 的表达水平不受 NMDA 受体抑制剂的影响，表明 RBM3 具有一种与 X 染色体失活相关的剂量依赖性调节机制[74]。

与 CIRP 类似，RBM3 也参与卵母细胞[121]和胚胎[122,123]的玻璃化，以及生殖器官的冷冻保存[124]，表明 RBM3 和 CIRP 在冷介导的细胞和组织中存在重叠的保护作用。

6.5.4 肌肉调节

RBM3 参与调节骨骼肌存活的途径。在细胞死亡的过程中有许多肌肉细胞的减少，Ferry 等研究了 RBM3 在 C_2C_{12} 肌母细胞（成肌细胞）中参与肌肉细胞凋亡的作用（详见上文 6.4.1"信号通路"凋亡部分），整体实验结果表明，诱导 RBM3 过表达能够降低肌肉细胞凋亡及坏死的程度[71]。在大鼠后肢悬空构建的肌肉萎缩模型中，大鼠比目鱼肌显示出 RBM3 高表达水平。特别的，RBM3 参与骨骼肌大小的调节和预防肌肉细胞死亡，表明 RBM3 在肌肉疾病中重要的新功能[125]。此外，RBM3 可能介导低温诱导的骨蛋白碱性磷酸酶和骨钙蛋白的过表达[126]。

6.5.5 细胞增殖

当环境温度为 37℃和 32℃时，RBM3 的一部分通过紧密结合 60S 核糖体亚基并影响多核糖体纵切面图来直接影响翻译，从而影响总蛋白合成，其中多核糖体纵切面图反映新生蛋白的合成，此蛋白与增殖相关。例如，RBM3 在纯化的 CD34+ 细胞中表达量升高，这表明 RBM3 在红细胞增殖过程中起到重要作用。在大脑的神经元细胞中，RBM3 的过高表达出现在表达 Ki67 和巢蛋白的细胞中，Ki67 和巢蛋白是公认的细胞增殖的标记。由此可见，在细胞增殖进程中 RBM3 起着关键的促进作用。

6.5.6　昼夜节律调控

相比之下，RBM3 与昼夜节律的关系研究较少。RBM3 是否与 CIRP 调节昼夜节律具有相似功能尚需要探索。在 2006 年，Wang 等研究表明，在选择性剪接中，一种小鼠中表达的长 RBM3 亚型在睡眠剥夺小鼠中与哺乳动物已知的 RBM3 和 CIRP 转录物相比表达更丰富，后两者在睡眠剥夺期间都呈低表达，表明 RBM3 的两种可变剪接体亚型在小鼠的昼夜节律周期中可能起到不同作用[127]。在 2015 年，Costa 等研究患有睡眠-清醒周期调节异常的神经系统疾病（如双相性精神障碍和丛集性头痛）的患者，发现其外周淋巴母细胞中改变最显著的基因是 *RBM3*[128]。因此，深入研究 *RBM3* 基因在昼夜节律的作用具有潜在的临床应用价值。

6.6　RBM3 在动物医学和食品生产中的潜在应用

近年来，低温造成的危害越来越引起人们的重视，由于严寒对建筑物、电力、自来水、供暖、交通、邮政、电信等造成一定程度的破坏，给工业、商业、医疗卫生、文化教育等各行业都造成影响，一些农作物会被冻坏、人畜会被冻伤等。低温环境直接影响畜牧养殖业的发展，给国民经济造成了巨大的损失，具体表现为动物生产能力降低、性发育减缓、机体代谢异常，患支气管炎、关节炎、冻伤、风湿病等，严重者可致动物死亡。2008 年《中国台湾网》报道，澎湖县暴发百年罕见寒流灾害，连日低温使养殖渔业遭受重创，据统计，寒灾使澎湖县养殖渔业损失 1800 t，总损失高达 3.5 亿元新台币；2008 年我国南方低温冰雪灾害造成畜禽死亡大约 7900 万头，直接经济损失达 940 亿元左右。据不完全统计，每年因冷应激给全球畜牧养殖业造成的经济损失高达数十亿美元。低温环境同样对人类的生存造成了严重威胁，据泰国《世界日报》报道，2010 年 10 月至 2015 年全国累计有 51 府计 558 县、897 万多人遭受寒灾；2012 年据俄罗斯新闻网消息，自寒冷天气降临以来，俄罗斯共有 1700 余人受灾，123 人被冻死；2014 年 1 月初，据法国《费加罗报》报道，北美洲正在度过一个特别恶劣的冬季，最低温度打破了历史纪录，美国芝加哥的最低温度是−33℃，而明尼苏达州的最低温度则达到−37℃（人体可感觉到的温度），给人类的出行及生活带来了严重的危害。由此看来冷害已成为畜牧养殖产业发展和人类生存急需解决的问题之一。

目前，CSP 在低温微生物方面的研究也显示出广泛的应用前景。例如，在食品加工过程中食品风味的保持要求生产温度不能过高，降解工业有毒物质时可利用低温微生物在冬季等低温环境下保持较高代谢活性的特点来进行等。关于低温微生物耐冷机制涉及以下学说：嗜冷酶在低温下具有较高的催化活性，低温下膜的流动性的保持，CSP 和抗冻蛋白（antifreeeze protein，AFP）的表达，以及低温防护剂（如胞外多糖、海藻糖、甘露醇等）的合成等，而 RBM3 在食品领域研究可借鉴冷休克蛋白进行深入研究。

2009 年 Robertson 等研究证明围产期低温治疗窒息是有效的[129]，在 2010 年 Edwards 等也发现在新生儿中低温治疗窒息的有效性[130]，RBM3 可能参与治疗作用，结合 RBM3 的生物学功能，其在抗细胞损伤机制在动物医学中具有深入研究价值。未来对于 RBM3 的研究，应关注 CSP 在微生物中的研究，参考其植物中同源物 AtGRP7 和 AtGRP8，以及鱼类中同源物 Ssa_CIRP 的研究结果，从而详细阐明 RBM3 是通过何种机制使动物机体免受应激损伤的。RBM3 是否可以作为抗应激蛋白而予以开发和利用，值得深入研究。因此，探究冷应激条件下 RBM3 在细胞和整体水平能否通过调控相关凋亡蛋白的合成来保护细胞免受低温诱导的细胞凋亡，明晰涉及 RBM3 的信号通路，在动物医学中有广泛潜在的应用前景，不仅有益于人类健康生存的可持续发展，更能弥补因冷害给国民经济造成的重大损失。

本章比较全面地总结了 RBM3 上游和下游的分子和细胞方面的生物活性，并着重介绍其与体内各种生理和病理过程的关系。

值得注意的是，RBM3 与 CIRP 相比两者有许多相似之处，特别是进化保守、序列同源性、表达和诱导性方面，但它们的生物学功能存在差异性。两种蛋白质通常在癌组织中表达上调，RBM3 被一致地鉴定为预后良好的生物标志物；而 CIRP 的预后不佳。一个原因可能是 RBM3 促进有丝分裂并增加肿瘤细胞的化学敏感性。另一个原因可能与其分泌能力有关。CIRP 已被确定为严重炎症或缺血的重要介质，具有特定的有害功能，加重细胞损伤，而 RBM3 迄今尚未在细胞外被鉴定。

未来需要深入研究 RBM3 并阐明其涉及多种生物学功能的详细信号通路，以便应对动物应激，减少畜牧生产损失，提高动物福利。在研究人员运用现代分子生物学手段进行研究的同时也需要社会和政府的支持。

参 考 文 献

[1] Derry J M J, Kerns J A, Francke U. RBM3, a novel human gene in Xp11. 23 with a putative RNA-binding domain[J]. Human Molecular Genetics, 1995, 4(12): 2307-2311

[2] Ciuzan O, Hancock J, Pamfil D, Wilson I, Ladomery M. The evolutionarily conserved multifunctional glycine-rich RNA-binding protcins play key roles in development and stress adaptation[J]. Physiol Plant, 2015, 153(1): 1-11

[3] Horn G, Hofweber R, Kremer W, Kalbitzer H R. Structure and function of bacterial cold shock proteins[J]. Cell Mol Life Sci, 2007, 64(12): 1457-1470

[4]　Mangeon A, Junqueira R M, Sachetto-Martins G. Functional diversity of the plant glycine-rich proteins superfamily[J]. Plant Signal Behav, 2010, 5(2): 99-104

[5]　Kim J S, Park S J, Kwak K J, Kim Y O, Kim J Y, Song J, Jang B, Jung C H, Kang H. Cold shock domain proteins and glycine-rich RNA-binding proteins from *Arabidopsis thaliana* can pro-mote the cold adaptation processin *Escherichia coli*[J]. Nucleic Acids Res, 2007, 35(2): 506-516

[6]　Cao S, Jiang L, Song S, Jing R, Xu G. AtGRP7 is involved in the regulation of abscisic acid and stress responses in *Arabidopsis*[J]. Cell Mol Biol Lett, 2006, 11(4): 526-535

[7]　Yang D H, Kwak K J, Kim M K, Park S J, Yang K Y, Kang H. Expression of *Arabidopsis* glycine-rich RNA-binding protein AtGRP2 or AtGRP7 improves grain yield of rice (*Oryza sativa*) under drought stress conditions[J]. Plant Sci, 2014, 214: 106-112

[8]　Streitner C, Hennig L, Korneli C, Staiger D. Global transcript profiling of transgenic plantsconstitutively overexpressing the RNA-binding protein AtGRP7[J]. BMC Plant Biol, 2010, 10(1): 221

[9]　Streitner C, Koster T, Simpson C G, Shaw P, Danisman S, Brown J W, Staiger D. An hnRNP-like RNA binding protein affects alternative splicing by *in vivo* interaction with transcripts in *Arabidopsis thaliana*[J]. Nucleic Acids Res, 2012, 40(22): 11240-11255

[10]　Koster T, Meyer K, Weinholdt C, Smith L M, Lummer M, Speth C, Grosse I, Weigel D, Staiger D. Regulation of primiRNA processing by the hnRNP-like protein AtGRP7 in *Arabidopsis*[J]. Nucleic Acids Res, 2014, 42(15): 9925-9936

[11]　Lohr B, Streitner C, Steffen A, Lange T, Staiger D. A glycine-rich RNA-binding protein affects gibberellinbiosynthesis in *Arabidopsis*[J]. Mol Biol Rep, 2014, 41(1): 439-445

[12]　Heintzen C, Nater M, Apel K, Staiger D. AtGRP7, a nuclear RNA-binding protein as a component of a circadian regulated negative feedback loop in *Arabidopsis thaliana*[J]. Proc Natl Acad Sci USA, 1997, 94(16): 8515-8520

[13]　Fu Z Q, Guo M, Jeong B R, Tian F, Elthon T E, Cerny R L, Staiger D, Alfano J R. A type III effector ADP-ribosylates RNA-binding proteins and quells plant immunity[J]. Nature, 2007, 447(7142): 284-288

[14]　Lee H J, Kim J S, Yoo S J, Kang E Y, Han S H, Yang K Y, Kim Y C, McSpadden G B, Kang H. Different roles of glycine-rich RNA-binding protein7 in plant defense against *Pectobacterium carotovorum*, *Botrytis cinerea*, and tobacco mosaic viruses[J]. Plant Physiol Biochem, 2012, 60(3): 46-52

[15]　Pan F, Zarate J, Choudhury A, Rupprecht R, Bradley T M. Osmotic stress of salmon stimulates upregulation of a cold inducible RNA-binding protein (CIRP) similar to that of mam-mals and amphibians[J]. Biochimie, 2004, 86(7): 451-461

[16]　Hsu C Y, Chiu Y C. Ambient temperature influences aging in an annual fish (*Nothobranchius rachovii*)[J]. Aging Cell, 2009, 8(6): 726-737

[17]　Verleih M, Borchel A, Krasnov A, Rebl A, Korytar T, Kuhn C, Goldammer T. Impact of thermal stress on kidney specific gene expression in farmed regional and imported rainbow trout[J]. Mar Biotechnol, 2015, 17(5): 576-592

[18]　Danno S, Nishiyama H, Higashitsuji H, Yokoi H, Xue J H, Itoh K, Matsuda T, Fujita J. Increased transcript level of RBM3, a member of the glycine-rich RNA-binding protein family, inhuman cells in response to cold stress[J]. Biochem Biophys Res Commun, 1997, 236(3): 804-807

[19]　Wellmann S, Truss M, Bruder E, Tornillo L, Zelmer A, Seeger K, Buhrer C. The RNA-binding protein RBM3 is required for cell proliferation and protects against serum deprivation-induced

cell death[J]. Pediatr Res, 2010, 67(1): 35-41

[20] Fedorov V B, Goropashnaya A V, Toien O, Stewart N C, Chang C, Wang H, Yan J, Showe L C, Showe M K, Barnes B M. Modulation of gene expression in heart and liver of hibernating black bears (*Ursus americanus*)[J]. BMC Genom, 2011, 12(1): 171

[21] Fedorov V B, Goropashnaya A V, Toien O, Stewart N C, Gracey A Y, Chang C, Qin S, Pertea G, Quackenbush J, Showe L C, Showe M K, Boyer B B, Barnes B M. Elevated expression of protein biosynthesis genes in liver and muscle of hibernating black bears (*Ursus americanus*)[J]. Physiol Genomics, 2009, 37(2): 108-118

[22] Wang X, Che H, Zhang W, Wang J, Ke T, Cao R, Meng S, Li D, Weiming O, Chen J, Luo W. Effects of mild chronic intermittent cold exposure on rat organs[J]. Int J Biol Sci, 2015, 11(10): 1171-1180

[23] Nishiyama H, Danno S, Kaneko Y, Itoh K, Yokoi H, Fukumoto M, Okuno H, Millan J L, Matsuda T, Yoshida O, Fujita J. Decreased expression of cold-inducible RNA-binding protein (CIRP) in male germ cells at elevated temperature[J]. Am J Pathol, 1998, 152(1): 289-296

[24] Danno S, Itoh K, Matsuda T, Fujita J. Decreased expression of mouse RBM3, a cold-shock protein, in Sertoli cells of cryptorchid testis[J]. Am J Pathol, 2000, 156(5): 1685-1692

[25] Rzechorzek N M, Connick P, Patani R, Selvaraj B T, Chandran S. Hypothermic preconditioning of human cortical neurons requires proteostatic priming[J]. Ebio Medicine, 2015, 2(6): 528-535

[26] Thandapani P, O'Connor T R, Bailey T L, Richard S. Defining the RGG/RG motif[J]. Mol Cell, 2013, 50(5): 613-623

[27] Pilotte J, Cunningham B A, Edelman G M, Vanderklish P W. Developmentally regulated expression of the cold-inducible RNA-binding motif protein 3 in euthermic rat brain[J]. Brain Res, 2009, 1258: 12-24

[28] Aoki K, Ishii Y, Matsumoto K, Tsujimoto M. Methylation of *Xenopus* CIRP2 regulates its arginine- and glycine-rich region-mediated nucleocytoplasmic distribution[J]. Nucleic Acids Res, 2002, 30(23): 5182-5192

[29] de Leeuw F, Zhang T, Wauquier C, Huez G, Kruys V, Gueydan C. The cold-inducible RNA binding protein migrates from the nucleus to cytoplasmic stress granules by a methylation-dependent mechanism and acts as a translational repressor[J]. Exp Cell Res, 2007, 313(20): 4130-4144

[30] Zhu X, Zelmer A, Kapfhammer J P, Wellmann S. Cold inducible RBM3 inhibits PERK phosphorylation through cooperation with NF90 to protect cells from endoplasmic reticulum stress[J]. FASEB J, 2015, 30(2): 624

[31] Smart F, Aschrafi A, Atkins A, Owens G C, Pilotte J, Cunningham B A, Vanderklish P W. Twoiso forms of the cold-inducible mRNA-binding protein RBM3 localize to dendrites and promote translation[J]. J Neurochem, 2007, 101(5): 1367-1379

[32] Chip S, Zelmer A, Ogunshola O O, Felderhoff-Mueser U, Nitsch C, Buhrer C, Wellmann S. The RNA-binding protein RBM3 is involved in hypothermia induced neuroprotection[J]. Neurobiol Dis, 2011, 43(2): 388-396

[33] Peng Y, Kok K H, Xu R H, Kwok K H, Tay D, Fung P C, Kung H F, Lin M C. Maternal cold-inducible RNA-binding protein is required for embryonic kidney formation in *Xenopus laevis*[J]. FEBS Lett, 2000, 482(2): 37-43

[34] Schmal C, Reimann P, Staiger D. A circadian clock regulated toggle switch explains AtGRP7 and AtGRP8 oscillations in *Arabidopsis thaliana*[J]. PLoS Comput Biol, 2013, 9(3): e1002986

[35] Nishiyama H, Xue J H, Sato T, Fukuyama H, Mizuno N, Houtani T, Sugimoto T, Fujita J.

Diurnal change of the cold inducible RNA-binding protein (Cirp) expression in mouse brain[J]. Biochem Biophys Res Commun, 1998, 245(2): 534-538

[36] Sugimoto K, Jiang H. Cold stress and light signals induce the expression of cold-inducible RNA binding protein (Cirp) in, the brain and eye of the Japanese treefrog (*Hyla japonica*)[J]. Comp Biochem Physiol A Mol Integr Physiol, 2008, 151(4): 628-636

[37] Bellesi M, de Vivo L, Tononi G, Cirelli C. Effects of sleep and wake on astrocytes: clues from molecular and ultrastructural studies[J]. BMC Biol, 2015, 13(1): 66

[38] Liu Y, Hu W, Murakawa Y, Yin J, Wang G, Landthaler M, Yan J. Cold-induced RNA-binding proteins regulate circadian gene expression by controlling alternative polyadenylation[J]. Sci Rep, 2013, 3(1): 2054

[39] Nishiyama H, Itoh K, Kaneko Y, Kishishita M, Yoshida O, Fujita J. A glycine-rich RNA-binding protein mediating cold-inducible suppression of mammalian cell growth[J]. J Cell Biol, 1997, 137(4): 899-908

[40] Tong G, Endersfelder S, Rosenthal L M, Wollersheim S, Sauer I M, Buhrer C, Berger F, Schmitt K R. Effects of moderate and deep hypothermia on RNA-binding proteins RBM3 and CIRP expressions in murine hippocampal brain slices[J]. Brain Res, 2013, 1504: 74-84

[41] Jackson T C, Manole M D, Kotermanski S E, Jackson E K, Clark R S, Kochanek P M. Cold stress protein RBM3 responds to temperature change in an ultra-sensitive manner in young neurons[J]. Neuroscience, 2015, 305: 268-278

[42] Neutelings T, Lambert C A, Nusgens B V, Colige A C. Effects of mild cold shock (25℃) followed by warming up at 37℃ on the cellular stress response[J]. PLoS One, 2013, 8(7): e69687

[43] Lleonart M E. A new generation of protooncogenes: cold inducible RNA binding proteins[J]. Biochim Biophys Acta, 2010, 1805(1): 43-52

[44] Yamanaka K. Cold shock response in *Escherichia coli*[J]. Journal of Molecular Microbiology & Biotechology, 1999, 1(2): 193

[45] Ohsaka Y, Ohgiya S, Hoshino T, Ishizaki K. Mitochondrial genome encoded ATPase subunit 6_8 mRNA increases in human hepatoblastoma cells in response to nonfatal cold stress[J]. Cryobiology, 2000, 40(2): 92-101

[46] Chappell S A, Owens G C, Mauro V P. A 5′leader of Rbm3, a cold stress-induced mRNA, mediates inte-rnal initiation of translation with increased efficiency under conditions of mild hypothermia[J]. J Biol Chem, 2001, 276(40): 36917-36922

[47] Liu A Y, Bian H, Huang L E, Lee Y K. Transient cold shock induces the heat shock response upon recovery at 37℃ in human cells[J]. J Biol Chem, 1994, 269(20): 14768-14775

[48] Gon Y, Hashimoto S, Matsumoto K, Nakayama T, Takeshita I, Horie T. Cooling and rewarming-induced IL-8 expression in human bronchial epithelial cells through p38 MAP kinase-dependent pathway[J]. Biochem Biophys Res Commun, 1998, 249(1): 156-160

[49] Zhu H, Yang X, Ding X, Liu J, Lu J, Zhan L, Qin Q, Zhang H, Chen X, Yang Y, Liu Z, Yang M, Zhou X, Cheng Y, Sun X. Recombinant human endostatin enhances the radio response in esophageal squamous cell carcinoma by normalizing tumor vasculature and reducing hypoxia[J]. Sci Rep, 2015, 5: 14503

[50] Sharp F R, Bernaudin M. 2004. HIF1 and oxygen sensing in the brain[J]. Nat Rev Neurosci, 2004, 5(6): 437-448

[51] Harris A L. Hypoxia—a key regulatory factor in tumour growth[J]. Nat Rev Cancer, 2002, 2(1): 38-47

[52] Wellmann S, Buhrer C, Moderegger E, Zelmer A, Kirschner R, Koehne P, Fujita J, Seeger K.

Oxygen-regulated expression of the RNA-binding proteins RBM3 and CIRP by a HIF-1-independent mechanism[J]. J Cell Sci, 2004, 117(Pt 9): 1785-1794

[53] Casazza A, di Conza G, Wenes M, Finisguerra V, Deschoemaeker S, Mazzone M. Tumor stroma: a complexity dictated by the hypoxic tumor microenvironment[J]. Oncogene, 2014, 33(14): 1743-1754

[54] Pries A R, Cornelissen A J, Sloot A A, Hinkeldey M, Dreher M R, Höpfner M, Secomb T W. Structural adaptation and heterogeneity of normal and tumor microvascular networks[J]. PLoS Comput Biol, 2009, 5(5): e1000394

[55] Vaupel P, Harrison L. Tumor hypoxia: causative factors, compensatory mechanisms, and cellular response[J]. Oncologist, 2004, 9(Suppl 5): 4-9

[56] 胡飞翔, 李袁静, 蔡明, 杨得娟, 淳林, 任国胜. 基于 EPR 实现对乳腺癌在化疗中氧分压变化的监测及其机制的探讨[J]. 肿瘤, 2014, 34(10): 902-907

[57] Sheikh M S, Carrier F, Papathanasiou M A, Hollander M C, Zhan Q, Yu K, Fornace A J Jr. Identification of several human homologs of hamster DNA damage-inducible transcripts. Cloning and characterization of a novel UV-inducible cDNA that codes for a putative RNA-binding protein[J]. J Biol Chem, 1997, 272(42): 26720-26726

[58] Haley B, Paunesku T, Protic M, Woloschak G E. Response of heterogeneous ribonuclear proteins (hnRNP) to ionising radiation and their involvement in DNA damage repair[J]. Int J Radiat Biol, 2009, 85(8): 643-655

[59] Lebsack T W, Fa V, Woods C C, Gruener R, Manziello A M, Pecaut M J, Gridley D S, Stodieck L S, Ferguson V L, Deluca D. Microarray analysis of spaceflown murine thymus tissue reveals changes in gene expression regulating stress and glucocorticoid receptors[J]. J Cell Biochem, 2010, 110(2): 372-381

[60] Ryan J C, Morey J S, Ramsdell J S, van Dolah F M. Acute phase gene expression in mice exposed to the marine neurotoxin domoic acid[J]. Neuroscience, 2005, 136(4): 1121-1132

[61] Cok S J, Acton S J, Sexton A E, Morrison A R. Identification of RNA-binding proteins in RAW264. 7 cells that recognize a lipopolysaccharide-responsive element in the 3-untranslated region of the murine cyclooxy-genase-2 mRNA[J]. J Biol Chem, 2004, 279(9): 8196-8205

[62] Pan Y, Cui Y, He H, Baloch A R, Fan J, Xu G, He J, Yang K, Li G, Yu S. Developmental competence of mature yak vitrified-warmed oocytes is enhanced by IGF-I via modulation of CIRP during in vitro maturation[J]. Cryobiology J Cryobiology, 2015, 71(3): 493-498

[63] Laustriat D, Gide J, Barrault L, Chautard E, Benoit C, Auboeuf D, Boland A, Battail C, Artiguenave F, Deleuze J F, Benit P, Rustin P, Franc S, Charpentier G, Furling D, Bassez G, Nissan X, Martinat C, Peschanski M, Baghdoyan S. In vitro and in vivo modulation of alternative splicing by the biguanide metformin[J]. Mol Ther Nucleic Acids, 2015, 4(11): e262

[64] Venugopal A, Subramaniam D, Balmaceda J, Roy B, Dixon D A, Umar S, Weir S J, Anant S. RNA binding protein RBM3 increases beta-catenin signaling to increase stem cell characteristics in colorectal cancer cell[J]. Mol Carcinog, 2015, 55(11): 1503-1516

[65] 秦承东, 任正刚, 汤钊猷. 缺氧微环境在肿瘤进展中的作用[J]. 肿瘤, 2016, 36(1): 96-102

[66] Sureban S M, Ramalingam S, Natarajan G, May R, Subramaniam D, Bishnupuri K S, Morrison A R, Dieckgraefe B K, Brackett D J, Postier R G, Houchen C W, Anant S. Translation regulatory factor RBM3 is a protooncogene that prevents mitotic catastrophe[J]. Oncogene, 2008, 27(33): 4544-4556

[67] Matsuda A, Ogawa M, Yanai H, Naka D, Goto A, Ao T, Tanno Y, Takeda K, Watanabe Y, Honda K, Taniguchi T. Generation of mice deficient in RNA-binding motif protein 3 (RBM3)

and characterization of its role in innate immune responses and cell growth[J]. Biochem Biophys Res Commun, 2011, 411(1): 7-13

[68] Masuda T, Itoh K, Higashitsuji H, Higashitsuji H, Nakazawa N, Sakurai T, Liu Y, Tokuchi H, Fujita T, ZhaoY, Nishiyama H, Tanaka T, Fukumoto M, Ikawa M, Okabe M, Fujita J. Cold-inducible RNA-binding protein (Cirp) interacts with Dyrk1b/Mirk and promotes proliferation of immature male germ cells in mice[J]. Proc Natl Acad Sci USA, 2012, 109(27): 10885-10890

[69] Sumitomo Y, Higashitsuji H, Higashitsuji H, Liu Y, Fujita T, Sakurai T, Candeias M M, Itoh K, Chiba T, Fujita J. Identification of a novel enhancer that binds Sp1 and contributes to induction of cold-inducible RNA-binding protein (Cirp) expression in mammalian cells[J]. BMC Biotechnol, 2012, 12(1): 72

[70] Hsu H K, Shao P L, Tsai K L, Shih H C, Lee T Y, Hsu C. Gene regulation by NMDA receptor activation in the SDN-POA neurons of male rats during sexual development[J]. J Mol Endocrinol, 2005, 34(2): 433-445

[71] Ferry A L, Vanderklish P W, Dupont-Versteegden E E. Enhanced survival of skeletal muscle myo blasts in response to overexpression of cold shock protein RBM3[J]. Am J Physiol Cell Physiol, 2011, 301(2): 392-402

[72] Lin J H, Li H, Yasumura D, Cohen H R, Zhang C, Panning B, Shokat K M, Lavail M M, Walter P. IRE1 signaling affects cell fate during the unfolded protein response[J]. Science, 2007, 318(5852): 944-949

[73] Poone G K, Hasseldam H, Munkholm N, Rasmussen R S, Gronberg N V, Johansen F F. The hypothermic influence on CHOP and Ero1-α in an endoplasmic reticulum stress model of cerebral ischemia[J]. Brain Sci, 2015, 5(2): 178-187

[74] Krol J, Loedige I, Filipowicz W. The widespread regulation of microRNA biogenesis, function and decay[J]. Nat Rev Genet, 2010, 11(9): 597-610

[75] Dresios J, Aschrafi A, Owens G C, Vanderklish P W, Edelman G M, Mauro V P. Cold stress-induced protein RBM3 binds 60S ribosomal subunits, alters microRNA levels, and enhances global protein synthesis[J]. Proc Natl Acad Sci USA, 2005, 2(6): 1865-1870

[76] Pilotte J, Dupont-Versteegden E E, Vanderklish P W. Widespread regulation of miRNA bio-genesis at the Dicer step by the cold-inducible RNA-binding protein, RBM3[J]. PLoS One, 2011, 6(12): e28446

[77] Wong J J, Au A Y, Gao D, Pinello N, Kwok C T, Thoeng A, Lau K A, Gordon J E, Schmitz U, Feng Y, Nguyen T V, Middleton R, Bailey C G, Holst J, Rasko J E, Ritchie W. RBM3 regulates temperature sensitive miR-142-5p and miR-143 (thermomiRs), which target immune genes and control fever[J]. Nucleic Acids Res, 2016, 44(6): 2888-2897

[78] Benjamin D, Moroni C. mRNA stability and cancer: an emerging link[J]? Expert Opin Biol Ther, 2007, 7(10): 1515-1529

[79] Khabar K S. Posttranscriptional control during chronic inflammation and cancer: a focus on AU-rich elements[J]. Cell Mol Life Sci, 2010, 67(17): 2937-2955

[80] Barreau C, Paillard L, Osborne H B. AU-rich elements and associated factors: are there unifying principle[J]. Nucleic Acids Res, 2005, 33(22): 7138-7150

[81] Barbosa-Morais N L, Carmo-Fonseca M, Aparicio S. Systematic genome-wide annotation of spliceosomal proteins reveals differential gene family expansion[J]. Genome Res, 2006, 16(1): 66-77

[82] Zeng Y, Wodzenski D, Gao D, Shiraishi T, Terada N, Li Y, Vander Griend D J, Luo J, Kong C, Getzenberg R H, Kulkarni P. Stress-response protein RBM3 attenuates the stem-like

propert-yes of prostate cancer cells by interfering with CD44 variant splicing[J]. Cancer Res, 2013, 73(13): 4123-4133

[83] Hu W, Liu Y, Yan J. Microarray meta-analysis of RNA binding protein functions in alternative polyadenylation[J]. PLoS One, 2014, 9(3): e90774

[84] Holtmaat A, Svoboda K. Experience-dependent structural synaptic plasticity in the mammalian brain[J]. Nature Rev Neurosci, 2009, 10: 647-658

[85] Selkoe D J. Alzheimer's disease is a synaptic failure[J]. Science, 2002, 298(5594): 789-791

[86] Mallucci G R. Prion neurodegeneration: starts and stops at the synapse[J]. Prion, 2009, 3(3): 195-201

[87] Magarinos A M, McEwen B S, Saboureau M, Pevet P. Rapid and reversible changes in intrahippocampal connectivity during the course of hibernation in European hamsters[J]. Proc Natl Acad Sci USA, 2006, 103: 18775-18780

[88] Popov V I, Bocharova L S. Hibernation-induced structural changes in synaptic contacts between mossy fibres and hippocampal pyramidal neurons[J]. Neuroscience, 1992, 48(1): 53-62

[89] Williams D R, Epperson L E, Li W, Hughes M A, Taylor R, Rogers J, Martin S L, Cossins A R, Gracey A Y. Seasonally hibernating phenotype assessed through transcript screening[J]. Physiol Genomics, 2005, 24(1): 13-22

[90] Oakley H, Cole S L, Logan S, Maus E, Shao P, Craft J, Ohno M, Disterhoft J, Berry R, Vassar R. Intraneuronal beta-amyloid aggregates, neurodegeneration, and neuron loss in transgenic mice with five familial Alzheimer's disease mutations: potential factors in amyloid plaque formation[J]. Neurosci, 2006, 26(40): 10129-10140

[91] Peretti D, Bastide A, Radford H, Verity N, Molloy C, Martin M G, Moreno J A, Steinert J R, Smith T, Dinsdale D, Willis A E, Mallucci G R. RBM3 mediates structural plasticity and protective effects of cooling in neurodegeneration[J]. Nature, 2015, 518(7538): 236-239

[92] Ma T, Trinh M A, Wexler A J, Bourbon C, Gatti E, Pierre P, Cavener D R, Klann E. Suppression of eIF2 alpha kinases alleviates Alzheimer's disease-related plasticity and memory deficits[J]. Nat Neurosci, 2013, 16(9): 1299-1305

[93] Cui Z, Zhang J, Bao G, Xu G, Sun Y, Wang L, Chen J, Jin H, Liu J, Yang L, Feng G, Li W. Spatiotemporal profile and essential role of RBM3 expression after spinal cord injury in adult rats[J]. J Mol Neurosci, 2014, 54(2): 252-263

[94] Zhao W, Xu D, Cai G, Zhu X, Qian M, Liu W, Cui Z. Spatiotemporal pattern of RNA binding motif protein 3 expression after spinal cord injury in rats[J]. Cell Mol Neurobiol, 2014, 34(4): 491-499

[95] Wilson W R, Hay M P. Targeting hypoxia in cancer therapy[J]. Nat Rev Cancer, 2011, 11(6): 393-410

[96] Kise K, Kinugasa-Katayama Y, Takakura N. Tumor microenvironment for cancer stem cells[J]. Adv Drug Deliv Rev, 2015, 99(Pt B): 197-205

[97] Martinez-Arribas F, Agudo D, Pollan M, Gomez-Esquer F, Diaz-Gil G, Lucas R, Schneider J. Positive correlation between the expression of X-chromosome RBM genes (RBMX, RBM3, RBM10) and the proapoptotic *Bax* gene in human breast cancer[J]. J Cell Biochem, 2006, 97(6): 1275-1282

[98] Jogi A, Brennan D J, Ryden L, Magnusson K, Ferno M, Stal O, Borgquist S, Uhlen M, Landberg G, Pahlman S, Ponten F, Jirstrom K. Nuclear expression of the RNA binding protein RBM3 is associated with an improved clinical outcome in breast cancer[J]. Mod Pathol, 2009, 22(12): 1564-1574

[99]　Ehlen A, Brennan D J, Nodin B, O'Connor D P, Eberhard J, Alvarado K M, Jeffrey I B, Manjer J, Brandstedt J, Uhlen M, Ponten F, Jirstrom K. Expression of the RNA binding protein RBM3 is associated with a favourable prognosis and cisplatin sensitivity in epithelial ovarian cancer[J]. J Transl Med, 2010, 8(1): 1-12

[100]　Ehlen A, Nodin B, Rexhepaj E, Brandstedt J, Uhlen M, Alvarado K M, Ponten F, Brennan D J, Jirstrom K. RBM3-regulated genes promote DNA integrity and affect clinical outcome in epithelial ovarian cancer[J]. Transl Oncol, 2011, 4(4): 212-221

[101]　Jonsson L, Gaber A, Ulmert D, Uhlen M, Bjartell A, Jirstrom K. High RBM3 expression in prostate cancer independently predicts a reduced risk of biochemical recurrence and disease progression[J]. Diagn Pathol, 2011, 6(1): 1-7

[102]　Shaikhibrahim Z, Lindstrot A, Ochsenfahrt J, Fuchs K, Wernert N. Epigenetics-related genes in prostate cancer: expression profile in prostate cancer tissues, androgen-sensitive and-insensitive cell lines[J]. Int J Mol Med, 2013, 31(1): 21-25

[103]　Zeng Y, Kulkarni P, Inoue T, Getzenberg R H. Downregulating cold shock protein genes impairs cancer cell survival and enhances chemosensitivity[J]. J Cell Biochem, 2009, 107(1): 179-188

[104]　Grupp K, Wilking J, Prien K, Hub M C, Sirma H, Simon R, Steurer S, Budaus L, Haese A, Izbicki J, Sauter G, Minner S, Schlomm T, Tsourlakis M C. High RNA-binding motif protein 3 expression is an independent prognostic marker in operated prostate cancer and tightly linked to ERG activation and PTEN deletions[J]. Eur J Cancer, 2014, 50(4): 852-861

[105]　Thomas C, Gustafsson J A. The different roles of ER subtypes in cancer biology and therapy[J]. Nat Rev Cancer , 2011, 11(8): 597-608

[106]　Olofsson S E, Nodin B, Gaber A, Eberhard J, Uhlen M, Jirstrom K, Jerkeman M. Low RBM3 protein expression correlates with clinical stage, prognostic classification and increased risk of treatment failure in testicular nonseminomatous germ cell cancer[J]. PLoS One, 2015, 10(3): e0121300

[107]　Boman K, Segersten U, Ahlgren G, Eberhard J, Uhlen M, Jirstrom K, Malmstrom P U. Decreased expression of RNA binding motif protein 3 correlates with tumour progression and poor prognosis in urothelial bladder cancer[J]. BMC Urol, 2013, 13(1): 17

[108]　Florianova L, Xu B, Traboulsi S, Elmansi H, Tanguay S, Aprikian A, Kassouf W, Brimo F. Evaluation of RNA-binding motif protein 3 expression in urothelial carcinoma of the bladder: an immunohistochemical study[J]. World J Surg Oncol, 2015, 13(1): 317

[109]　Hjelm B, Brennan D J, Zendehrokh N, Eberhard J, Nodin B, Gaber A, Ponten F, Johannesson H, Smaragdi K, Frantz C, Hober S, Johnson L B, Pahlman S, Jirstrom K, Uhlen M. High nuclear RBM3 expression is associated with an improved prognosis in colorectal cancer[J]. Proteom Clin Appl, 2011, 5(11-12): 624-635

[110]　Melling N, Simon R, Mirlacher M, Izbicki J R, Stahl P, Terracciano L M, Bokemeyer C, Sauter G, Marx A H. Loss of RNA-binding motif protein 3 expression is associated with right-sided localization and poor prognosis in colorectal cancer[J]. Histopathology, 2015, 68(2): 191-198

[111]　Wang M J, Ping J, Li Y, Adell G, Arbman G, Nodin B, Meng W J, Zhang H, Yu Y Y, Wang C, Yang L, Zhou Z G, Sun X F. The prognostic factors and multiple biomarkers in young patients with colorectal cancer[J]. Sci Rep, 2015, 5: 10645

[112]　Martinez I, Wang J, Hobson K F, Ferris R L, Khan S A. Identification of differentially expressed genes in HPV-positive and HPV-negative oropharyngeal squamous cell carcinomas[J]. Eur J Cancer, 2007, 43(2): 415-432

[113] Jonsson L, Hedner C, Gaber A, Korkocic D, Nodin B, Uhlen M, Eberhard J, Jirstrom K. High expression of RNA-binding motif protein 3 in esophageal and gastric adenocarcinoma correlates with intestinal metaplasia-associated tumours and independently predicts a reduced risk of recurrence and death[J]. Biomark Res, 2014, 2: 11

[114] Baldi A, Battista T, de Luca A, Santini D, Rossiello L, Baldi F, Natali P G, Lombardi D, Picardo M, Felsani A, Paggi M G. Identification of genes downregulated during melanoma progression: a cDNA array study[J]. Exp Dermatol, 2003, 12(2): 213-218

[115] Jonsson L, Bergman J, Nodin B, Manjer J, Ponten F, Uhlen M, Jirstrom K. Low RBM3 protein expression correlates with tumour progression and poor prognosis in malignant melanoma: an analysis of 215 cases from the Malmo diet and cancer study[J]. J Transl Med, 2011, 9(1): 1-9

[116] Nodin B, Fridberg M, Jonsson L, Bergman J, Uhlen M, Jirstrom K. High MCM3 expression is an independent biomarker of poor prognosis and correlates with reduced RBM3 expression in a prospective cohort of malignant melanoma[J]. Diagn Pathol, 2012, 7(1): 82

[117] Zhang H T, Zhang Z W, Xue J H, Kong H B, Liu A J, Li S C, Liu Y X, Xu D G. Differential expression of the RNA-binding motif protein 3 in human astrocytoma[J]. Chin Med J, 2013, 126(10): 1948-1952

[118] Qiang X, Yang W L, Wu R, Zhou M, Jacob A, Dong W, Kuncewitch M, Ji Y, Yang H, Wang H, Fujita J, Nicastro J, Coppa G F, Tracey K J, Wang P. Cold-inducible RNA-binding protein (CIRP) triggers inflammatory responses in hemorrhagic shock and sepsis[J]. Nat Med, 2013, 19(11): 1489-1495

[119] Wright C F, Oswald B W, Dellis S. Vaccinia virus late transcription is activated in vitro by cellular heterogeneous nuclear ribonucleoproteins[J]. Journal of Biological Chemistry, 2001, 276(44): 40680-40686

[120] Dellis S, Strickland K C, McCrary W J, Patel A, Stocum E, Wright C F. Protein interactions among the vaccinia virus late transcription factors[J]. Virology, 2004, 329(2): 328-336

[121] Chappell S A, Mauro V P. The internal ribosome entry site (IRES) contained within the RNA-binding motif protein 3 (Rbm3) mRNA is composed of functionally distinct elements[J]. J Biol Chem, 2003, 278(36): 33793-33800

[122] Boonkusol D, Gal A B, Bodo S, Gorhony B, Kitiyanant Y, Dinnyes A. Gene expression profiles and in vitro development following vitrification of pronuclear and 8-cell stage mouse embryos[J]. Mol Reprod Dev, 2006, 73(6): 700-708

[123] Shin M R, Choi H W, Kim M K, Lee S H, Lee H S, Lim C K. In vitro development and gene expression of frozen-thawed 8 cell stage mouse embryos following slow freezing or vitrification[J]. Clin Exp Reprod Med, 2011, 38(4): 203-209

[124] Devi L, Makala H, Pothana L, Nirmalkar K, Goel S. Comparative efficacies of six different media for cryopreservation of immature buffalo (Bubalus bubalis) calf testis[J]. Reprod Fertil Dev, 2014, 28(7): 872-885

[125] Dupont-Versteegden E E, Nagarajan R, Beggs M L, Bearden E D, Simpson P M, Peterson C A. Identification of cold-shock protein RBM3 as a possible regulator of skeletal muscle size t-hrough expression profiling[J]. Am J Physiol Regul Integr Comp Physiol, 2008, 295(4): 1263-1273

[126] Aisha M D, Nor-Ashikin M N, Sharaniza A B, Nawawi H M, Kapitonova M Y, Froemming G R. Short-term moderate hypothermia stimulates alkaline phosphatase activity and osteocalcin expression in osteoblasts by upregulating Runx2 and osterix in vitro[J]. Exp Cell Res, 2014, 326(1): 46-56

[127]　Wang H, Liu Y, Briesemann M, Yan J. Computational analysis of gene regulation in animal sleep deprivation[J]. Physiol Genomics , 2010, 42(3): 427-436

[128]　Costa M, Squassina A, Piras I S, Pisanu C, Congiu D, Niola P, Angius A, Chillotti C, Ardau R, Severino G, Stochino E, Deidda A, Persico A M, Alda M, del Zompo M. Preliminary transcriptome analysis in lymphoblasts from cluster headache and bipolar disorder patients implicates dysregulation of circadian and serotonergic genes[J]. J Mol Neurosci, 2015, 56(3): 688-695

[129]　Robertson C L, Scafidi S, McKenna M C, Fiskum G. Mitochondrial mechanisms of cell death and neuroprotection in pediatric ischemic and traumatic brain injury[J]. Exp Neurol, 2009, 218(2): 371-380

[130]　Edwards A D, Brocklehurst P, Gunn A J, Halliday H, Juszczak E, Levene M, Strohm B, Thoresen M, Whitelaw A, Azzopardi D. Neurological outcomes at 18 months of age after moderate hypothermia for perinatal hypoxic ischaemic encephalopathy: synthesis and meta-analysis of trial data[J]. BMJ, 2010, 340(7743): 409

第 7 章　CIRP 抵抗冷应激的分子机制实验研究

7.1　CIRP 过表达载体 pENTR-11-CIRP 的构建

由于冷应激的影响，大多数蛋白质的合成会受到抑制，其表达量会降低，但有一种蛋白质的合成明显增强，如冷休克蛋白（cold shock protein，CSP）。研究发现，这种低温下高效表达的蛋白质具有多方面功能，如抑制细胞凋亡、降低细胞对养分的需求、抑制细胞分裂，此外还发现，低温条件下 CSP 还参与了许多生理活动，如细胞骨架的调节，基因的转录、翻译等[1,2]。冷诱导 RNA 结合蛋白（cold inducible RNA binding protein，CIRP）是在哺乳动物细胞中被发现的第一种 CSP。CIRP 最早是在研究紫外辐射对 DNA 损伤的转录反应过程中被发现的[3,4]。在后续的研究中发现 CIRP 与冷应激存在着不可分割的联系，低温刺激时其表达量会明显提升[5]。众多学者发现 CIRP 是维持机体正常生命活动所必需的，在正常状态下其在多种组织中呈组成型微量表达，而某些应激如冷应激、低氧应激和紫外线应激等都可以诱导其表达。如果能得到在任何条件下都可以持续高表达 CIRP 的细胞株，将会为 CIRP 的进一步生理研究提供有力的平台。

本研究从 4℃ 8 h 冷处理的 SD 大鼠睾丸组织中获得 CIRP 的 cDNA 序列，利用常规分子克隆方法将其连接到入门载体 pENTR11 上，获得克隆质粒 pENTR11-CIRP。

7.1.1　材料与方法

1. 菌株与质粒载体

大肠杆菌感受态细胞 *Escherichia coli* DH5α 由黑龙江八一农垦大学动物科技学院分子生物学实验室保存；Stb31 菌株、pENTR-11、pLenti6/V5-DEST 和 pLenti6/V5-DEST-GFP 质粒均为暨南大学馈赠。

2. 主要试剂

限制性内切酶 *Xho* I、*Nco* I、*Eco*R I、*Xba* I 和 *Bam*H I，LR Clonase II 酶，Reverse Transcriptase XL(AMV)/(5 U/μL)，DNA 连接酶，DNA 聚合酶，RNA 酶抑制剂，均购自 TaKaRa 公司；质粒小量提取试剂盒、酶切胶回收试剂盒均购自

OMEGA 公司；DEPC 购自 Sigma 公司；Trizol 购自 Invitrogen 公司；蛋白胨、酵母粉、琼脂粉购自 OXOID 公司；DL 2000 Marker、DL 5000 Marker、dNTP Mixture（2.5 mmol/L 和 10 mmol/L）、10×PCR Buffer（添加 Mg^{2+}）、Taq DNA 酶、Oligo(dT)$_{18}$（50 pmol/μL）均购自大连宝生物有限公司。其他分子生物学试剂如氯仿、异丙醇、无水乙醇为国产分析纯。

3. 主要仪器设备

TGL-16M 台式高速冷冻离心机，长沙英泰仪器有限公司；电泳仪，美国伯乐公司；Gel Doc2000 紫外凝胶成像系统，美国伯乐公司；HZQ-C 恒温振荡器，哈尔滨市东明医疗仪器厂；恒温水浴锅，常州国华电器有限公司；灭菌锅，上海博通实业有限公司；pH 计，梅特勒-托利多仪器上海有限公司；电子天平，沈阳龙腾电子有限公司；−80℃超低温冰箱，英国 New Brunswick Scientific 公司。

4. 引物的设计与合成

根据大鼠冷诱导 RNA 结合蛋白的基因序列（GenBank 登录号为：NM_031147）设计特异性引物，目的基因大小为 534 bp。分别在上下游引物的 5′端加上 Xho I、Nco I 酶切位点序列（加下划线处分别为 Xho I 和 Nco I 酶切位点）。

上游引物 CIRP Forward：5′-CATG<u>CCATGG</u>CATCAGATGAAGG-3′

下游引物 CIRP Reverse：5′-CCG<u>CTCGAG</u>TTACTCGTTGTGTGTAGCAT-3′

引物由上海生物工程技术服务有限公司（上海生工）合成。

5. 总 RNA 的提取

前期准备：用 DEPC 水将枪头、EP 管、PCR 管等物品浸泡过夜，高压灭菌，烘干；抽提 RNA 前，将用 DEPC 水浸泡过的枪头、EP 管、PCR 管，以及手套、口罩、EP 管架、镊子等置于超净台紫外线照射 30 min（实验过程中禁止开通风）；将 4℃处理 8 h 的大鼠睾丸组织从−80℃低温冰箱取出，分别置于液氮预冷的研钵中，加入少量液氮迅速研磨，直至组织被研成细小粉状时，将其转入 EP 管中（在冰浴下完成）；立即加入适量的 Trizol（50~100 mg 组织样品加入 1 mL Trizol），颠倒混匀后，冰浴放置 5 min，使组织样充分裂解；置 4℃离心机 12 000 r/min 离心 5 min，将上层水样层转移至干净的 EP 管中（冰浴下完成）；按每 1 mL Trizol 加入 200 μL 氯仿，振荡混匀后冰浴放置 5~10 min；4℃ 12 000 r/min 离心 15 min；吸取上层水相，至另一支 EP 管中（尽量吸尽但不要吸到下层液相）；按每 1 mL Trizol 加入 0.5 mL 异丙醇，混匀后冰浴放置 5~10 min；4℃ 12 000 r/min 离心 10 min，弃上清，RNA 形成胶片状沉于管底（若管底无沉淀，重新 12 000 r/min，4℃离心 15 min）；加入 75%乙醇（75%乙醇用预冷的 DEPC 处理水临时配置），温和振荡离心管，悬浮沉淀；4℃，8000 r/min 离心 5 min，尽量弃上清。室温晾干或真空干燥；DEPC 处理过的去离子水溶解 RNA 样品至 30 μL，-20℃保存（最好立即进行反转录，避免 RNA 降解，如过夜用，放-80℃保存）。

6. PCR 反应条件的摸索

1）常规 PCR 反应体系（25 μL）

PCR 反应体系见表 7-1。

表 7-1　PCR 反应体系（25 μL）

试剂	体积/μL
cDNA	1.0
dNTP Mixture（各 2.5 mmol/L）	4.0
10×PCR Buffer（添加 Mg^{2+}）	5.0
Taq DNA 酶	0.25
25 μmoL/L 上游引物	0.2
25 μmoL/L 下游引物	0.2
灭菌超纯水	至 25

2）梯度 PCR 的程序设定

反应程序为 94℃预变性 5 min；94℃变性 1 min，8 个反应管分别以 55℃、56℃、57℃、58℃、59℃、60℃、61℃和 62℃为退火温度，退火 30 s，72℃延伸 1 min，进行 35 个循环；然后，72℃延伸 10 min。PCR 扩增结束后，取 2 μL 扩增产物于 1%琼脂糖凝胶，80 V 电泳 45 min，用凝胶成像系统观察并进行成像分析。相同的体系、相同的梯度 PCR 反应程序，重复三次实验。

3）降落 PCR 的程序设定

首先 105℃热盖，94℃预变性 5 min；然后进入 PCR 扩增程序，94℃变性 30 s，60~57℃每降 1℃循环 4 次，56℃循环 5 次，55℃循环 20 次，72℃延伸 1 min，共 41 个循环；最后 72℃延伸 10 min。按照设计好的反应体系加样，热盖后，放入已设定好反应程序的 PCR 仪中。产物检测过程同上。相同的体系、相同的降落 PCR 反应程序，重复两次实验。

7. 重组克隆质粒的构建

1）目的基因的回收与纯化

配制 0.8%琼脂糖核酸电泳凝胶，130 V 电泳 20 min 后，于凝胶成像仪观察电泳结果，并切下包含目的片段的琼脂糖凝胶，放入 1.5 mL EP 管内；加入等体积（体积与凝胶的质量比）的 Loading Buffer，置于 55~65℃水浴锅内水浴 7 min；待凝胶完全溶解，将溶解后的混合液转移至吸附柱上，使核酸完全被过滤柱上的滤膜所吸收，12 000 r/min 高速离心 1 min；加入 300 μL 的 Binding Buffer 至吸附柱，12 000 r/min 高速离心 1 min；加入 700 μL 的 DNA Wash Buffer 离心 1 min；最大转速离心 1 min；加入 40 μL 的 3dH$_2$O 或者 TE Buffer，静置 1~2 min 后，最大转速离心、洗脱；取 2 μL DNA 进行电泳，观察结果。

2）感受态大肠杆菌的制备

在超净台中，用接种环取甘油冻存的 *E. coli* DH5α 划线接种于无抗性 LB 琼脂平板上，37℃倒置培养过夜；次日在超净台中挑取单菌落接种于 3 mL 2×YT 液体培养基中，37℃振荡培养过夜；次日取 0.1 mL 转接于 10 mL 2×YT 液体培养基中，37℃振荡扩大培养 2~4 h，至 OD$_{600}$ 值为 0.3~0.4 停止培养；将菌液装入聚乙烯管中，放置冰上 1 h；4℃，4000 r/min 离心 10 min；弃上清，用 50 mL 冰预冷的溶液 I 将菌体轻轻悬浮，冰上放置 40~45 min；4℃，4000 r/min 离心 10 min；弃上清，用 5 mL 冰预冷的溶液 II 将菌体轻轻悬浮，每管 100 μL 分装于 1.5 mL 离心管中，于 −80℃冰箱冻存。

3）目的基因与 pMD18-T 的连接及转化

将胶回收的 CIRP 连接到 pMD18-T 载体上，按照 pMD18-T 试剂盒说明书进行，在一支无菌的 1.5 mL 离心管中依次加入 4.3 μL 回收的 PCR 产物、0.7 μL pMD18-T/载体和 5.0 mL 溶液 I 三种物质，轻轻吹吸混匀后 16℃水浴连接过夜。取 200 μL 新鲜感受态细胞，加入 10 μL 连接产物，轻轻吹打混匀后冰浴 30 min。4℃水浴 90 s 后（在此期间不摇动离心管），立即冰浴 1 min。加入 37℃预热的 LB 液体培养基，于 37℃振荡培养 45~60 min。最后于 5000 r/min 离心 5 min，弃上清液，留约 100 μL 菌液，然后吹打重悬菌体，均匀涂于 LB/Amp$^+$ 平板（氨苄西林浓度为 100 μg/mL），37℃生化培养箱中倒置培养 12~20 h。

8. 重组质粒的鉴定

1）质粒小量提取

超净台紫外线照射 15~30 min 后，用无菌小枪头挑取单菌落至 5 mL LB/Amp$^+$ 中，37℃摇床，120 r/min 过夜；将菌液移至 1.5 mL EP 管中，12 000 r/min 离心 1 min 收集菌体，倒掉上清；加入 250 μL 溶液 I，重悬细菌；加入 250 μL 溶液 II，上下轻轻地颠倒 EP 管 6~8 次，使细胞充分裂解（裂解时间不要过长，不超过 5 min）；加入 350 μL 溶液 III，上下轻轻地颠倒 EP 管 6~8 次，使蛋白质和基因组充分沉淀；12 000 r/min 离心 10 min，使蛋白质和基因组沉淀在 EP 管底部；将上清转移到过滤柱上，12 000 r/min 离心 1 min，使质粒吸附在滤膜上，弃滤液；加入 500 μL HB Buffer 到柱子上，12 000 r/min 离心 1 min，倒掉过滤液；加入 700 μL DNA Wash Buffer 到柱子上，12 000 r/min 离心 1 min，重复一次；最大转速空转柱子 1 min；加入 40 μL 3dH$_2$O，静置 1~2 min，12 000 r/min 离心 1 min，洗脱质粒，EP 管收集；取 1 μL 与空载进行琼脂糖电泳，观察质粒大小。

2）重组质粒的 PCR 鉴定

以 1 μL 质粒为模板，反应体系同表 7-1，反应条件采用降落 PCR 条件，其产物通过 1%琼脂糖凝胶电泳进行检验。

3）重组质粒的酶切鉴定

依据设计在引物两端的限制性内切酶位点用 Xho I、Nco I 对提取的质粒进行双酶切鉴定。酶切体系如表 7-2 所示。

表 7-2　双酶切体系

试剂	体积/μL
质粒 DNA	5.0
3dH$_2$O	3.5
10×M Buffer	1.0
Xho I	0.25
Nco I	0.25
总体积	10.0

4）重组质粒的序列测定

将鉴定为阳性的克隆菌送至上海生工进行测序，然后利用 DNAMAN 软件将所测序列结果同 GenBank（Accession：NM_031147）上公布的大鼠冷诱导 RNA 结合蛋白的基因编码序列进行比较。

9. 重组质粒 pENTR-11-CIRP 的构建

1）目的基因和质粒 pENTR-11 的双酶切

对测序正确的重组质粒克隆载体 pMD18-T-CIRP 和入门载体 pENTR-11 均用 Xho I、Nco I 进行双酶切，反应体系如表 7-3 所示。然后回收纯化线性化的目的片段和表达载体片段，具体操作同重组质粒鉴定。

表 7-3　双酶切反应体系

试剂	体积/μL
pMD18-T-CIRP/pENTA-11	25.0
3dH$_2$O	17.5
10×M Buffer	5.0
Xho I	1.25
Nco I	1.25
总体积	50.0

2）目的基因与载体的连接与转化

进行连接反应（TOYOBO 的 Ligation High 连接酶）（表 7-4），16℃反应 1 h，将连接产物进行转化，操作方法同目的基因与 pMD18-T 的连接及转化。

表 7-4　连接反应体系

试剂	体积/μL
载体	0.5
2×Ligation High 连接酶	5
3dH₂O	至 20

3）重组质粒的酶切鉴定

挑取阳性单菌落至 5 mL LB/Kan⁺液体培养基中，37℃振荡培养 12 h 后，提取质粒，用 Xho I、Nco I 对提取的质粒进行双酶切鉴定。酶切体系同表 7-2。最后用 1%琼脂糖凝胶电泳检测酶切反应结果。

4）重组质粒的序列测定

取鉴定为阳性的重组菌菌液至无菌的离心管中，加入适量的灭菌甘油 40%（使甘油与菌液体积比为 1：1），用封口膜封好，送上海生工测序。利用 DNAMAN 软件将所测序列结果同 GenBank 上的基因编码序列进行比较。

10. 利用 Gateway 技术进行 LR Reaction

分别接种 pENTR-11-CIRP 入门克隆菌液至 LB 培养基中，37℃摇床过夜；用 OMEGA 质粒抽提试剂盒抽提质粒；根据试剂盒手册的建议，pENTR-Clone 和 pLenti6/V5-DEST 以（1：1）～（3：1）的量进行重组，经检测 OD 值后，选择 2：1 的量进行 LR 反应；重组反应，ENTR-Clone 150 ng；pLenti6/V5-DEST 75 ng；加 TE Buffer 至 4 μL 再加入 LR Clonase 1 μL 于 25℃过夜；过夜后加入 1 μL 蛋白酶 K 终止反应，37℃、10 min；转化，涂 LB 平板；第二天观察菌斑，接种环挑出 5~8 个菌斑置于 100 μg/mL 氨苄抗性的 LB 溶液中，于 37℃摇床 200 r/min 摇菌 10~12 h；回收菌液，各克隆取 250 μL 菌液用 50%灭菌甘油溶液按 3：1 比例混匀后冻存保种，放入-70℃冰箱保存；其余菌液进行小提（小提方法同前）、酶切及氯霉素抗性 LB 琼脂平板筛选鉴定。

11. 酶切、凝胶电泳鉴定 pLenti6/V5-CIRP 表达克隆

经查阅 pLenti6/V5-DEST 质粒限制性内切酶位点图谱，拟选用常见的 EcoR I 处理重组克隆，并加空载体作为对照，建立酶切反应体系（20 μL）；混匀、简单离心后，放入 37℃水浴消化 3 h；配制 0.8% DNA 琼脂糖凝胶，各取 10 μL 酶切产物上样，110 V、40 min 电泳，在凝胶成像仪下观察结果（表 7-5）。

表 7-5　单酶切体系

试剂	体积/μL
DNA	1
10×H Buffer	2
EcoR I	1
ddH$_2$O	16

12. 氯霉素抗性 LB 琼脂糖平板筛选鉴定 pLenti6/V5-CIRP 表达克隆

为进一步明确重组克隆的正确性，选用含有 30 μg/mL 氯霉素抗性的 LB 琼脂平板对空载体及重组克隆对应的菌液分别进行接种培养：从 4℃取出制备好的氯霉素抗性 LB 琼脂平板放入 37℃温箱复温 1 h；从-20℃取出重组克隆及空载体对应的菌液，在超净工作台内用接种环蘸取少许菌液采用"三线法"接种至 LB 平板；将菌液迅速放回-20℃存放，平板放入 37℃孵箱培养过夜，次日观察结果。

7.1.2　实验结果

1. 总 RNA 的提取

由图 7-1 可见，RNA 琼脂糖凝胶电泳中 28S 的亮度约是 18S 的两倍，5S 条带较弱，表明 RNA 样品比较完整。经核酸蛋白定量测定仪测定 A_{260}/A_{280} 为 1.8~2.0，表明 RNA 的纯度和浓度符合要求，可用于反转录。

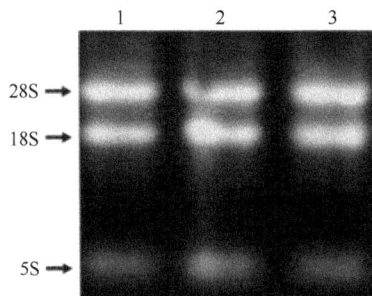

图 7-1　总 RNA 提取结果

2. PCR 反应条件的摸索

1）梯度 PCR 扩增目的基因片段

由图 7-2 可见，三次梯度 PCR 所显示的最佳退火温度不同。第一次梯度 PCR（图 7-2A）显示 55℃为最佳退火温度，而 57℃也可见明显的特异性条带，其他温度无条带。第二次梯度 PCR（图 7-2B）显示 56℃、61℃为最佳退火温度，59℃、60℃可见很少的产物出现，其他温度无条带。第三次梯度 PCR（图 7-2C）显示 60℃有明显的目的条带，但也有明显的非特异性条带出现，其他温度均无条带。

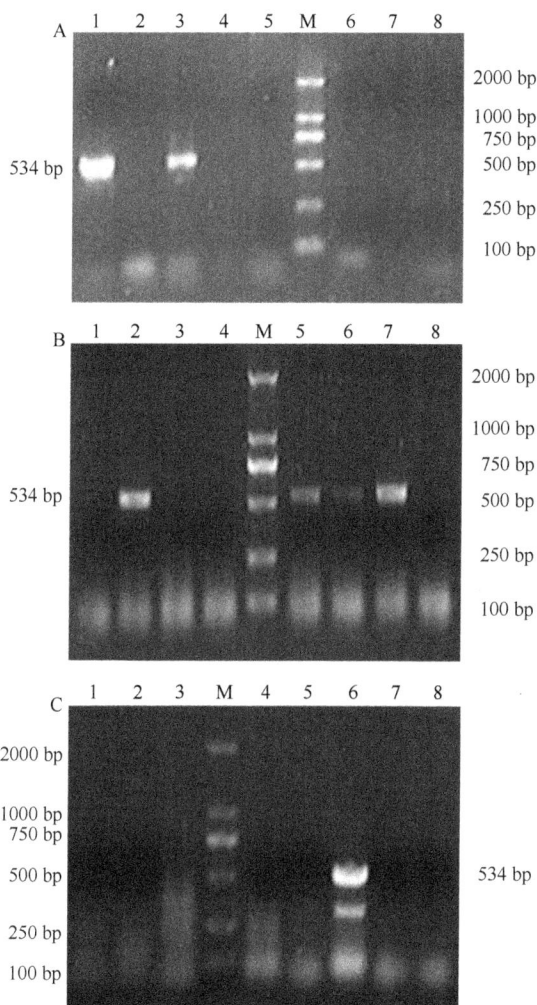

图 7-2　梯度 PCR 扩增产物（1%琼脂糖电泳）

A. 第一次梯度 PCR 结果；B. 第二次梯度 PCR 结果；C. 第三次梯度 PCR 结果［梯度 PCR 的退火温度（1~8）分别是 55℃、56℃、57℃、58℃、59℃、60℃、61℃、62℃］，M. DL 2000 Marker

2）降落 PCR 扩增目的基因片段

由图 7-3 可见，两次降落 PCR 都清晰出现与目的基因大小一致的条带，且无非特异性条带出现。

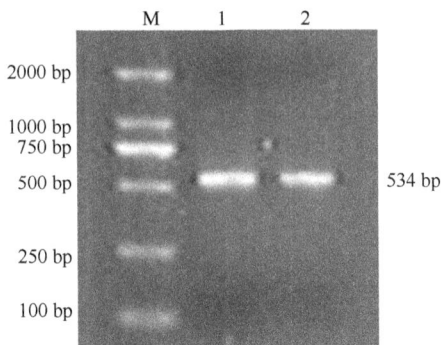

图 7-3　降落 PCR 扩增产物（1%琼脂糖电泳）

3. 重组质粒筛选

1）pMD18-T-CIRP 重组质粒的 PCR 鉴定

提取可疑阳性菌落的质粒，对其模板进行 PCR 鉴定，产物凝胶电泳结果如图 7-4 所示。获得大小约为 534 bp 的 DNA 片段，与预期大小一致。

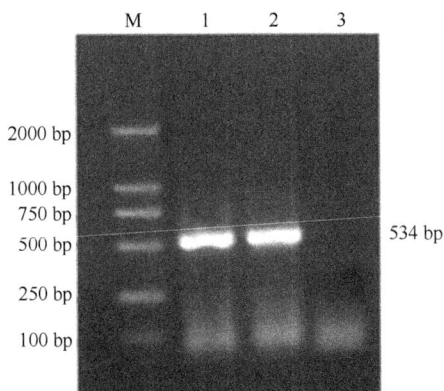

图 7-4　pMD18-T-CIRP 载体的 PCR 鉴定结果

M. DL 2000 Marker；1. pGEM-T-CIRP 质粒的扩增产物；2. pMD18-T-CIRP 载体的 PCR 产物；3. 阴性对照

2）酶切鉴定质粒 pMD18-T-CIRP

抽提的重组质粒用限制性内切酶 *Xho* I、*Nco* I 进行双酶切鉴定，分别得到 2203 bp 和 534 bp 的片段，符合预期结果，如图 7-5 所示。

3）pMD18-T-CIRP 序列分析

序列分析结果表明：从大鼠睾丸组织中克隆了 534 bp 的 CIRP cDNA，与 GenBank（Accession：NM_031147）上公布的大鼠冷诱导 RNA 结合蛋白的基因编码序列进行比较，结果一致性高达 100%。

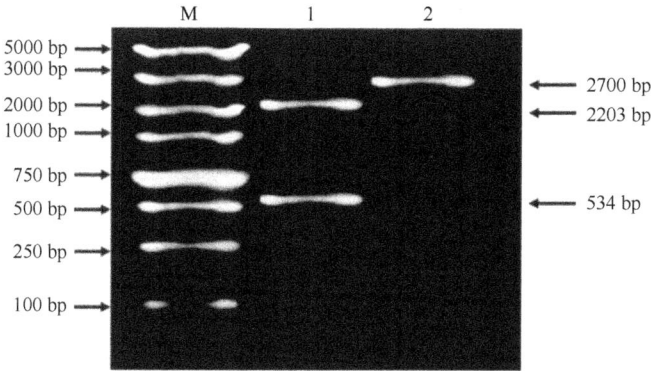

图 7-5　pMD18-T-CIRP 载体的双酶切鉴定结果

M. DL 5000 Marker；1. pMD18-T-CIRP 载体的双酶切产物；2. pMD18-T-CIRP 载体质粒

CATGCCATGGCATCAGATGAAGGCAAGCTTTTCGTGGGAGGACTCAGCTTC
GACACCAACGAGCAGGCGCTGGAGCAGGTCTTCTCCAAGTATGGGCAGATC
TCCGAAGTGGTGGTGGTAAAGGACAGGGAGACCCAGCGATCCCGAGGCTTT
GGGTTTGTCACCTTTGAAAAATATCGATGACGCTAAGGACGCCATGATGGCTA
TGAATGGGAAGTCTGTGGACGGGCGGCAGATCAGAGTTGACCAGGCTGGC
AAGTCTTCTGACAACCGGTCCCGAGGATACCGGGGTGGCTCTGCTGGAGGC
CGGGGCTTTTTCCGTGGGGGACGAAGCCGGGGCCGAGGGTTCTCCAGAGG
AGGAGGAGACCGGGGCTATGGAGGTGGCCGCTTTGAGTCCCGGAGTGGGG
GTTATGGAGGCTCCAGAGACTACTATGCCAGCCGGAGTCAGGGTGGCAGCT
ATGGTTATCGGAGCTCGGGAGGGTCCTACAGAGACAGCTATGACAGTTAT
GCTACACACAACGAGTAACTCGAGCGG

4. pENTR-11-CIRP 重组质粒的构建

1）pENTR-11-CIRP 质粒的 PCR 鉴定

pENTR-11-CIRP 重组转化 Stb31 菌，并挑取单克隆至 LB 培养，抽提质粒，进行 PCR 鉴定，获得 534 bp 的目的片段，如图 7-6 所示。

2）pENTR-11-CIRP 质粒的双酶切鉴定

经 *Xho* I 和 *Nco* I 双酶切，将重组质粒切成大小分别约为 2203 bp 和 534 bp 的两条片段，如图 7-7 所示，与预期的结果相符，表明重组质粒 pENTR-11-CIRP 被成功构建。

3）pENTR-11-CIRP 质粒的测序结果

pENTR-11-CIRP 测序后经验证连接正确且无碱基突变。

5. pLenti6/V5-CIRP 表达克隆的 PCR 鉴定

pLenti6/V5-CIRP 载体质粒和 pMD18-T-CIRP 的 PCR 结果均得到大小约为 534 bp

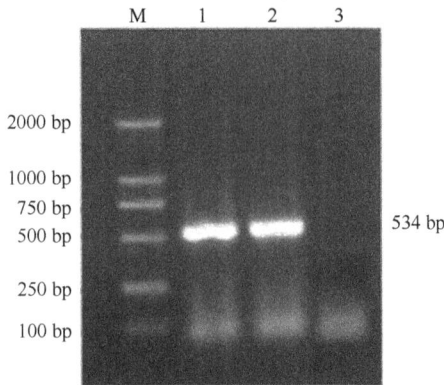

图 7-6 pENTR-11-CIRP 载体的 PCR 鉴定结果

M. DL 2000 Marker；1. pGEM-T-CIRP 质粒的扩增产物；2. pENTR-11-CIRP 载体的 PCR 产物；3. 阴性对照

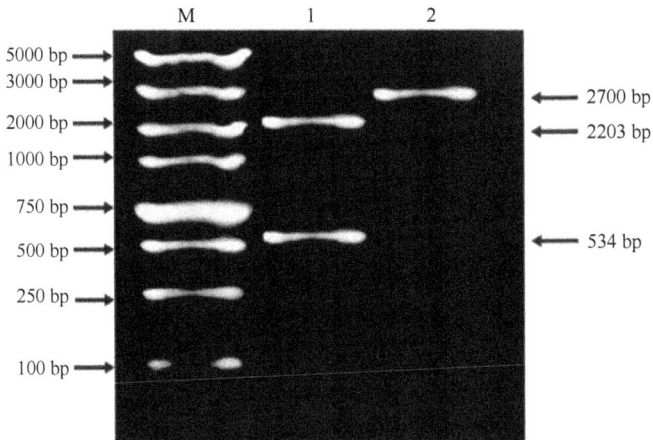

图 7-7 pENTR-11-CIRP 载体的双酶切鉴定结果

M. DL 5000 Marker；1. pENTR-11-CIRP 载体的双酶切产物；2. pENTR-11-CIRP 载体质粒

的目的条带，而 pLenti6/V5-DEST 的 PCR 产物只有引物二聚体。此结果初步说明 LR 反应成功，CIRP 目的基因被克隆到表达载体 pLenti6/V5-DEST 上，成为最终的表达载体 pLenti6/V5-CIRP。

6. pLenti6/V5-CIRP 表达克隆的酶切鉴定

明确目的阳性克隆大小后，分析质粒的内切酶图谱发现，从 EcoR I 酶切处理后 DNA 凝胶电泳的结果看符合上述分析的阳性重组克隆预期片段大小，表明含有 pre-miRNA 的 attB 穿梭序列已成功置换掉 attR 序列而插入慢病毒载体中。

7. 氯霉素抗性 LB 琼脂糖平板筛选鉴定 pLenti6/V5-CIRP 表达克隆

为进一步明确阳性重组克隆的正确性，将重组克隆及空载体对应菌液接种在氯霉素抗性（CMR）的 LB 琼脂平板过夜培养，由于空载体 pLenti6/V5-DEST 携带的 *CMR* 基因位于 attR 穿梭区域之内，其可以在 CMR LB 平板中正常生长，而如果目的片段被成功插入空载体中，那么 attR 序列将被 attB 序列置换掉，即破坏了 *CMR* 基因，所以正确的阳性重组克隆转化菌将不能在 CMR LB 平板中正常生长，培养结果进一步证实了我们所构建的 miR 慢病毒重组表达克隆的正确性，因此，通过这种平板菌落阴性克隆鉴定法，可以省去非必需的测序实验（Protocol 建议）。培养结果可见空载体 pLenti6/V5-DEST 转化菌菌落布满 CMR LB 平板，而 miR 重组慢病毒表达克隆转化菌则无任何菌落生长。

7.1.3　讨论与分析

冷应激中 CIRP 的高表达可增强机体对环境应激的耐受力，CIRP 主要作为 RNA 伴侣参与逆境条件下基因的转录和翻译的调节。此外，人们发现 CIRP 是一个多功能蛋白，参与动物的冬眠、昼夜节律的调节、胚胎发育、精子发生、细胞的癌变等过程，并在临床上亚低温脑损伤治疗和心脏外科手术，以及肿瘤治疗和生物技术领域重组蛋白的生产过程中得到广泛重视。

在 PCR 反应中，当循环进入退火阶段时高温变性的模板 DNA 分子与体系中大量存在的短链引物分子随机碰撞形成局部双链结构，进而进入延伸阶段。在理想状态下，退火温度要足够低，以保证引物同目的序列有效结合，同时还要足够高，以减少非特异性结合。如果退火温度过低，少数碱基形成的局部双链不易解链，难以继续碰撞和正确配对，故复性的特异性降低。如果温度过高，则使得引物不能被复性到模板上，故不能有效地启动 DNA 的合成[6]。

采用梯度 PCR 选择合适的退火温度时需要多次反应或多管反应，并且即使通过多次实验找到最佳的退火温度后，在更换其他 PCR 仪进行同样的扩增时最适的退火温度也有可能发生改变[7]，需要重新进行最佳退火温度的摸索。而降落 PCR 只需一次反应就可以获得很好的扩增效果，避免了对每对引物进行最佳复性温度的优化与测定工作，并且降落 PCR 在很大程度上减弱了仪器性能对扩增效果的制约。其基本原理为：一开始先用高温扩增，保证扩增的严谨性，待目的基因的丰度上升后，降低扩增的温度，提高扩增的效率。尽管退火温度最终会降到非特异杂交的 T_m 值，但此时目的扩增产物已经开始呈几何扩增，在剩下的循环中处于主导地位，产物超过任何滞后（非特异）PCR 产物[7]。

通常降落 PCR 的退火温度范围可跨越 15℃，从高于 T_m 值几度到低于 T_m 值 10℃左右，在每个温度上循环 2 个周期，然后在较低的复性温度上循环 3~5 个周期。后来人们为了简便，同时避免在最低退火温度进行多次循环会有非特异性产物出现的可能性，曾将降落 PCR（TD-PCR）退火温度缩短至 10 个系列温度，将此扩增方法称为 MTD-PCR[6]。后来人们又将 MTD-PCR 再次改进，将退火温度缩短至 5 个甚至 4 个温度范围，并将这种方法称为 SMTD-PCR。改良后的 TD-PCR 在每一个停留的退火温度上循环 4 或 5 次，最后一个退火温度的循环次数增加至 20~30 个循环，以最大可能提高其特异产物与非特异产物的比率。但是改良后的 TD-PCR 需要从较低的退火温度开始降落，因为尽管 Taq 等酶耐热，但在经过太长时间的高温后其活性也会下降，会由于 DNA 聚合酶活性丧失过多而得不到足量的 PCR 产物[8]。

最初设计 TD-PCR 是为了降低普通 PCR 中出现的非特异性扩增[9]。张贵星等[8]发现，TD-PCR 能用于降低或避免由以下原因所致的非特异性扩增：短序列引物；Mg^{2+} 浓度不适当；T_m（变性温度）值或 T_a（退火温度）值相距较远的一对引物；复杂的模板 DNA（如基因组 DNA）。后来人们又发现 TD-PCR 灵敏性高于普通 PCR，可以扩增出普通 PCR 不能发现的低浓度核酸，还可以在不太理想的工作条件（如 Mg^{2+} 浓度不适合）下扩增出产物。此外，对于 T_m 值相近的 PCR 反应可在同一循环条件下对多个基因片段进行扩增，大大提高了工作效率[10]。目前降落 PCR 已被广泛应用于分子生物学、医学等各个领域，不仅可用于基因分离、克隆和核酸序列分析等基础研究，还可广泛应用于疾病的诊断（如难治性肾病综合征与激素敏感性肾病综合征的诊断、禽类传染病的诊断等），病毒、细菌、寄生虫的快速检测，转基因植物的快速鉴定等。

在本研究进行的初期，作者试图利用梯度 PCR 来寻找 CIRP 基因扩增时的最适退火温度，尽管三次通过梯度 PCR 采用 8 个退火温度（55℃、56℃、57℃、58℃、59℃、60℃、61℃、62℃）进行扩增，但每次实验同一温度的扩增效率都不尽相同，并且有非特异性产物出现。应用 TD-PCR 法对 CIRP 基因进行扩增时，不用摸索最佳退火温度，直接设计 PCR 扩增程序后，即顺利扩增出了清楚的与目的片段大小一致的特异性条带。本实验结果还显示，所建立的 TD-PCR 法，可检出极低浓度的核酸，如此高的灵敏性将会准确显示不同环境下不同组织中 CIRP 含量的微小变化，此种 CIRP 高灵敏度高准确度的检测方法将为揭示 CIRP 昼夜节律性表达规律、冷应激后的表达规律及其各项生理功能的确切作用机制提供很大帮助。

现阶段将目的基因导入靶细胞和组织的方法主要包括真核表达质粒的转染和病毒载体介导的基因转移方法等。其中真核表达质粒的转染对于分裂增殖比较旺盛的体外培养细胞转染效果较好，但表达的目的基因常随时间的延长而发生丢失。以往研究介导外源基因在真核细胞表达时，腺病毒及腺相关病毒载体最为常用。腺病毒载体虽然可以感染非分裂细胞，但它不能整合入宿主细胞基因组并且引起免疫炎症反应，因此不能保证治疗基因进行长期稳定的表达，其表达会随时间而消退，表达的高峰出现在 2~3 d，7 d 后就消失了。腺相关病毒虽然没有致病性也不引起免疫反应，且能整合入宿主细胞基因组进行持续稳定的表达，但其只能携带很小片段的外源基因且缺乏高效的包装细胞。因此，构建高效的基因转运载体已成为很多疾病基因治疗亟待解决的问题。慢病毒（lentivirus）属于反转录病毒之一，包括人艾滋病病毒、猴艾滋病病毒、羊 Visna/Maedi 病毒等 7 个亚属。其中对人艾滋病病毒的生活史及基因结构了解得最为清楚。因此，以慢病毒基因组为基础，除去复制所需要的基因而代之以治疗基因和选择性标记物，构建的慢病毒载体具有转移基因片段容量大、不易诱发宿主免疫反应和安全性较好等优点，它不仅能感染分裂细胞，最大的特点是慢病毒在感染的过程中可形成前整合复合体，可定位到核孔，然后通过核孔进入细胞核，即不需要有丝分裂也能有效地感染非分裂细胞，如神经细胞、造血干细胞、肌纤维细胞和肝细胞等。慢病毒不能感染的唯一一种细胞是 G0 期细胞，这是由于 G0 期细胞中的病毒不能进行反转录。慢病毒能稳定整合于靶细胞的基因组，治疗基因表达时间长。慢病毒载体已成为当前基因治疗中基因转移载体研究的热点，给攻克一些难治性疾病，如肿瘤和神经系统疾病等带来了新曙光。

而对于得到 pLenti6/V5-CIRP 的表达克隆的鉴定，我们先后选择了与空载体作对照进行 PCR 鉴定、EcoR Ⅰ酶切处理、凝胶电泳判断及接种 CMR LB 琼脂平板菌落阴性克隆鉴定的方法。①用 PCR 方法鉴定 pLenti6/V5-CIRP，如果目的片段被正确插入，将得到大小约为 534 bp 的目的条带，而 pLenti6/V5-DEST 将只能得到引物二聚体。②EcoR Ⅰ内切酶在载体 pLenti6/V5-DEST 中存在 2 个位点，分别在 2424 bp、2887 bp 处。而在质粒 pLenti6/V5-CIRP 中，如果目的片段被正确插入，位于 attR 穿梭区域内 2887 bp 处的位点刚好被置换掉，那么酶切后正确的阳性克隆将被线性化，仅得到一个大小约为 8.0 kb 的条带；而假阳性克隆仍含有两个 EcoR Ⅰ位点，酶切后将得到 8.3 kb 及 400 bp 两个条带。因此通过 EcoR Ⅰ酶切处理后进行凝胶电泳可以加以鉴别。③为进一步明确重组克隆的正确性，将 EcoR Ⅰ酶切正确的阳性重组克隆及空载体所对应菌液接种在 CMR LB 平板于 37℃培养过夜，由于空载体 pLenti6/V5-DEST 携带的 CMR 基因位于 attR 穿梭区域内，其可以在 CMR LB 平板中正常生长，而对于 attB 穿梭序列成功插入空载体中置换掉 attR 序列的重组克隆，其 CMR 基因已经被破坏，所以正确的阳性重组克隆转化菌不能在 CMR LB 平板中长出菌落。由于空载体 attR 穿梭区域内的 ccdB 基因突变率极低，避免了 Gateway 重组反应体系中假阳性重组表达克隆的产生。Invitrogen 公司的 BLOCK-iT Lentiviral Pol Ⅱ miR RNAi 表达系统手册建议所得产毒物质可直接用于下游的产毒、包装实验，而不是必须进行测序鉴定。加之 attB 穿梭区域内的序列正确性已经在干扰质粒的构建中经测序验证，因此我们后续实验中省去了周期较长的测序工作，直接进行了下游的产毒、包装实验。

Gateway 重组反应中的快速 BP/LR 反应体系使得上述过程操作起来更为方便、简洁，理论上可以免去一定的载体酶切处理、亚克隆、转化扩增、小提等实验程序,但在我们实际操作中发现,快速 BP/LR 反应中酶切处理时间由推荐的 1~2 h 延长到过夜处理(>16 h),可以很大程度地提高载体的处理效率及连接效率,从而可以增加连接产物转化成功的概率。

慢病毒载体(lentiviral vector,LVV)与其他病毒载体系统相比,最大的优点是免疫原性弱、能够转导非分裂相细胞。许多有潜力的基因治疗靶细胞都是非分裂相细胞,如造血干细胞、肝细胞、神经元细胞、肌细胞和巨噬细胞。肿瘤细胞虽然是分裂细胞,但其分裂并不同步,不能转导非分裂相细胞的载体系统必然使肿瘤细胞的转导效率受限。LVV 还能够容易地将目的基因整合到宿主细胞基因组,实现目的基因的稳定表达。

7.2 基于 CIRP 有效干扰靶点的筛选

CIRP 不仅是一种冷应激蛋白,在冷应激中对冷损伤起到一定的保护作用,而且是一种生物学作用广泛的多功能蛋白,因此对其开展深入研究并揭示其作用机制,对开发其潜在的应用价值具有重要意义,将来也许可以在分子水平减少冷应激给畜牧业造成的经济损失。因此本研究通过使用本实验室模拟体内 RNA 干扰通路已构建好的 5 组携带 miRNA 干扰片段的载体,通过脂质体瞬时转染大鼠肝细胞,采用实时荧光定量 PCR 法在 5 组载体中筛选出 CIRP 的最佳干扰靶点,为后续从干扰角度探讨 CIRP 对低温应激下细胞保护作用的研究奠定基础。

7.2.1 材料与方法

1. 菌种及细胞来源

RNA 干扰重组载体、空载体和大鼠肝细胞株由黑龙江八一农垦大学动物生理生化实验室提供。

2. 主要化学试剂

Trizol 购自美国 Invitrogen 公司;反转录酶、Taq 酶、DL 2000 Marker、DL 5000 Marker 均购自大连宝生物公司;T4 DNA Ligase 购自 Promega 公司;pGEM-T Easy 购自 Promega 公司;DEPC 购自 Sigma 公司;壮观霉素购自 Sigma 公司;LipoFiter 购自上海汉恒生物科技有限公司;SYBR Green 荧光定量检测试剂盒购自美国伯乐公司;普通琼脂糖凝胶购自 OMEGA 公司;质粒小量提取试剂盒购自北京博大泰克生物基因技术有限责任公司;小牛血清、DMEM 均购自 GIBCO 公司;引物合成和测序均由金唯智生物科技有限公司完成;其余试剂均为进口分装或国产分析纯。

3. 主要仪器设备

电泳仪，美国伯乐公司；−80℃超低温冰箱，英国 New Brunswick Scientific 公司；灭菌锅，上海博通实业有限公司；pH 计，梅特勒-托利多仪器上海有限公司；恒温水浴锅，常州国华电器有限公司；Gel Doc2000 紫外凝胶成像系统，美国伯乐公司。

4. *CIRP* 基因 RNA 干扰重组载体的测序验证

本实验室已构建好的 5 组干扰重组载体的名称分别为 pcDNA6.2 GW/EmGFP-405、pcDNA6.2 GW/EmGFP-264、pcDNA6.2 GW/EmGFP-131、pcDNA6.2 GW/EmGFP-707、pcDNA6.2 GW/EmGFP-645，以及空载体对照组 pcDNA6.2 GW/EmGFP-neg。在含有壮观霉素的抗性平板上分别涂上各个活化后的菌种，在 5% CO_2、37℃条件下培养过夜，第二天观察平皿中菌种生长情况，结果表明生长良好，有较多单菌落，将单菌落挑出放到含壮观霉素的液体培养基中进行扩增培养，放入 37℃摇床中 8~12 h，次日使用质粒小量提取试剂盒提取扩增后菌液中的质粒，经过 PCR 初步鉴定后，送到金唯智生物科技有限公司测序。

5. 干扰质粒瞬时转染大鼠肝细胞

本实验共设 7 个实验组：包括 5 个干扰组、阴性对照组（pcDNA6.2 GW/EmGFP-neg）及空白对照组，每组 3 个重复。于转染前 1 d，利用胰蛋白酶消化肝细胞，按每孔 $1×10^5$ 个细胞接入 12 孔板，分别使细胞置于 1 mL 含 DMEM+10% FBS+1%青/链双抗生素培养基中，在 5% CO_2、37℃条件下培养，转染前将细胞融合度调整至 70%~80%。转染当天，给细胞更换新鲜的培养基 1 mL（可以含血清和抗生素），37℃孵育。配制转染混合物：A 管，分别取干扰载体 pcDNA6.2 GW/EmGFP-miR 及阴性对照 pcDNA6.2 GW/EmGFP-neg 与 DMEM 培养基混匀；B 管，取不含抗生素和谷氨酰胺的 DMEM 溶液与 LipoFiter 混匀。室温静置 5 min 后，分别取 B 管溶液加入 A 组各管中混合，室温孵育 20 min。将上述混合液分别滴加到 12 孔板的大鼠肝细胞中，轻轻摇匀细胞培养板，37℃培养箱中孵育 6 h，然后更换新鲜培养基。在转染后 48 h，通过使用荧光显微镜观察细胞转染情况并查看其转染效率。

6. 荧光定量 PCR 检测 *CIRP* mRNA 的相对表达量

分别收集转染 48 h 后各个实验组的细胞，向已收集好的细胞中加入 1 mL Trizol 试剂置于室温中静置 5 min。然后加入 200 μL 预冷的氯仿。涡旋混匀以后在室温下放置 3~5 min，待其分层后放入 4℃离心机中离心 15 min，12 000 r/min，转移含有 RNA 的上层水相到新的 EP 管中，然后向其中加入等体积的预冷异丙醇，混匀后为增加 RNA 沉淀将其置于 4℃静置 30 min，之后置于 4℃离心机中 12 000 r/min 离心 10 min 后弃上清，用 1 mL 75%乙醇洗涤沉淀，温和振荡，悬浮沉淀后置于 4℃离心机中 8000 r/min 离心 5 min 后弃上清，收集沉淀。室温干燥 5~10 min，不可过干，用 20 μL DEPC 水溶解 RNA 沉淀，检测 RNA 浓度及纯度。以反转录获得的 cDNA 作为模板，目的基因 *CIRP* 扩增片段长度为 534 bp（上游引物 5′-TA-AAGGACAGGGAGACTCAACG-3′，下游引物 5′-CTTGCCAGCCTGGTCAACT-CG-3′）；内参基因 *β-actin* 扩增片段长度为 205 bp（上游引物 5′-TCACCAACT-GGGACG-3′，下游引物 5′-GCATACAGGGACAACA-3′）。通过 RT-PCR 预实验摸索各引物的 PCR 扩增条件，按荧光定量 PCR 试剂盒说明配制反应体系，反应置于荧光定量 PCR 仪中，设定程序：预变性 95℃ 30 s；95℃ 5 s，60℃ 20 s，72℃ 20 s，40 个循环；荧光信号实时检测。荧光定量 PCR 数值分析采用 $2^{-\delta\delta C_t}$（C_t 代表循环阈值）分析法。

7.2.2 实验结果

1. RNA 干扰重组质粒测序结果

经过 PCR 初步鉴定后结果见图 7-8。并且将测序结果（图 7-9）与预期序列逐一进行比对后，可以确认 2 份序列完全相同。DNA 测序结果证实黑龙江八一农垦大学动物生理生化实验室之前构建并保存的 RNA 干扰重组载体的菌种未受到杂菌的污染，保证了实验的可行性，因此可以进行后续实验。

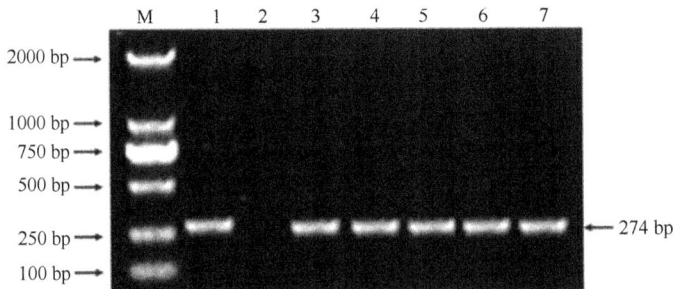

图 7-8　PCR 鉴定 pcDNA6.2 GW/EmGFP-miR-CIRP 载体

M. DL 2000 Marker；1. pCDNA6.2 GW/EmGFP-miR-neg 质粒的扩增产物；2.空白对照；3~7. 靶点 405、264、131、707、645

2. 瞬时转染结果

瞬时转染经过 48 h 后，通过荧光显微镜观察细胞的转染效率。从观察结果可以看出，瞬时转染效率在 70%左右（图 7-10），转染效率达到后续实验要求，可以进行后续实验。

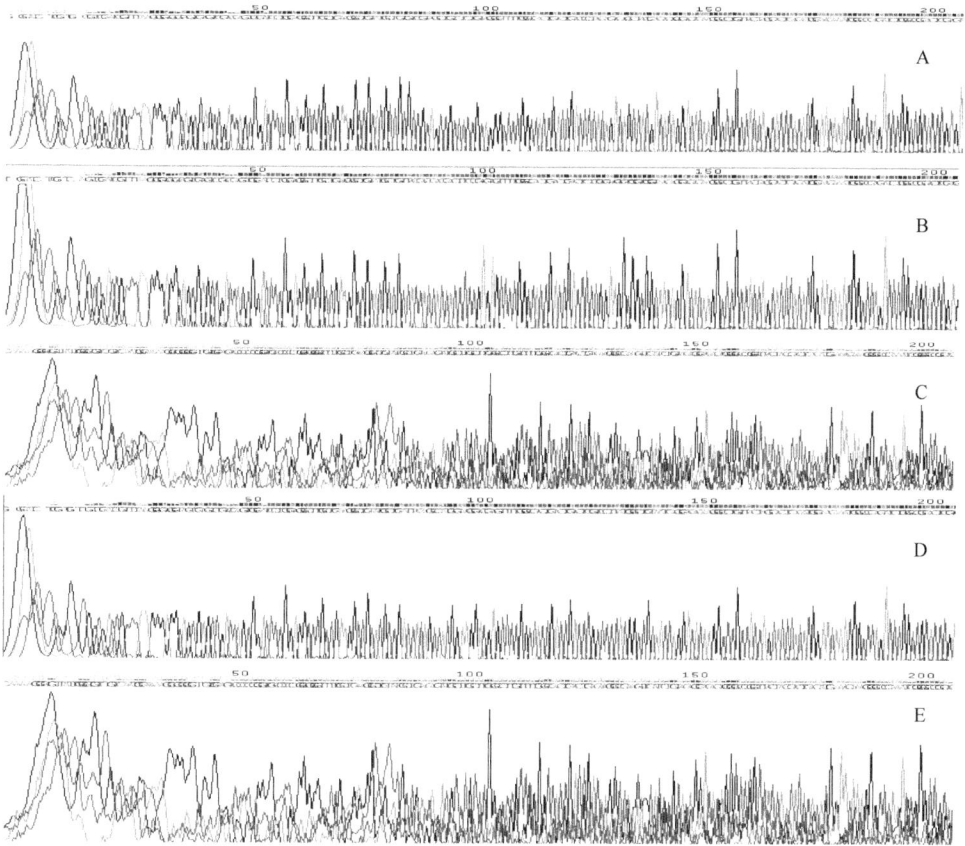

图 7-9　RNA 干扰重组载体测序图（部分）（彩图请扫封底二维码）

A. pcDNA6.2 GW/EmGFP-miR-131；B. pcDNA6.2 GW/EmGFP-miR-264；C. pcDNA6.2 GW/EmGFP-miR-405；
D. pcDNA6.2 GW/EmGFP-miR-645；E. pcDNA6.2 GW/EmGFP-miR-707

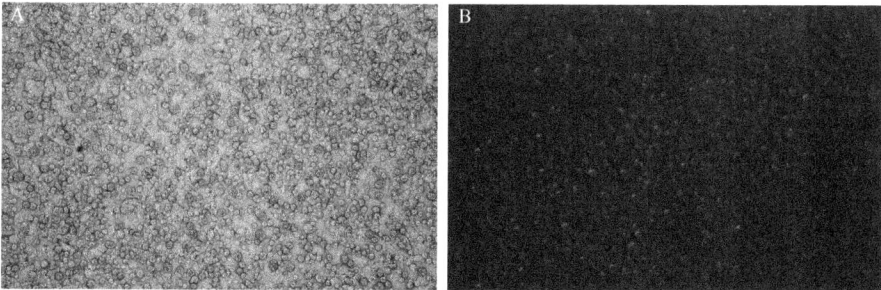

图 7-10　干扰载体瞬时转染 48 h 后荧光显微镜下发绿色荧光
的大鼠肝细胞（100×）（彩图请扫封底二维码）

A. 正常光镜下的细胞；B. 荧光显微镜下的细胞

3. 筛选 CIRP 干扰的有效片段

在各实验组中，只有 264 这组的干扰效率达到 70% 以上，并且与空白对照组相比差异显著（$P<0.05$），因此其 miRNA 序列是 *CIRP* 基因 RNA 干扰的有效序列；同时阴性对照组与空白对照组表达量大体相同，差异不显著（$P>0.05$），见图 7-11。

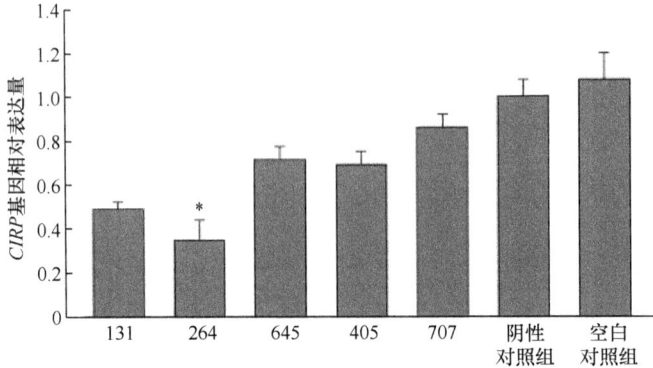

图 7-11　*CIRP* 最佳干扰靶点筛选结果

与空白组相比，*表示差异显著（$P<0.05$）

7.2.3　讨论与分析

RNA 干扰自 1998 年被发现以来，在其作用机制研究、应用于生物基因组中特定基因功能的研究、封闭和阻断病原体基因表达等方面，都取得了非常重要的进展，更是显示出其良好的应用前景。RNA 干扰广泛存在于动物、植物等各种生物体内，在生物基础、医学、药学和植物学等领域都能看见它的身影，是目前分子生物学领域研究的热点之一，并且对于其在基因治疗中的潜在应用价值已引起临床的广泛关注[11]。黑龙江八一农垦大学动物生理生化实验室之前已构建出 CIRP 过表达载体，并且验证了其能过量表达。而本研究筛选出的 *CIRP* 有效干扰靶点作为后期通过 CIRP 过表达来研究 CIRP 相关功能的一个印证部分，目的在于在特定实验条件下，将 *CIRP* 基因过表达对某个生理过程的影响与 *CIRP* 基因被沉默后对相同的生理过程的影响进行对照，可以更直接地研究 CIRP 的相关功能，同时为探讨其相关作用机制奠定基础。

RNA 干扰重组载体是本实验室之前已经构建好的，其载体选用 pcDNA6.2 GW/EmGFP-miR，设计于 Invitrogen 公司。这种载体是适用 miRNA 干扰的专用质粒。此载体包含的 *CMV* 启动子的表达特点是高效及持久性，同时在大多数哺乳动物细胞内 *CMV* 启动子都能够发挥活性。更重要的是其携带杀稻瘟菌素和大观霉素的双抗性，这样不管在原核还是真核细胞中都可以对其进行筛选。为了利于转染效率的观察，质粒上还携带了 EmGFP 绿色荧光蛋白的表达基因。本实验通过脂质体瞬时转染 RNA 干扰重组载体来筛选 *CIRP* 的最佳干扰靶点，这是因为质粒可以大量制备，同时其稳定性比较好、不易降解，更重要的是它可以利用 RNA 干扰重组载体将靶基因的特异性 RNA 干扰序列表达结构转入靶细胞中，在转入效率上有所提高，使基因沉默效果长久稳定[12]，并且此操作简便且耗时较短，节约资源。通过这些有利实验基础的支持，研究者成功筛选出基于 *CIRP* 基因的有效干扰靶点。

7.3　干扰慢病毒的包被及 CIRP 对低温刺激海马神经元的保护作用

反转录病毒、腺病毒和慢病毒载体是较为常用的病毒载体。相较于其他两种病毒载体，慢病毒优点非常突出。因为慢病毒对分裂相细胞、分裂缓慢或非分裂期的细胞都可以进行感染；并且基因被慢病毒携带进入宿主后，其可整合入宿主基因组中，这样目的基因在宿主细胞中可以长期稳定地表达，不会产生强烈的免疫反应。由此我们选择已筛选出的有效 RNA 干扰慢病毒载体来制备病毒液，用于感染各个实验组细胞，之后检测与细胞保护作用相关的指标，从干扰角度研究 CIRP 对低温应激细胞的保护作用机制。

7.3.1　材料与方法

1. 质粒载体、细胞株及实验动物

293T 由黑龙江八一农垦大学动物科技学院分子生物学实验室保存，pcDNA6.2 GW/EmGFP-264 干扰质粒克隆载体由本实验室前期构建，5 d 的 SD 幼鼠由黑龙江八一农垦大学实验动物中心提供。

2. 主要试剂

质粒小量快速提取试剂盒购自北京博大泰克生物基因技术有限责任公司，HiPure Plasmid Mediprep Kit 购自 Invitrogen 公司。LipoFiter 购自上海汉恒生物科技有限公司；DMEM 培养基、DMEM-F12 培养基购自 GIBCO 公司；胎牛血清、L-多聚赖氨酸、阿糖胞苷、D-Hanks 购自 Invitrogen 公司。从上海森雄公司购买 casp-3 ELISA 检测试剂盒、GSH-Px ELISA 检测试剂盒、MDA ELISA 检测试剂盒、IL-1 ELISA 检测试剂盒、IL-2 ELISA 检测试剂盒和 IL-6 ELISA 检测试剂盒。其他均为国产试剂，分析纯。

3. 主要仪器

DRP-9272 型电热恒温培养箱，上海森信实验仪器有限公司；DYY-8B 型稳压稳流电泳仪，北京市六一仪器厂；HX-1050 型恒温循环器，北京德天佑科技发展有限公司；HWS12 型电热恒温水浴锅，上海一恒科学仪器有限公司；HZQ-C 型空气浴振荡器，哈尔滨市东明医疗仪器厂；CR21 型高速立式离心机，日本日立公司（HITACHI）；酶标仪，上海三科仪器有限公司；PCR 仪，P×2 Thermal Cycler 美国赛默飞公司；XW-80A 型旋涡振荡器，上海医疗器械五厂；台式低温冷冻高速离心机，美国 Sigma 公司；PHS-3C 型精密 pH 计，上海雷磁仪器厂；荧光倒置显微镜，日本 Olympus 公司；制冰机，SANYO 公司；精密天平，Sartorius 公司；电泳仪，美国伯乐公司；蛋白转膜仪，美国伯乐公司；生物安全柜，LABCONCO 公司；灭菌锅，上海博通实业有限公司；双垂直电泳槽，北京市六一仪器厂；血球计数板，上海求精生化试剂仪器有限公司；Odyssey 双色红外激光成像系统，美国 LICOR 公司。

4. 慢病毒颗粒的包装

1）质粒抽提

复苏有效干扰靶点相应的冻存菌液，将其接种在提前准备好的 LB 培养基（Amp⁺）上，待 12 h 长出菌落后挑菌，然后摇菌扩增，扩增后用质粒提取试剂盒进行抽提，获得 pcDNA6.2 GW/EmGFP-264 干扰载体表达克隆。

2）复苏 293T 细胞

取出细胞之前，预热 37℃ 水浴锅；将在液氮罐中保存的细胞冻存管快速取出；放入已经预热好的水浴锅中，动作应迅速不拖拉并晃动，速度要快，1 min 内完全融化而后用移液管在无菌操作台中取出细胞，将融化后的细胞轻轻地转移到 15 mL 的无菌离心管中，向离心管中加入 8 mL 的新鲜培养基（DMEM+10% FBS），慢慢混匀；1000 r/min 离心 5 min，弃去上清液，然后再加入 5 mL 新鲜的培养液（DMEM+10% FBS），细胞沉淀重悬后计数，细胞浓度达到（4~6）×10⁵ 个/mL，使用 25 cm² 培养瓶进行接种，37℃ 静置培养，次日移除培养瓶中旧的培养基换成新鲜培养基（DMEM+10% FBS），然后放入 37℃ 培养箱中继续培养，观察其长势，根据实际情况对其进行传代或换液处理。

3）细胞传代

当细胞汇合度达到 70% 时，除去旧培养液，吸取 PBS 洗涤细胞生长面三次，每次用 2 mL PBS 洗涤，最后弃去 PBS；向培养瓶中加入 0.6 mL 胰酶可以覆盖住培养瓶的底面，将其放到 37℃ 培养箱中进行消化，放置约 20 s，迅速拿出进行下一步操作；为了终止胰酶的消化反应，向其中加入 1 mL 含 10% FBS 的 DMEM 培养液，用移液管动作轻柔地将培养瓶底面的细胞吹打起来，把细胞悬液转移到 15 mL

的离心管中，1000 r/min 离心 5 min，除去上清液，再加入 2 mL 含 10% FBS 的培养液使细胞重悬；取两个新的培养瓶，向其中各加入 1 mL 重悬的细胞液，每个培养瓶中接种细胞数目为 1.6×10^6 个，然后在各培养瓶中加入 4 mL 含 10% FBS 的新鲜 DMEM 培养液，半拧培养瓶盖子，轻轻十字晃动培养瓶，使细胞分布均匀，置于 37℃、5% CO_2 条件下培养。

4）慢病毒的包被及病毒液的收集

第一天将 293T 细胞培养至 70% 的融合度时，进行细胞传代，将细胞悬液接种到 15 cm 的培养皿中，加入 18 mL 含 10% FBS 的 DMEM 培养液，混匀后在 37℃、5% CO_2 条件下培养过夜；第二天（细胞接种后 24 h），在显微镜下观察细胞形态，细胞贴壁密度为 90%~95%，细胞呈梭形，形态比较饱满，中央发亮，可以进行转染实验；对于每个转染样品，按以下操作准备 LipoFiter 复合物：在一支无菌的 5 mL 离心管中，加入 1.5 mL 无血清的 Opti-MEMI 培养基，按比例加入 9 μg 的 ViraPower 重组质粒与包装混合物和 3 μg 的干扰质粒 DNA（共 12 μg 质粒），混匀；LipoFiter 在使用前轻轻混匀，取 36 μL 置于另一支无菌的 5 mL 离心管中，用 1.5 mL 无血清的 Opti-MEMI 培养基稀释，轻轻混匀，室温放置 5 min；之后将两支离心管混合，轻轻混匀。室温放置 20~25 min，使质粒与脂质体形成混合物，混合时可能会出现浑浊现象，但是并不会影响实验的效果；将 15 cm 培养皿中的旧培养液除去，重新加入 8 mL DMEM 培养液，要求培养液中不加血清；将转染混合物逐滴加入相应的细胞培养皿中，轻轻地前后摇晃细胞培养皿以混匀复合物，在 37℃，5% CO_2 的细胞培养箱中温育 4~6 h。吸弃转染液，加入 18 mL 含 10% FBS 的 DMEM 培养液，37℃、5% CO_2 继续培养 72 h；转染后 72 h，将培养皿中细胞上清液转移到 50 mL 无菌的离心管中，4℃、4000 r/min 离心 4 min（注意：在此阶段处理的已经是具有传染性的病毒了）；低速离心后，将离心管上清液倒入 50 mL 注射器内，用 0.45 μm 的过滤膜过滤；分装病毒液并贴好标签，−80℃冰箱冻存。

5）慢病毒滴度的测定

（1）具体测定方法。

铺板：将 293T 细胞进行传代，96 孔板，按每孔 5.0×10^3 个细胞进行接种，使用细胞悬液的体积为 100 μL，在 37℃、5% CO_2 条件下培养过夜，到感染的时候细胞生长融合达到 30%~50%。准备稀释：取 10 个已经经过无菌处理的离心管，在每个离心管中加入 90 μL 的新鲜培养基（添加 5% 的胎牛血清，并且不含抗生素）。10 倍稀释病毒：向准备好的第一个离心管中加入从待测定的病毒原液中抽取的 10 μL 病毒原液，在管中轻轻混合均匀以后，再从中取 10 μL 加到第二个管中，依次类推一直加到最后一管；用 DMEM 培养液将待测原病毒液稀释成 10^{-1}、10^{-2}、10^{-3}、10^{-4}、10^{-5}、10^{-6}、10^{-7}、10^{-8}、10^{-9} 和 10^{-10} 共 10 个稀释梯度；感染前，移去旧的细胞培养液，依次加入上述 10 个浓度梯度的病毒液的新鲜培养基，同时建立对照。在 37℃、5% CO_2 条件下进行过夜培养；经过 24 h 后，将旧培养液用移液器移除，换成新鲜培养基（不含抗生素，添加 10% 的胎牛血清），在 5% CO_2、37℃ 条件下培养过夜；感染后大约 72 h，荧光表达基本趋于稳定，观察荧光表达情况，通过荧光显微镜计算 GFP 数量，正常情况下，荧光细胞的数量会随着稀释倍数的增加而相应减少，计数最后两个含有荧光细胞的孔中荧光细胞的个数，再将得到的数值除以各自相应的稀释倍数，此时病毒原液的滴度值可以被计算出来（通常以倒数第二个孔中的读数更为准确）。

（2）病毒滴度的计算。

病毒滴度（BT）=TU（transducing unit）/mL（感染单位/毫升）表示。换算公式为：TU/mL =$[F \times N/V] \times 1/DF$。式中，$F$ 为 GFP 表达阳性细胞率（%）；N 为转染时的细胞数；V 为每孔接种体积；DF 为稀释因子（dilution factor）=1（undiluted）、10^{-1}（diluted 1/10）、10^{-2}（diluted 1/100）。

假设：取 V（μL）的病毒原液进行 10 倍稀释，在加入第 A 次 10 倍稀释后（即稀释因子为 10^{-A}）的病毒稀释液的孔中观察到了 B 个有荧光的细胞，则病毒的滴度计算公式为：病毒滴度=$(B/V) \times 1/10^{-A}$。

5. 海马神经元细胞的培养

1）L-多聚赖氨酸包被细胞培养板

取新的 24 孔细胞培养板，向每孔都加入 200 μL 浓度为 0.01% 的 L-多聚赖氨酸溶液，置于室温下过夜或者放入 37℃ 的恒温箱中 4 h 后，用移液器吸出多余的液体，然后使用无菌三蒸水充分漂洗 24 孔板 3~5 遍，待风干后备用。

2）急性分离大鼠海马组织

将 5 日龄的 SD 幼鼠放入盛有 75% 乙醇的烧杯中浸泡 5 min，即无菌处理。随后在无菌操作台中操作，将无菌处理后的小鼠脱颈处死。之前需要准备好 60 mm 无菌皿，将冷 D-Hanks 液放入其中备用。将小鼠的头与身体分离后迅速放入准备好的皿中。然后去除颅骨使大脑暴露出来，并且依然保留在颅腔内，以便后续实验操作中大脑可以被稳定地固定在其中，对实验的进行不会产生不利的影响。确定海马位置，剥离表面的大脑皮层，可以看到置于其下的海马组织。海马成对存在于大脑两侧，用眼科镊子轻轻地将成对海马组织小心地分离出来，尽量减少对海马组织的损伤。

3）单细胞悬液的制备

取出海马组织后洗涤干净，放入 6 mL 新鲜培养基中，此时不加血清。然后用眼科剪尽最大努力将其剪碎，依次使用 10 mL 移液管、5 mL 移液管、1 mL 移液管分别吹打 20 下。吹打每隔一会儿需静置 2 min，将上清吸出并转移到新的无菌西林瓶中，同时需要一直补充新的培养基。海马神经元的单细胞悬液通过使用不锈钢网，选用 200 目进行过滤后，将过滤液收集好准备计数。

4）活细胞计数

在 1.5 mL 离心管中加入 0.9 mL 细胞悬液和 0.1 mL 0.4%台盼蓝，将其充分混匀后放置 1~2 min，在血球计数板上滴加少量混匀液。活细胞在显微镜下状态为发亮并且不着色，但是死细胞会着色同时胞体膨大。细胞成活率=活细胞/（活细胞+死细胞）×100%。

5）细胞的原代培养

对细胞进行计数，然后调整细胞浓度，以 1×10^6 个/mL 为宜。取出已包被 L-多聚赖氨酸的 24 孔板进行接种，每孔接种 400 μL 细胞悬液后进行培养。大约经过 24 h 后全量换液，然后继续培养 3 d。到时间后换液的培养液中需加入阿糖胞苷，加入的浓度为 2.5 μg/mL，半量换液每 3 d 换一次。

6）对海马神经元细胞的实验处理

将海马神经元细胞培养到 7 d 左右，在显微镜下观察其形态及密度，对其进行换液处理，去除旧的培养基，换成新鲜培养基取病毒原液（干扰慢病毒液及空载体慢病毒液）在冰上解冻，通过前期实验筛选出 MOI =140∶1，依此比例使用慢病毒感染原代培养的海马神经元细胞，分别获得 *CIRP* 干扰细胞株和感染空病毒载体的细胞株，以正常培养的野生型细胞为对照组。MOI 就是感染复数，它的含义是感染噬菌体与细菌的数量的比值，就是每个细菌感染噬菌体的数量。噬菌体的数量单位是 PFU，MOI 是一个比值，单位是 PFU number/cell，后来研究学者将 MOI 用于病毒感染细胞的研究实验中，MOI 被赋予新的定义，即感染时病毒量与细胞数量的比值。48 h 后荧光显微镜下观察细胞感染情况，然后将神经元细胞分别在 29℃、32℃条件下进行冷诱导实验，37℃为对照温度，最后分别在 29℃和 32℃刺激下 2 h、4 h、8 h 三个时间点收集细胞上清液及细胞作为待测样品，将待测样品进行标注并保存到−20℃。

6. 检测 CIRP 的表达

使用 Western blot 方法检测 37℃时三个细胞组中 CIRP 的表达情况。将之前收集的细胞提取出蛋白质并定量，提前配好分离胶和浓缩胶；将配好的胶组合好后放入电泳槽中加入电泳液并上样，进行 1 h 电泳，电泳恒流选择 30 mA；转膜用的滤纸和聚偏二氟乙烯膜（PVDF 膜）在电泳结束之前需准备充分，其中 PVDF 膜用甲醇浸泡；电泳结束后将玻璃板起开，将需要的条带从胶上裁出，最后将其放入盛有转膜缓冲液的培养皿中开始转膜；转膜结束后封闭 1 h；使用鼠源的 CIRP 单克隆抗体（1∶1000）和鼠源的 GAPDH（1∶1000）单克隆抗体作为反应一抗，封闭结束后 37℃一抗孵育 1 h，然后在室温（23℃左右）孵育 1 h；一抗孵育结束后用 TBST 洗涤三次，每次 10 min；羊抗鼠的由荧光标记的 IgG（1∶2000）作为反应二抗，二抗在室温下孵育 1 h；二抗孵育结束后用 TBST 洗涤三次，每次 10 min；

最后进行 ECL[化学发光辣根过氧化物酶（HRP）底物]发光，压片 10 min，显影 1 min，定影 10 min；最终通过 Odyssey 双色红外激光成像系统分析蛋白质。

7. ELISA 试剂盒检测相关指标

检测指标如下：casp-3、GSH-Px、MDA、IL-1、IL-2 和 IL-6。对这些指标严格按照各指标 ELISA 试剂盒说明书进行检测，具体操作如下。

样品在室温下进行解冻，并确保其可以被充分均匀解冻；取出保存在 2~8℃的 ELISA 试剂盒，使用前应先在室温下平衡 20 min，注意洗涤液是否清澈；室温平衡后取出封在铝箔袋中的板条，留下所需数量，将剩下的封好再放回 4℃；空白对照为 S0 号标准品，其浓度为 0；将标准品孔及样本孔做好标记，向标准品孔依次加入不同浓度的 50 μL 标准品；将待测样本 10 μL 加入相对应的样本孔中，再加入 40 μL 样本稀释液，其中空白孔不加；除空白孔外，标准品孔及样本孔中都加入辣根过氧化物酶（HRP）标记的检测抗体，每孔 100 μL，将反应孔用封板膜封住，置于 37℃恒温箱中温育 60 min；去除所有孔中的液体，在吸水纸上拍干，所有孔中都加满洗涤液，静置 1 min，甩去洗涤液并且在吸水纸上拍干，如此重复洗板 5 次即可；每孔中加入 A、B 底物各 50 μL，在 37℃恒温箱中避光孵育 15 min；每孔加入 50 μL 终止液，15 min 内在 450 nm 波长处测定各孔的 OD_{600} 值并记录数据，最后处理数据并进行数据分析。

7.3.2 实验结果

1. 病毒滴度的测定

根据选取 GFP 表达率在 1%~30%进行滴度换算的原则，根据公式 $TU/mL = [F \times N/V] \times 1/DF$，计算得到有效干扰靶点病毒滴度为 $8 \times 10^8 \, TU/mL$，空载体病毒滴度为 $4 \times 10^8 \, TU/mL$（图 7-12）。

2. 海马神经元细胞的培养

对培养的海马神经元细胞进行两次换液后，显微镜下观察神经元细胞大多数呈现锥形或者梭形（图 7-13），有少数呈现多边形，突起伸长、增多，胞体也明显有所增大，胞膜比较完整，胞体呈现饱满状态，胞质均匀，形成简单的神经细胞网络形态。

慢病毒感染原代培养的海马神经元细胞 48 h 后，观察细胞感染状况，通过使用荧光显微镜来观察，结果发现转染效率达到 80%，细胞形态良好（图 7-14）。

3. CIRP 表达结果

正常温度（37℃）下，从 Western blot 实验结果可以看出，干扰组 CIRP 的表达显著低于空白对照组，差异显著（$P < 0.05$）（图 7-15）。

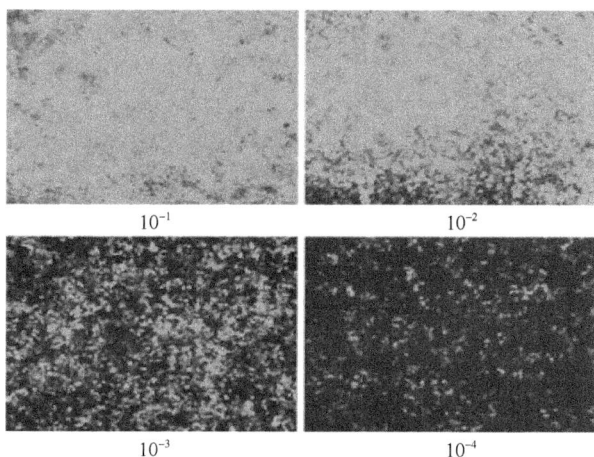

图 7-12　滴度检测（100×）（彩图请扫封底二维码）

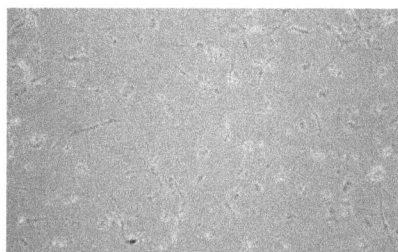

图 7-13　SD 大鼠海马神经元培养 7 d（100×）

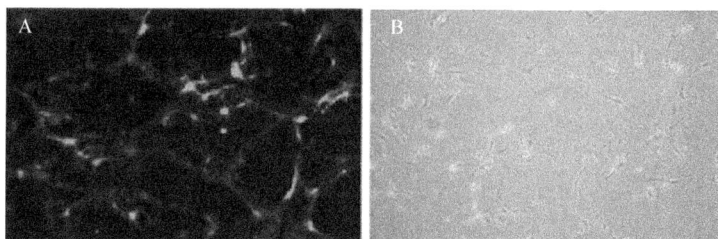

图 7-14　慢病毒感染原代培养的海马神经元细胞 48 h（100×）（彩图请扫封底二维码）
A. 荧光显微镜下的细胞；B. 正常光镜下的细胞

4. 相关指标检测结果

1）casp-3 检测结果

检测结果显示：在 32℃不同时间处理下，RNA 干扰组 casp-3 的浓度显著高于空白对照组（$P<0.05$）；在 29℃不同时间处理下，RNA 干扰组 casp-3 的浓度依然显著高于空白对照组（$P<0.05$）（图 7-16）。

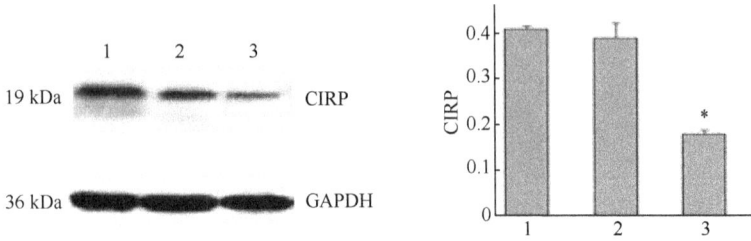

图 7-15　CIRP 表达结果

1. 空白对照组；2. 空载体组；3. 干扰组
与空白组相比，*表示差异显著（$P<0.05$）

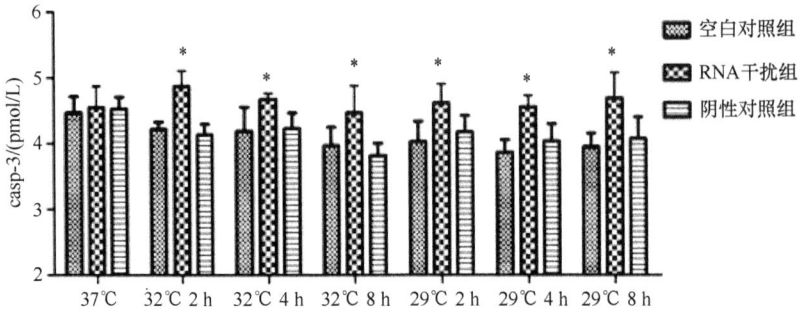

图 7-16　不同温度和不同时间处理下 CIRP 干扰对 casp-3 浓度的影响

与空白对照组相比，*表示差异显著（$P<0.05$）

2）GSH-Px 检测结果

检测结果显示：在 32℃不同时间处理下，RNA 干扰组 GSH-Px 的含量显著高于空白对照组（$P<0.05$）；在 29℃不同时间处理下，RNA 干扰组 GSH-Px 的含量依然显著高于空白对照组（$P<0.05$）（图 7-17）。

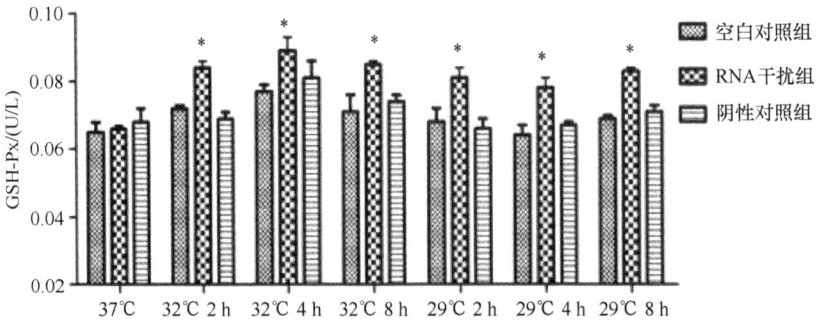

图 7-17　不同温度和不同时间处理下 CIRP 干扰对 GSH-Px 浓度的影响

与空白对照组相比，*表示差异显著（$P<0.05$）

3）MDA 检测结果

检测结果显示：在32℃不同时间处理下，RNA 干扰组 MDA 的含量显著高于空白对照组（$P<0.05$）；在29℃不同时间处理下，RNA 干扰组 MDA 的含量依然显著高于空白对照组（$P<0.05$）（图7-18）。

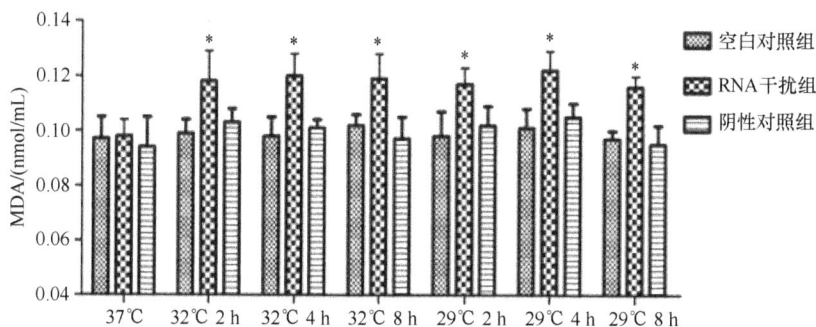

图 7-18　不同温度和不同时间处理下 CIRP 干扰对 MDA 浓度的影响
与空白对照组相比，*表示差异显著（$P<0.05$）

4）IL-1 检测结果

检测结果显示：在32℃不同时间处理下，RNA 干扰组 IL-1 的含量显著低于空白对照组（$P<0.05$）；在29℃不同时间处理下，RNA 干扰组 IL-1 的含量依然显著低于空白对照组（$P<0.05$）（图7-19）。

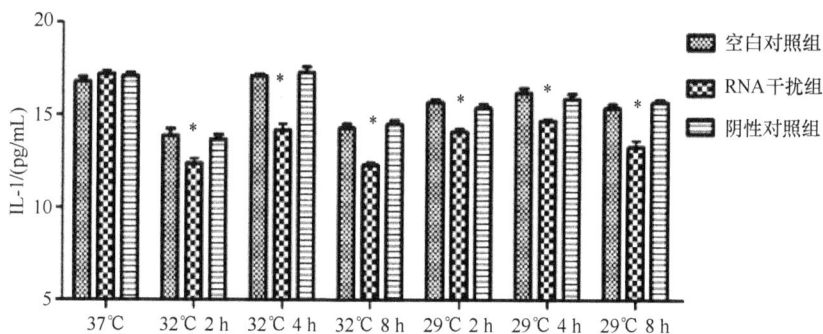

图 7-19　不同温度和不同时间处理下 CIRP 干扰对 IL-1 浓度的影响
与空白对照组相比，*表示差异显著（$P<0.05$）

5）IL-2 检测结果

检测结果显示：在32℃不同时间处理下，RNA 干扰组 IL-2 的含量显著低于空白对照组（$P<0.05$）；在29℃不同时间处理下，RNA 干扰组 IL-2 的含量依然显著低于空白对照组（$P<0.05$）（图7-20）。

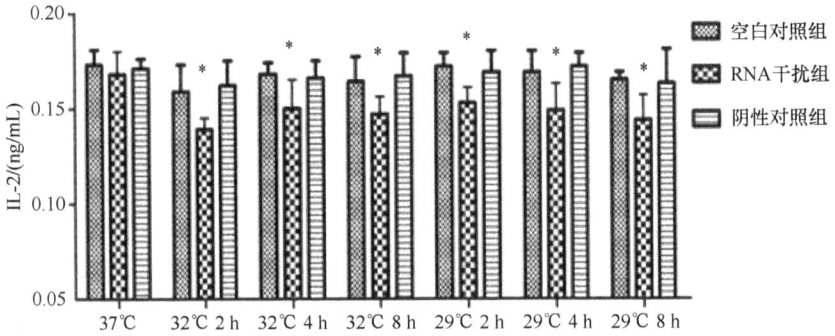

图 7-20　不同温度和不同时间处理下 CIRP 干扰对 IL-2 浓度的影响
与空白对照组组相比，*表示差异显著（$P<0.05$）

6）IL-6 检测结果

检测结果显示：在 32℃不同时间处理下，RNA 干扰组 IL-6 的含量显著低于空白对照组并且差异显著（$P<0.05$）；在 29℃不同时间处理下，RNA 干扰组 IL-6 的含量依然显著低于空白对照组并且差异显著（$P<0.05$）（图 7-21）。

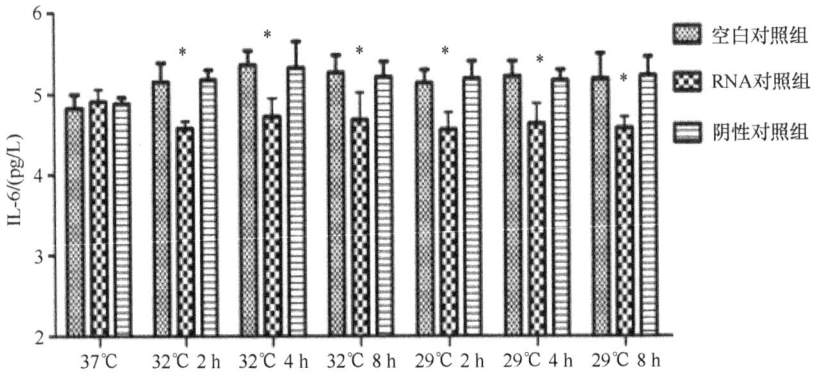

图 7-21　不同温度和不同时间处理下 CIRP 干扰对 IL-6 浓度的影响
与空白对照组相比，*表示差异显著（$P<0.05$）

7.3.3　讨论与分析

为了更确切地了解 CIRP 在亚低温下对大鼠海马神经元细胞的保护作用，本实验检测了经干扰慢病毒感染及冷刺激处理后细胞中与细胞凋亡息息相关的 casp-3 的含量。casp-3 最主要的底物是多聚（ADP-核糖）聚合酶[poly（ADP-ribose）polymerase，PARP]，该酶与 DNA 修复、基因完整性监护有关。在细胞凋亡启动时，116 kDa 的 PARP 在 Asp216 与 Gly217 之间被 casp-3 剪切成 31 kDa 和 85 kDa 两个片段，使 PARP 中与 DNA 结合的两个锌指结构与羧基端的催化区域分离，不能发挥正常功能。结果使受 PARP 负调控影响的 Ca^{2+}/Mg^{2+} 依赖性核酸内切酶的活性增高，裂解核小体间的 DNA，引起细胞凋亡。我们发现干扰组 CIRP 的表达量显著降低后，检测出 casp-3 的含量反而显著增加，相应的凋亡作用增强，包括受到温和冷刺激的时候情况依然如此。这样的结果说明 CIRP 在 casp-3 诱导的细胞凋亡过程中起到了一定的抑制作用，而且在以往的研究中也发现 CIRP 有抵抗细胞凋亡作用[13,14]。因此可以看出，当 CIRP 的表达受阻，表达量显著减少后，对细胞在凋亡方面的保护作用就会明显降低，本实验结果也充分地证实了这一说法。

研究发现，CIRP 可以通过糖原合酶激酶-3β（GSK3β）磷酸化作用被转移到细胞质中从而促进硫氧还蛋白（TRX）的合成，使其表达量增加[15]。而 TRX 是普遍存在的多功能蛋白质，其通过清除氧自由基来达到保护细胞的作用。因此在冷应激时 TRX 表达量会随着 CIRP 表达量的增加而增加，当 CIRP 的表达受到抑制而使表达量减少时，TRX 表达量也会相应减少。在神经元细胞凋亡中的这种变化也与 TRX 的表达有确切的关系[16-18]。细胞受低温刺激后会出现膜脂质过氧化现象，这是造成细胞损伤的重要原因。由此可以推测，CIRP 可能是通过抗氧自由基损伤的途径来抑制细胞膜的脂质过氧化的，或者 CIRP 可能是间接地通过调节 TRX 的合成来影响细胞的氧化还原系统平衡的，减少氧自由基对细胞各种结构的损伤，从而发挥保护细胞的作用。

为了更深入地研究 CIRP 与氧化还原系统的关系，本实验对各实验组中相关的氧化还原指标（GSH-Px 和 MDA）做了检测。动物的健康可以通过其机体的抗氧化能力来体现。由 GSH-Px、MDA，以及其他抗氧化物质等组成的防御系统可以维持细胞的正常生理功能。当机体受到冷刺激时氧化还原系统的平衡受到破坏从而产生一系列的生理生化反应，会促进蛋白质的降解，增加氧自由基的数量及减少热稳定性。这种情况会破坏细胞膜的正常功能，还会出现生物性老化等现象。

冷应激时体内氧化能力增强只是血清中 MDA 含量增加。MDA 作为脂质过氧化作用的最终产品之一，常被用作检测脂质过氧化程度的指标。由实验结果可以看出，当细胞受到冷应激并且 CIRP 表达被抑制时，MDA 增加代表脂质过氧化程度升高，而此时总抗氧化能力却减弱，而 GSH-Px 随着脂质过氧化程度升高而增加从而抵抗脂质过氧化，因此可以证实 CIRP 确实与氧化还原系统密切相关。

除此之外我们还想探究一下 CIRP 保护细胞的作用机制除氧化还原系统外，是否还与其他系统相关，因此本实验检测了与免疫系统相关的几个指标（IL-1、IL-2、IL-6）。由于 IL-1 可以吸引中性粒细胞，导致炎症介质的释放，因此它可以间接反映出体内的炎症反应。而 IL-2 可以改善机体对病毒、细菌、真菌、原生动物等的免疫反应。它还可以促进抗体和干扰素（IFN），以及其他细胞因子的分泌。IL-2 在免疫反应中有非常重要的作用，作为一种免疫增强剂，它可以抗病毒、抗肿瘤并且提高机体的免疫功能。而 IL-6 和 IL-1 可能参与炎症和发热反应，IL-6 和 IL-1 除了可以共同实现协同作用促进 T 淋巴细胞增殖外，还可以使 T 淋巴细胞的 IL-2 受体上调。实验结果显示，当细胞受到冷应激时，CIRP 的表达同时被抑制，三个指标的表达量都有所下降，由此可以推断 CIRP 与免疫系统应该也是有一定关联的，但是具体作用机制仍需要进一步深入研究。

7.4　CIRP 过表达慢病毒载体的构建、病毒包装、滴度测定及验证

CIRP 是 CSP 当中最典型的一种，人体和动物细胞中均能发现该蛋白质的存在；这种低温下高效表达的蛋白质已经被证明具有细胞保护作用，但确切的作用机制还有待阐明，为此揭示 CIRP 细胞保护的机制，无疑将为低温治疗开辟一条全新的途径。因此，深入开展 CIRP 的功能性研究和应用性研究具有重要的基础研究价值和临床医学应用前景。本研究旨在构建携带 *CIRP* 基因的慢病毒过表达载体，进行包装使其成为高效的慢病毒载体颗粒，为下一步在细胞模型和动物模型中研究其功能奠定基础。

慢病毒（lentivirus，LV）和腺相关病毒（adeno-associated virus 2，AAV）都能使基因长期表达。但研究发现，AAV 第 2 链合成受到 FKBP52 的调节，可影响基因表达，造成 AAV 的转导效率不稳定[19]。慢病毒载体（lentiviral vector）是一种以 HIV-I 为基础构建的新型的载体系统。它可以感染分裂期和非分裂期细胞、效率高、生物安全性好[20]，已经成为基因治疗的首选载体。慢病毒三质粒系统各质粒单独存在时既不能形成病毒颗粒也不具备转导能力[21]。

7.4.1　材料与方法

1. 主要材料和试剂

质粒小量提取试剂盒、酶切胶回收试剂盒均购自 OMEGA 公司；DEPC 购自 Sigma 公司；无内毒素质粒大提试剂盒购自北京天根生化科技有限公司；限制性内切酶 *Not* I、*Bam*H I，DNA 连接酶，DNA 聚合酶，均购自 TaKaRa 公司；RNAi-Mate 转染试剂购自吉玛公司；DMEM、胎牛血清 FBS、胰酶 Trypsin-EDTA Solution、双抗（青链霉素）均购自 GIBCO 公司；Hepes 购自 AMRESCO 公司；Polybrene 购自 Sigma 公司；重组穿梭质粒和包装质粒 LV5、pGag/Pol、pRev、 pVSV-G 由上海吉玛技术服务有限公司构建制备,HEK-293T 细胞来自中国科学院上海细胞生物学研究所;大肠杆菌 DH5α 感受态细胞为本实验室保存。

2. 利用 PCR 技术获取 CIRP 基因

根据大鼠冷诱导 RNA 结合蛋白的基因序列(GenBank 登录号为:NM_031147)设计特异性引物(表 7-6),目的基因大小为 534 bp。目的基因上下游引物分别加上 *Not* I 和 *Bam*H I 及保护碱基,用于慢病毒载体的亚克隆,引物由上海吉玛技术服务有限公司合成。

表 7-6　引物

引物名称	引物序列（5′→3′）	大小/bp
CIRP 上游引物	GATATGCGGCCGCGCCACCATGGCATCAGATGAAGGCAA	39
CIRP 下游引物	GTATCGGATCCTTACTCGTTGTGTGTAGCATAACTGTCAT	40

扩增条件:94℃预变性 5 min;94℃变性 1 min,8 个反应管分别以 55℃、56℃、57℃、58℃、59℃、60℃、61℃和 62℃为退火温度,退火 30 s,72℃延伸 1 min,进行 35 个循环;然后 72℃延伸 10 min。

3. 过表达 CIRP 重组慢病毒载体的构建与鉴定

从含有目的基因的质粒克隆模板中,利用 PCR 方法获取目的基因,将目的基因与目的载体分别通过 *Not* I 和 *Bam*H I 进行酶切。将经过 *Not* I 和 *Bam*H I 限制性内切酶双酶切的 LV5 质粒用琼脂糖凝胶电泳回收后,与制备的双链 CIRP DNA 片段按 10:1 的比例连接,反应条件为 16℃,8 h。将连接产物转化大肠杆菌 DH5α 感受态细胞,氨苄抗性平板筛选菌落,摇菌,提取 DNA,酶切鉴定并测序。对测序正确的细菌,扩大培养,提取 DNA,用于后续的病毒包装。

4. 慢病毒颗粒的制备、病毒滴度测定

1）慢病毒的包装

在 6 孔细胞培养板中,接种约 $1×10^6$ 个 HEK-293T 细胞,加入 2 mL DMEM 完全培养基,37℃、5% CO_2 条件下培养 24 h。细胞汇合度达到 80%～90%时,按照 TransLipid Transfection Reagent 说明书,将四质粒系统(LV5-*CIRP* 1.5 μg、pGag/Pol 1.0 μg、pRevp 0.5 μg、VSV-G 1.0 μg)共转染至 HEK-293T 细胞中,转染 72 h 后,收集培养上清液。4℃ 3000 r/min 离心 10 min,过滤,保存。

2）慢病毒滴度测定

接种 $1×10^5$ 个 HEK-293T 细胞于 24 孔细胞培养板中,加入 DMEM 1 mL,37℃、5% CO_2 条件下培养,24 h 之后进行感染。取病毒原液 50 μL,按 $10^{-1}～10^{-6}$ 进行病

毒梯度稀释，每 3 个孔为一个梯度，每孔加入 50 μL，进行感染。24 h 后，更换新鲜培养液。48 h 后观察，筛选出合适的稀释梯度（GFP 荧光细胞比例在 10%左右），记录下荧光细胞的数目，取平均值。根据以下公式计算病毒滴度（BT=TU/mL）：TU/μL＝（$P×N/100×V$）×1/DF（P 为 GFP ＋细胞数，N 为 10^5，V 为病毒稀释液体积=50 μL，DF 为稀释倍数）。

5. CIRP 表达量检测

采用 Western blot 检测蛋白质表达量，分别以鼠抗 CIRP 的 MAb（1∶1000）和鼠抗 GAPDH 的 MAb（1∶1000）为一抗，以羊抗鼠 Rockland 荧光-IgG（1∶2000）为二抗，荧光显色，蛋白质条带采用 LICOR Odyssey 双色红外激光成像系统进行分析，根据其灰度的深浅和面积大小计算每一条带的密度值，计算目的蛋白的相对表达量。

7.4.2　实验结果

1. LV5-CIRP 慢病毒过表达载体的鉴定

LV5-*CIRP* 慢病毒过表达质粒构建成功后，经酶切鉴定（图 7-22）、PCR 鉴定及测序（图 7-23）。

2. 转染 LV5-CIRP 质粒后 293T 细胞 GFP 的表达

将 LV5-*CIRP* 质粒和包装质粒共同转染 293T 细胞 72 h 后，在荧光显微镜下

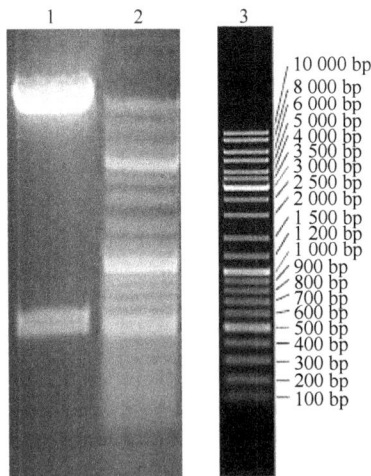

图 7-22　*Not* Ⅰ/*Bam*H Ⅰ 酶切鉴定结果

1. *Not* I/*Bam*H I digestion of LV5-*CIRP*；2. 10 000 bp DNA Marker；3. 10 000 bp DNA Marker

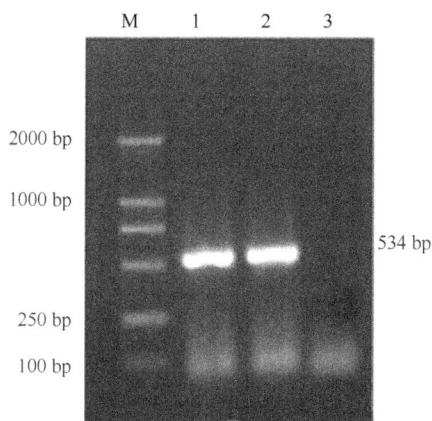

图 7-23　重组质粒 PCR 鉴定结果
M. 2000 bp DNA Marker；1、2. LV5-*CIRP*；3. 空白对照

观察 GFP 在细胞中的表达，可以看到 GFP 的表达呈阳性，并且随着培养时间的增加荧光表达增强。在 72 h 时达到最强，通过观察表达 GFP 的细胞比例，判断转染效率达 80%以上（图 7-24）。

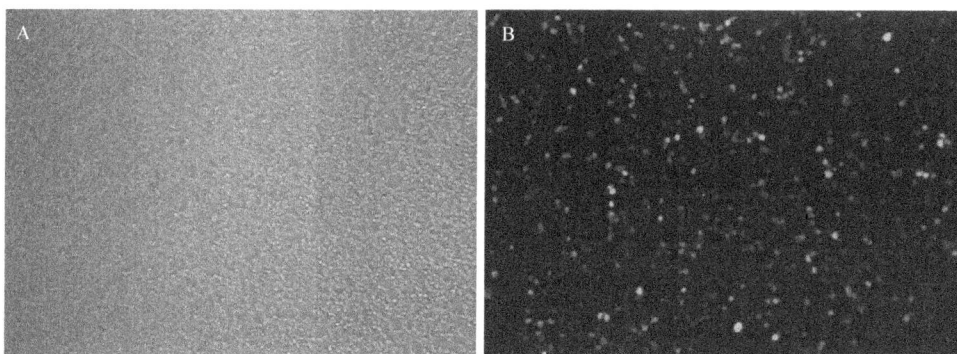

图 7-24　慢病毒感染 72 h 后荧光显微镜下发绿色荧光的 293T 细胞
（100×）（彩图请扫封底二维码）

3. CIRP 慢病毒滴度测定

如表 7-7 所示，T=滴度（integration units per mL，IU/mL），计算公式：IU/mL=（$C×N×D×1000$）/V。式中，C 为平均每基因组整合的病毒拷贝数；N 为感染时细胞的数目；D 为病毒载体的稀释倍数；V 为加入的稀释病毒的体积数。

4. 蛋白质表达量的检测

Western blot 分析显示，重组慢病毒感染组 CIRP 相对表达量极显著高于另外两组（$P<0.01$），正常细胞对照组与非重组慢病毒阴性对照组 CIRP 相对表达量差异不显著（图 7-25）。

表 7-7 CIRP 慢病毒滴度测定

组别	V/mL	C	N	D	T/（IU/mL）	M/（IU/mL）
1	10	78.0	1×10^5	1	7.8×10^8	
2	1	5.0	1×10^5	1	5.0×10^8	6.3×10^8
3	0.1	0.6	1×10^5	1	6.1×10^8	

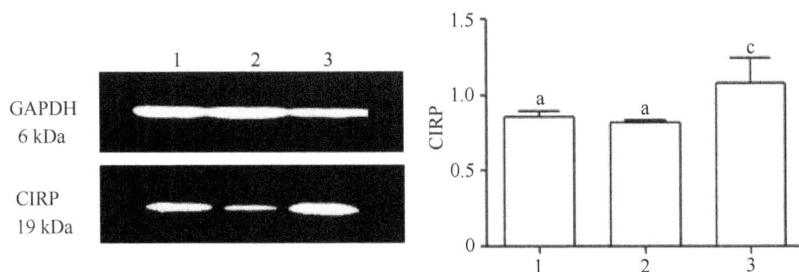

图 7-25 293T 细胞感染慢病毒后各处理组蛋白质表达情况

1. 正常细胞对照组；2. 非重组慢病毒阴性对照组；3. 重组慢病毒感染组；字母相同表示差异不显著（$P>0.05$），字母不同表示差异极显著（$P<0.01$）

7.4.3 讨论与分析

在冷应激发生过程中，HSP70、RBM3 和 CIRP 的研究较为广泛，其中 CIRP 属于一种新兴的 CSP，可以对应激做出迅速反应，在亚低温等应激环境中，其转录物结构最完整，显示出其强大的 IRES 活性[22]。Sakurai 等[13]研究证明适度低温（32℃）可以诱导 BALB/3T3 细胞中 CIRP 表达升高，可以通过激活细胞外的信号调节激酶来抑制肿瘤坏死因子 α（tumor necrosis factor-α，TNF-α）诱导的细胞凋亡过程，并在疾病治疗中起到保护细胞的作用，研究还发现 CIRP 的表达量随冷应激时间不同而出现相应变化。可以推测在应激状况下，CIRP 在细胞内的位置可能对 mRNA 转录或翻译起到决定性的作用。CIRP 已经被证明具有细胞保护作用，但其确切的机制还有待阐明。因此本研究主要从不同水平研究重组 CIRP 在低温刺激下的细胞保护作用及其机制，探讨 CIRP 在机体抗冷应激过程中的重要作用及其调节机制，为以后通过细胞水平、体外试验和整体水平实验综合评定 CIRP 的生物学作用和潜在应用价值，为揭示生物冷应激和冷适应的分子机制，开发动物的巨大生存潜力奠定理论和实践基础。

慢病毒载体作为一种新型基因转移工具，对处于分裂期及非分裂期哺乳动物细胞转染效率极高，可以长期、稳定、高水平地表达，而且具有抗原性弱、可操控性强等优越性[23]。鉴于其在上述方面的优势，慢病毒载体的应用越来越普遍[24]，在 RNAi、细胞和动物模型建立、基因治疗等领域均有所应用[25]。在复杂多样的体内和体外环境、动物模型及人类临床实验中，慢病毒载体的安全性经检测被认为是可靠的。尽管它的分子构造还存在缺陷，需进一步改进以提高它的生物安全性，降低其遗传毒性，但是它在未来基础研究和临床基因治疗中将成为较重要的媒介。

本研究成功构建了 CIRP 慢病毒过表达载体，并且制备了高滴度、能在细胞中稳定高效表达 LV5-*CIRP* 的慢病毒颗粒，为下一步 *CIRP* 基因在低温保护作用中的研究提供了有力的实验平台。

7.5　亚低温状态下 CIRP 调节氧化还原系统对海马神经元的保护作用

亚低温技术是目前公认有效的神经保护疗法，并已被应用于临床，但其明显的不良反应[26]，使其应用受到限制。目前已经有很多低温保护作用机制被证实。例如，可以减少兴奋性氨基酸的释放、抑制坏死和线粒体释放细胞色素 c 诱导的神经元凋亡、抑制脑缺血后炎性反应、减少自由基的产生、降低氧代谢率等[1,27]，寻找一种既能降低其不良反应，又能发挥亚低温的神经保护作用的方法，是大多数学者努力追求的目标。

低温通过何种途径对神经元起到保护作用，其相关作用的机制是本研究关心的重点。近几年随着研究的不断深入，发现一些 CSP 在亚低温状态下表达明显增高，如冷诱导 RNA 结合蛋白（cold inducible RNA binding protein，CIRP），它们的作用机制，以及它们是否参与了低温脑保护的作用，目前还尚未明确[2]；但有研究已经证实 CIRP 表达增加能够显著减少 H_2O_2 诱导的细胞凋亡[13,14]。已有研究报道证实 CIRP 表达增加能够显著减少 H_2O_2 诱导的细胞凋亡。细胞凋亡主要包括 3 条途径，分别为线粒体凋亡途径、死亡受体凋亡途径、内质网凋亡途径；各种刺激诱导细胞凋亡时，线粒体膜通透性增强，线粒体内的各种蛋白质被释放出来，直接或间接激活处于静息状态的核酸内切酶，最终引起 DNA 断裂[28,29]。基于种种实验基础及相关推论，我们推测在亚低温状态下，CIRP 的表达增高可能是其参与了抑制海马神经元的凋亡，从而起到了一定程度的神经保护作用。

此外，研究发现 CIRP 能特异性地结合到硫氧还蛋白（thioredoxin，TRX）mRNA 的 3'-UTR 上，增加 TRX 的表达，从而发挥细胞保护作用[3,30]，而 TRX 普遍存在，而且作为多功能蛋白，它可以通过清除氧自由基的方式调节细胞信号转导[17]。因此，我们还推测，亚低温状态下 CIRP 可以促进一些特殊蛋白的表达、降低氧化应激、抑制凋亡信号途径，使细胞迅速地适应环境的改变，保证其内环境的稳定，从而对神经元起到保护作用。

为此，基于已有的实验基础及推论猜想，我们设计了以下实验，以此来验证我们的推论，为进一步深入研究海马神经元的保护机制奠定基础。

7.5.1 材料与方法

1. SD 大鼠海马神经元分离、培养

选用新生 3~5 d 的 SD 大鼠，75%乙醇浸泡消毒，无菌条件下断头取脑，准确定位并取出海马组织，并将其分割成细小碎块，37℃、5% CO_2 细胞孵箱中消化约 30 min；之后将液体移入含接种液的离心管中进行终止消化；于 12 孔培养皿中，每孔接种约 1×10^6 个细胞，在细胞孵箱（37℃、5% CO_2）中进行培养；24 h 后更换培养液（neurobasal-A medium，5%马血清，2% B27，1% L-谷氨酰胺，1%双抗），继续培养；每隔 3 d 半量更换培养液，对细胞状态进行观察，当胶质细胞铺满底层时，可加入一定量的阿糖胞苷；培养至第 7~10 天，此时神经元已经基本成熟，可以进行后续实验处理。

2. 慢病毒侵染神经元

实验前按照不同的 MOI 值设置不同的感染孔，并根据 MOI 值和细胞数量计算所需要的病毒量，按照以往经验分成 80：1、100：1、120：1、140：1、160：1 和 180：1 的 MOI 值进行侵染，找到最适感染 MOI 值。接种病毒之前对细胞的生长状态进行观察，决定其生长状态是否可以进行后续实验，将不同 MOI 值的病毒接种于培养孔中，加入适量的聚凝胺（polybrene），用于提高病毒的感染效率。细胞培养箱中孵育过夜；12 h 后，更换含病毒的培养液为正常培养液；48 h 后，观察细胞状态，采用荧光显微镜进行感染效率的检测。

3. CIRP 表达量检测

采用 Western blot 对不同时间点进行亚低温处理、正常对照培养的神经元检测其蛋白质表达量，分别以鼠抗 CIRP 的 MAb（1：1000）和鼠抗 GAPDH 的 MAb（1：1000）为一抗，以羊抗鼠 Rockland 荧光-IgG（1：2000）为二抗，荧光显色，蛋白质条带采用 LICOR Odyssey 双色红外激光成像系统进行分析，根据其灰度的深浅和面积大小计算每一条带的密度值，计算目的蛋白的相对表达量。

4. 神经元凋亡检测

采用 Annexin V-FITC/PI 标记法及 ELISA 法,对不同时间点进行亚低温处理、正常对照培养的神经元分别进行收集处理,之后对细胞凋亡及 casp-3 进行检测。

5. 氧化还原相关指标检测

采用 ELISA 方法,对不同时间点进行亚低温处理、正常对照培养的神经元分别进行收集处理,之后进行总抗氧化能力(T-AOC)、谷胱甘肽过氧化物酶(GSH-Px)、超氧化物歧化酶(SOD)及丙二醛(MDA)检测。

6. 免疫相关指标检测

采用 ELISA 方法,对不同时间点进行亚低温处理、正常对照培养的神经元分别进行收集处理,之后对 IL-1、IL-2 及 IL-6 进行检测。

7.5.2　实验结果

1. CIRP 过表达及 shRNA 干扰载体侵染海马神经元

将慢病毒包装的过表达载体 pL/IRES/GFP-CIRP、干扰载体 PL/shRNA/F-CIRP 和用于阴性对照的慢病毒空载体分别按照 80∶1、100∶1、120∶1、140∶1、160∶1 和 180∶1 的不同 MOI 值进行侵染培养至 7 d 左右的大鼠海马神经元,侵染 48 h 后,观察慢病毒侵染效率,发现侵染效率均达到 80% 以上,MOI 值为 140∶1 时神经元的生长状态和侵染效率相对适中(图 7-26~图 7-28),因此后续实验均按照该比例进行慢病毒侵染。

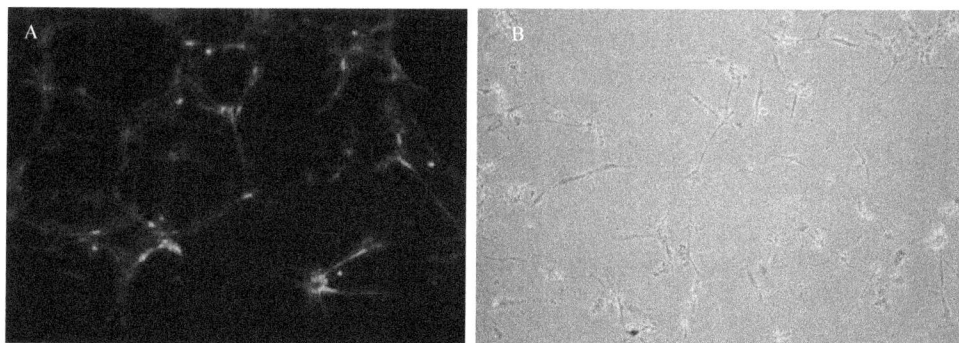

图 7-26　慢病毒空载体感染海马神经元 48 h 后,荧光显微镜(A)和光学显微镜(B)观察结果(100×)(彩图请扫封底二维码)

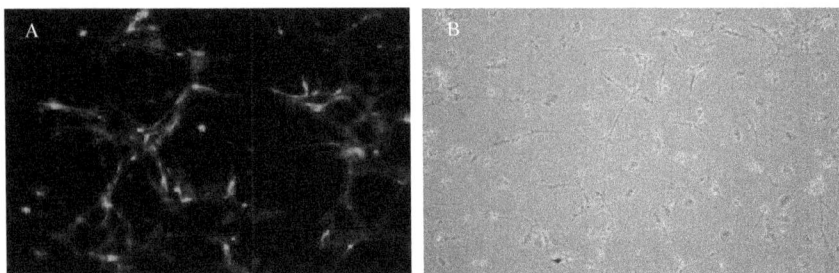

图 7-27　CIRP 过表达慢病毒载体感染海马神经元 48 h 后，荧光显微镜（A）和光学显微镜（B）观察结果（100×）（彩图请扫封底二维码）

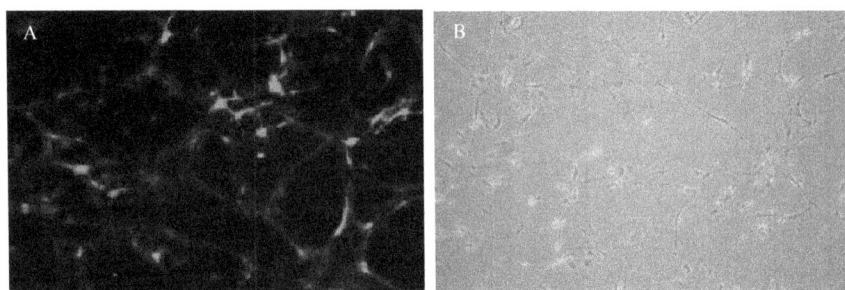

图 7-28　CIRP 干扰慢病毒载体感染海马神经元 48 h 后，荧光显微镜（A）和光学显微镜（B）观察结果（100×）（彩图请扫封底二维码）

2. CIRP 表达量检测结果

通过 Western blot 方法在蛋白质水平上进行验证，与常温对照组相比，侵染 CIRP 过表达慢病毒后，目的蛋白 CIRP 极显著升高（$P<0.01$）；而当侵染 CIRP 干扰慢病毒后，其表达极显著降低（$P<0.01$）；单纯经过 32℃亚低温处理后目的蛋白 CIRP 极显著升高（$P<0.01$），空病毒感染组则无明显变化（$P>0.05$）（图 7-29）。

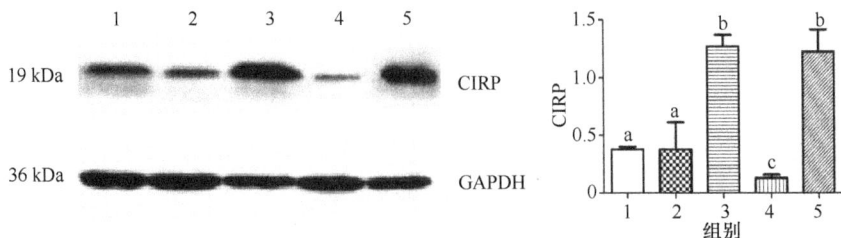

图 7-29　亚低温处理后对海马神经元中 CIRP 蛋白表达的影响

1. 37℃对照组；2. 慢病毒阴性对照组；3. CIRP 过表达处理组；4. 干扰 CIRP 表达后 32℃处理组；5. 亚低温 32℃处理；不同字母表示差异极显著（$P<0.01$）

3. 海马神经元凋亡检测结果

1）流式细胞技术检测

取与上述组别相同的细胞，采用 Annexin V-FITC/PI 标记法、Annexin-PI 染色、流式细胞仪检测，分别计算各组神经元的凋亡率（图 7-30F）。常温对照组的神经元凋亡率为（50.5±0.7）%（图 7-30A）；单纯亚低温 32℃处理组海马神经元凋亡率为（4.2±1.1）%（图 7-30B），与常温对照组相比有极显著差异（$P<0.01$）；CIP 干扰组加入 CIRP-RNAi 慢病毒抑制 CIRP 的表达后，在亚低温状态下培养，海马神经元凋亡率为（53.4±1.8）%（图 7-30C），与常温对照组相比无显著差异（$P>0.05$）；亚低温状态下，慢病毒 CIRP 过表达组海马神经元的凋亡率为（7.2±1.6）%

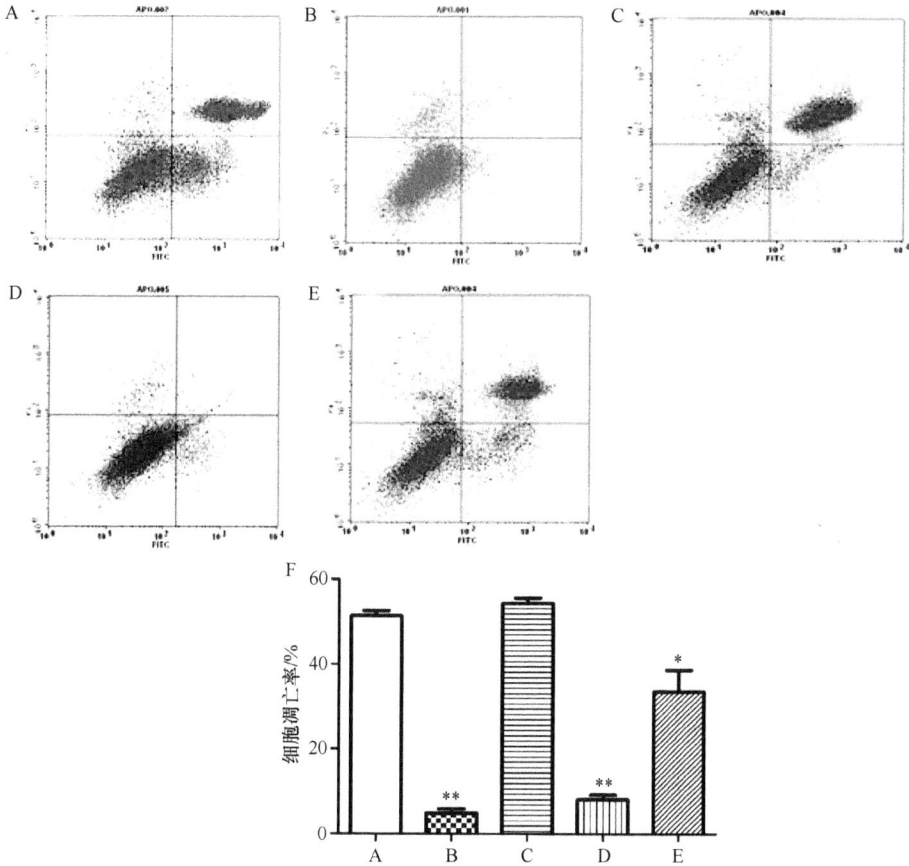

图 7-30　亚低温处理，以及 CIRP 过表达和干扰后对海马神经元凋亡的影响

A. 常温对照组（37℃）；B. 亚低温 32℃处理组；C. CIRP 干扰组；D. CIRP 过表达组；E. 空病毒感染组；F. 各组神经元的凋亡率

*差异显著（$P<0.05$）；**差异极显著（$P<0.01$）

（图 7-30D），与常温对照组相比有极显著差异（$P<0.01$）；阴性对照组即空病毒感染组并不影响 CIRP 的表达，同时处于亚低温状态下培养的海马神经元其凋亡率为（37.1±1.8）%（图 7-30E），与常温对照组相比有显著差异（$P<0.05$）。

2）ELISA 方法检测

取与上述组别相同的细胞，采用 ELISA 方法，分别计算各组海马神经元 casp-3 的浓度，结果如图 7-31 所示。正常培养温度 37℃状态下：慢病毒 CIRP 过表达处理组 casp-3 浓度与空白对照组相比有显著差异（$P<0.05$）；而加入 CIRP-shRNA 慢病毒抑制 CIRP 的表达后 casp-3 浓度与空白对照组相比无显著差异（$P>0.05$）；阴性对照组与空白对照组相比无显著差异（$P>0.05$）。亚低温 32℃状态下：慢病毒 CIRP 过表达处理组 casp-3 浓度与空白对照组相比有显著差异（$P<0.05$）；而加入 CIRP-shRNA 慢病毒抑制 CIRP 的表达后 casp-3 浓度与空白对照组相比无显著差异（$P>0.05$）；阴性对照组即空载体组与空白对照组相比无显著差异（$P>0.05$）。

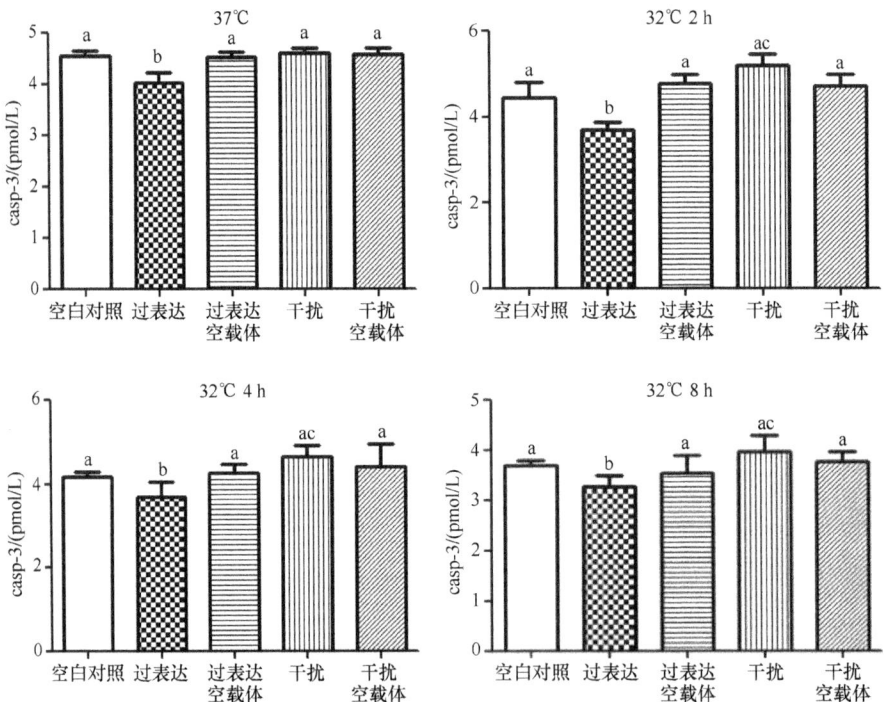

图 7-31　不同条件下 CIRP 过表达及干扰对海马神经元 casp-3 浓度的影响

4. 氧化还原相关指标检测结果

取与上述组别相同的细胞，采用 ELISA 方法，分别计算各组海马神经元 T-AOC、GSH-Px、SOD、MDA 的浓度，结果如图 7-32～图 7-35 所示。在正常培养

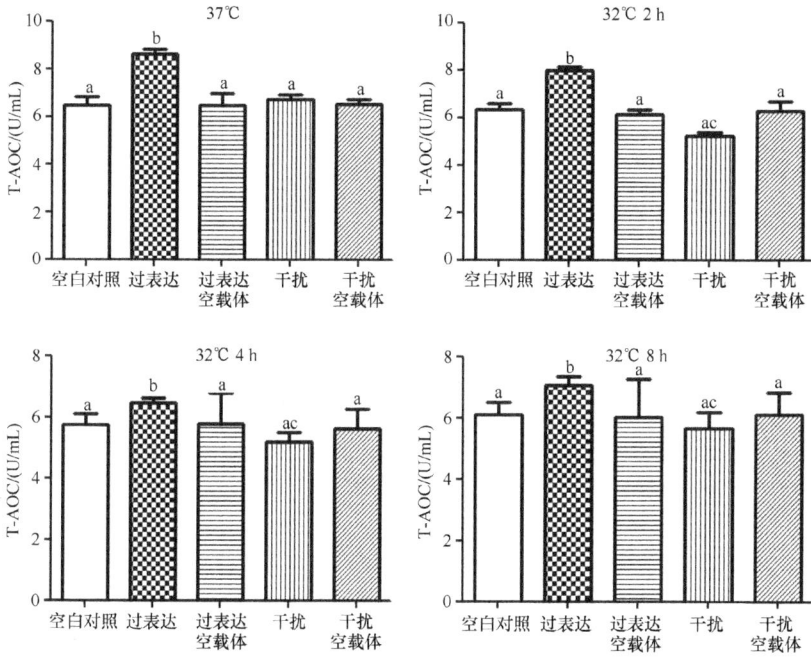

图 7-32　不同条件下 CIRP 过表达及干扰对海马神经元 T-AOC 的影响

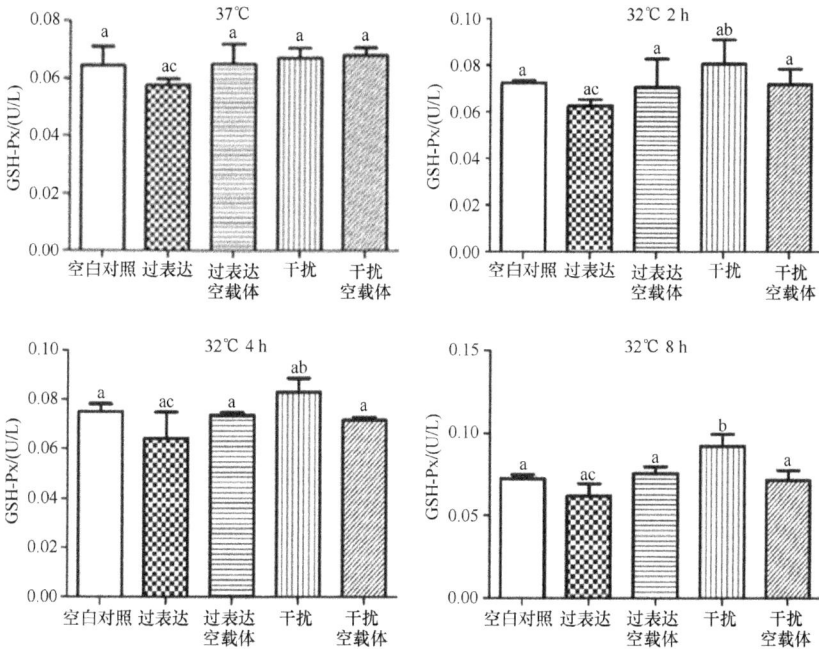

图 7-33　不同条件下 CIRP 过表达及干扰对海马神经元 GSH-Px 浓度的影响

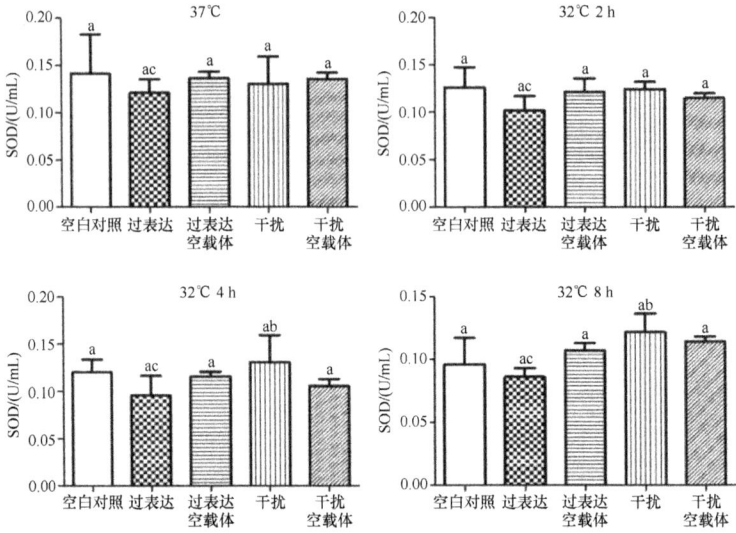

图 7-34　不同条件下 CIRP 过表达及干扰对海马神经元 SOD 浓度的影响

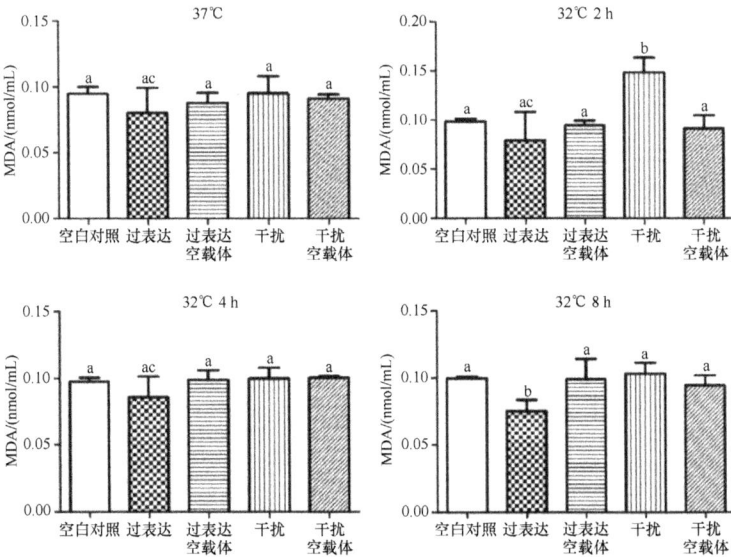

图 7-35　不同条件下 CIRP 过表达及干扰对海马神经元 MDA 浓度的影响

温度 37℃状态下：慢病毒 CIRP 过表达处理组与空白对照组相比，T-AOC 差异显著($P<0.05$)，GSH-Px、SOD、MDA 无显著差异（$P>0.05$）；加入 CIRP-shRNA 慢病毒抑制 CIRP 的表达后与空白对照组相比，TAOC、GSH-Px、SOD、MDA 均无显著差异（$P>0.05$）；空载体组与空白对照组相比无显著差异（$P>0.05$）。亚低温 32℃状态下：CIRP 过表达组与空白对照组相比，T-AOC 在三个时间点均有显著差异(*P*<0.05)，　MDA 在 32℃ 处理 8h 时差异显著(*P*<0.05)，GSH-Px、SOD 三个时间点无显著差异（*P*>0.05）；　而加入 CIRP-shRNA 慢病毒抑制 CIRP 的表达后与空白对照组相比，GSH-Px 在 32℃ 处理 8h 差异显著(*P*<0.05)，MDA 在 32℃ 处理 2h 时存在显著差异(*P*<0.05)，T-AOC、 SOD 三个时间点均无显著差异（*P*>0.05）；空载体处理组与空白对照组相比无显著差异（*P*>0.05）。

5. 免疫相关指标检测结果

取与上述组别相同的细胞，采用 ELISA 方法，分别计算各组海马神经元 IL-1、IL-2、IL-6 的浓度，结果如图 7-36~图 7-38 所示。正常培养温度 37℃ 状态下：慢病毒 CIRP 过表达处理组与空白对照组相比，IL-1、IL-2、IL-6 均有显著差异（*P*<0.05）；而加入 CIRP-shRNA 慢病毒抑制 CIRP 的表达后与空白对照组相比，IL-1、IL-2、IL-6 均无显著差异（*P*>0.05）；空载体组与空白对照组相比无显著差异（*P*>0.05）。亚低温 32℃ 状态下：慢病毒 CIRP 过表达处理组与空白对照组相比，IL-1、IL-6 在三个时间点均有显著差异（*P*<0.05），IL-2 在 32℃ 处理 2h 和 8h 时差异显著（*P*<0.05）；加入 CIRP-shRNA 慢病毒抑制 CIRP 的表达后与空白对照组相比，IL-1 在 32℃ 处理 4h 差异显著（*P*<0.05），IL-2 在 32℃ 处理 4h 和 8h

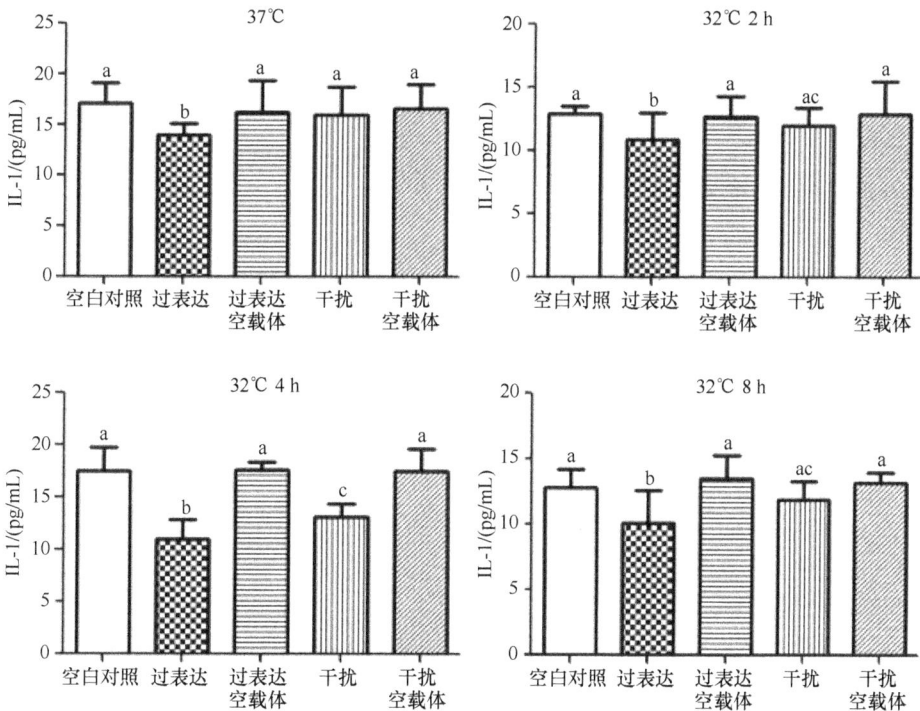

图 7-36　不同条件下 CIRP 过表达及干扰对海马神经元 IL-1 浓度的影响

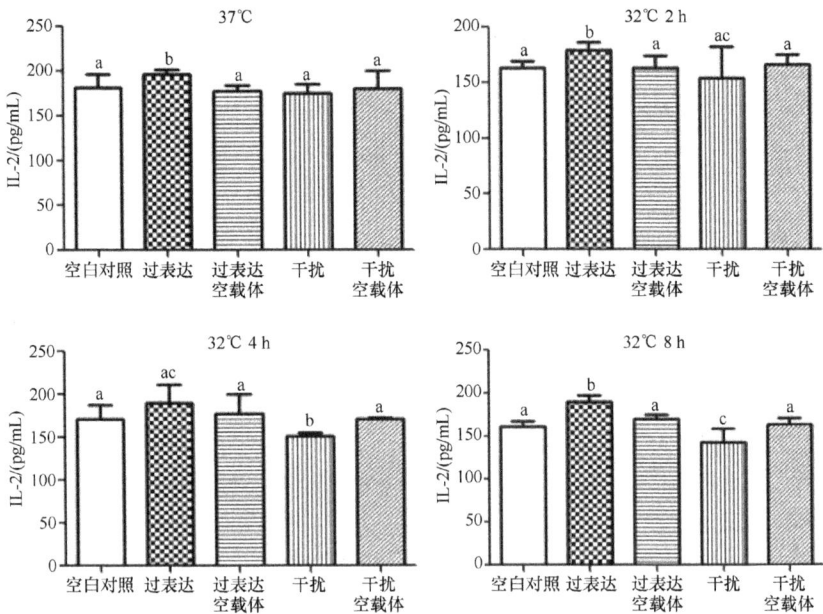

图 7-37 不同条件下 CIRP 过表达及干扰对海马神经元 IL-2 浓度的影响

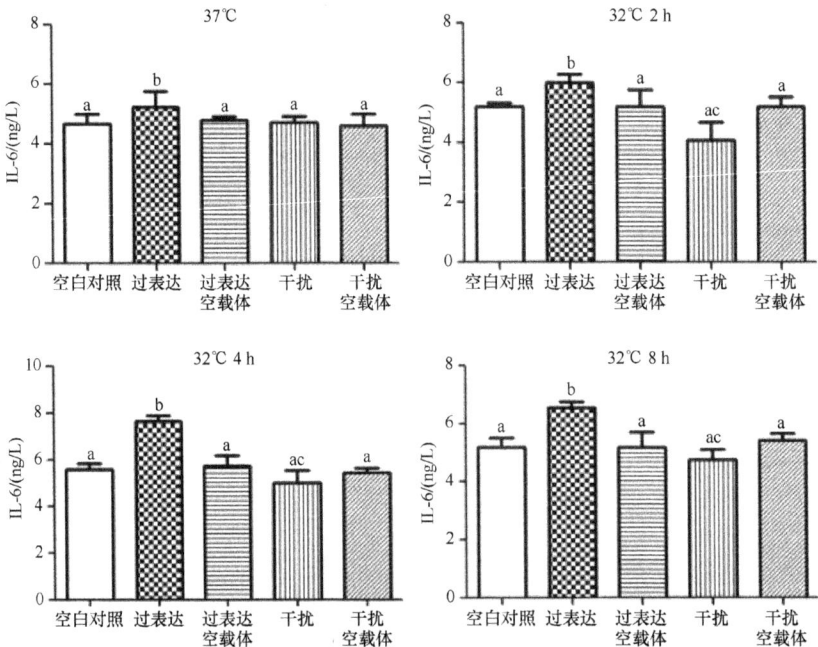

图 7-38 不同条件下 CIRP 过表达及干扰对海马神经元 IL-6 浓度的影响

时差异显著（$P<0.05$），IL-6 在三个时间点均无显著差异（$P>0.05$）；空载体组与空白对照组相比无显著差异（$P>0.05$）。

7.5.3　讨论与分析

CIRP 作为一种典型的冷诱导蛋白，在人体和动物细胞中均有表达，这种低温下高效表达的蛋白质已经被证明具有细胞保护作用，但确切的作用机制还有待阐明。应激条件下，CIRP 可以有效地防止基因毒性的发生，使转录及翻译有效而稳定地进行，进而保障细胞、组织和机体迅速地适应环境的改变，保障机体不受由应激所引起的损伤[31]。

本实验中，我们对亚低温状态下海马神经元中 CIRP 的表达量明显升高做了进一步的证实；此外还发现，亚低温状态下，海马神经元的凋亡数量显著降低，同时，CIRP 的表达量与常温对照组相比明显升高。除此之外，我们通过 CIRP-shRNA 慢病毒转染海马神经元的方式，对 CIRP 的表达进行人工干扰，由于受到干扰，CIRP 的表达量明显降低，此时神经元的凋亡数量出现明显增加的现象。为了排除慢病毒对于海马神经元凋亡的影响，我们做了单纯利用空病毒感染海马神经元的实验，实验发现此时 CIRP 的表达量没有出现被抑制的现象，此时神经元凋亡数量与单纯亚低温处理的海马神经元凋亡数量相比没有差异。

除了采用流式细胞仪对海马神经元的凋亡进行检测外，我们还对凋亡蛋白 casp-3 做了检测，实验发现：伴随 CIRP 的表达量升高，casp-3 的活性成分显著降低，此时，海马神经元的凋亡数量与常温对照组相比出现明显减少的现象。人为导致 CIRP 的表达量不同，casp-3 的活性成分也会出现相应的变化，海马神经元的凋亡数量也随之变化。此外，在实验过程中发现，即使处于亚低温状态下，CIRP 干扰组海马神经元的凋亡数量也会出现明显升高的现象，证明由于 CIRP 的表达受到抑制，亚低温对神经元保护作用会明显降低。

Abukhader 和 Bilto[32]研究发现 SOD 是至今为止发现的作用最强的清除氧自由基酶，可以除掉体内有氧代谢的中间产物。在这个特殊的催化反应过程中，氧自由基(O_2^-)可以被 SOD 还原为 H_2O_2 从而阻断 O_2^- 开始早期的氧自由基连锁反应。而 GSH-Px 的作用是清除由脂质过氧化物的组合所产生的 H_2O_2 和 O_2^-。Cupane 等[33]发现 SOD 可以与 GSH-Px 在脑灰质中结合并且在冷应激下在分子水平表达显著增加。因此，检测 SOD 的活性成分也许可以反映机体抗氧化能力。Onderci 等[34]推测 T-AOC 的活动水平可以作为标准来测量体内的抗氧化系统，间接反映机体清除自由基能力的强弱。

我们对各处理组的细胞进行了相关氧化还原指标（T-AOC、GSH-Px、SOD、MDA）检测，结果表明，亚低温状态下转染 CIRP 过表达慢病毒组的 T-AOC 活性成分显著升高，MDA 活性成分在 32℃ 8h 显著降低、GSH-Px 及 SOD 活性成分也有不同程度降低，但差异不显著；相反，CIRP-shRNA 慢病毒转染海马神经元后，CIRP 表达被抑制，GSH-Px、MDA 的活性成分分别在 32℃ 8h 和 2h 时显著升高，T-AOC 的活性成分有所降低，但差异不显著，SOD 的活性成分无明显变化。

此外，我们还对各处理组的细胞进行了相关免疫指标检测（IL-1、IL-2、IL-6），结果表明，亚低温状态下转染 CIRP 过表达慢病毒组，IL-2 的活性成分在 32℃ 2h 和 8h 显著着升高，IL-6 的活性成分在三个时间点均显著升高，而 IL-1 的活性分则在三个时间点均显著降低；相反，CIRP-shRNA 慢病毒转染海马神经元后，CIRP 表达被抑制，IL-1 的活性成分在 32℃ 4h 显著降低，IL-2 的活性成分在 32℃ 4h 和 8h 显著升高，IL-6 的活性成分无显著变化。

Western blot 及流式凋亡检测结果显示：与空白对照组相比，单纯亚低温处理组及 CIRP 过表达组海马神经元中 CIRP 的表达量明显增加，细胞凋亡数量显著下降；而干扰 CIRP 的表达后，与单纯亚低温处理组相比，细胞凋亡的数目则明显增加。相关氧化还原指标检测结果显示：亚低温处理下 CIRP 过表达组、CIRP 干扰组与空白对照组存在显著差异。以上结果表明：亚低温处理通过上调 CIRP 的表达，抑制细胞内氧自由基的生成，从而直接或间接地抑制了氧自由基诱导的神经元凋亡，起到保护海马神经元的作用。

7.6 CIRP 对冷应激小鼠血清生化指标、相关细胞免疫因子及能量代谢的影响

寒冷应激作为北方寒区最主要的应激源，在畜禽冬季的养殖过程中，尤其是早春及晚秋幼畜均会受到由气温过低而导致的各种不适的影响，导致动物对寒冷做出应激反应。冷应激会对动物的生长造成很多危害，如生长缓慢、抗病性差等，严重时死亡也是常见的现象。受到寒冷应激的影响，动物机体的免疫功能会有所下降，导致其抗病性差、疾病的敏感性增加，以至于轻微的细菌或者病毒感染就会导致死亡[35]。此外，冷应激容易导致细胞抗氧化能力的降低及免疫功能下降，最终导致动物机体对外源细菌及病毒的抗病性急剧下降，出现患病率高甚至死亡的现象，给畜牧养殖带来了巨大的经济损失。因此，寒冷应激是阻碍北方畜牧业及养殖业发展的主要限制性因素。

研究发现，CIRP 不仅是一种应激反应蛋白，在低温、缺氧、渗透压、H_2O_2 等应激源存在的情况下亦会表现出对细胞的保护作用[36-38]。此外，CIRP 还参与着调控细胞周期、抗凋亡、促进细胞增殖分化、神经调节等生理过程[13,39]。因此，CIRP 是一种非常重要的功能性蛋白。

7.6.1 材料与方法

1. 实验动物

选用 6 周龄体重（18±2）g 健康雄性 SD 小鼠共 45 只，购自吉林长春动物实验

基地,在人工智能气候室内饲养,采食量为 5 g/100 g,自由饮水,低温(4±0.1)℃,常温(21±0.1)℃,湿度(40±0.1)%。

2. 实验材料

DMEM 培养基,购自 Sigma 公司;T-AOC、MDA、GSH-Px、SOD 检测试剂盒(ELISA 法),购自 Sigma 公司;IL-1、IL-2、IL-6 检测试剂盒(ELISA 法),购自 Sigma 公司;丙酮酸、PFK-1、LDH 检测试剂盒(ELISA 法),购自 Sigma 公司。CIRP 慢病毒液,病毒滴度为 8×10^9 TU/mL,由上海吉玛技术服务有限公司生产制备;1 mL 一次性注射器,购自上海楚定分析仪器有限公司。

3. 实验方法

将 SD 小鼠随机分为:A. 常温对照组;B. 低温对照组;C. CIRP 过表达组,注射 CIRP 过表达慢病毒液;D. CIRP 干扰组,注射 CIRP 干扰病毒液;E. 阴性对照组,注射空载体病毒液,采用腹腔注射的方式注射慢病毒。将后 4 组放置于人工气候室中进行冷刺激饲养,温度设置为:(4±0.1)℃;冷刺激时间分别为 4 h 和 8 h。A 组放置于常温环境下饲养,温度为(21±0.1)℃。在规定时间内采用眼球分离的方法采取血液,分离血清。

4. 测定方法

血清中总抗氧化能力(T-AOC)、谷胱甘肽过氧化物酶(GSH-Px)、超氧化物歧化酶(SOD)、丙二醛(MDA)、IL-1、IL-2、IL-6、丙酮酸、磷酸果糖激酶 1(PFK-1)、乳酸脱氢酶(LDH)含量的测定均采用鼠源性双抗体夹心 ELISA 法。采用 ELISA 试剂盒进行样品检测(Sigma 公司生产)、318MC 型酶标仪(上海三科仪器有限公司)测定 OD_{600} 值;OD_{600} 值为纵坐标,标准品浓度(C)为横坐标,对标准曲线进行绘制。标准曲线绘制成功后,根据血清样品的 OD_{600} 值计算出其相对应的浓度。

5. 数据处理与分析

利用 SPSS V19.0 软件,数据用平均值±标准差($\bar{X}$±SD)表示,各组数据间差异比较采用单因素方差分析(one-way ANOVA),组间两两比较采用 SNK 检验;两组间比较采用 t 检验。采用 Duncan 法进行数据的多重比较,结果用平均值±标准差($\bar{X}$±SD)来表示,差异水平分为不显著($P>0.05$)、显著($P<0.05$)、极显著($P<0.01$)。

7.6.2 实验结果

1. 小鼠血清中 GSH-Px、SOD、T-AOC、MDA 含量变化

GSH-Px、SOD、T-AOC、MDA 的 ELISA 检测结果见表 7-8。在冷应激处理 4 h 后，慢病毒介导 CIRP 过表达组血清 GSH-Px、MDA、T-AOC 含量与常温对照组相比均没有显著变化（$P>0.05$），而血清当中 SOD 的含量却出现明显降低的现象（$P<0.01$）；但单纯的冷处理组除 MDA 外，其余三种指标均有明显的变化。冷应激处理 8 h 后，慢病毒介导 CIRP 过表达组血清中 MDA、SOD 含量显著或极显著低于常温对照组（$P<0.05$，$P<0.01$）；而血清中 GSH-Px、T-AOC 的含量却有不同程度的升高（$P<0.01$）；另外，单纯的冷处理组除 T-AOC 外，其余三种物质的含量均有不同程度的变化。

表 7-8 小鼠血清不同氧化还原指标检测结果表

项目	A	实验处理（$\bar{X}\pm SD$）								SEM 值	P 值
		冷处理 4 h				冷处理 8 h					
		B	C	D	E	B	C	D	E		
T-AOC/ (U/mL)	10.19± 0.23	11.75± 0.85*	10.12± 0.49	12.39± 1.08	12.20± 2.89**	9.89± 1.12	12.43± 1.20**	12.19± 0.63	9.63± 0.84	0.29	0.027
MDA/ (nmol/L)	9.01± 0.09	9.36± 0.30	9.07± 0.34	8.59± 0.34	9.47± 0.22	10.06± 0.52*	8.33± 0.33*	7.58± 0.65	7.96± 0.20	0.16	0.003
SOD/ (U/mL)	65.14± 4.84	20.64± 3.26**	33.96± 3.70**	23.07± 4.37	31.32± 2.62	31.62± 4.42**	38.34± 1.92**	36.34± 6.18	40.58± 2.54	2.46	0.006
GSH-Px/ (U/mL)	38.66± 1.62	53.99± 4.56**	36.78± 2.61	55.28± 5.33	37.43± 3.99	48.62± 8.35*	59.12± 1.48**	51.39± 6.23	47.34± 3.16	1.70	0.006

*表示差异显著（$P<0.05$）；**表示差异极显著（$P<0.01$）（所有比较均是与常温对照组相比）

2. 小鼠血清中 IL-1、IL-2、IL-6 含量变化

IL-1、IL-2、IL-6 的 ELISA 检测结果见表 7-9。在冷处理 4 h、8 h 时，慢病毒介导的 CIRP 过表达组血清组织中 IL-2、IL-6 含量显著低于常温对照组（$P<0.05$）；相反，IL-1 却显著高于常温对照组（$P<0.05$）。

3. 小鼠血清中 LDH、丙酮酸、PFK-1 含量变化

LDH、丙酮酸、PFK-1 的 ELISA 检测结果见表 7-10。我们观察到小鼠血清组织中糖代谢的关键限速酶 PFK-1 的表达量在冷处理期间，无论是在常温状态下，低温后，还是低温慢病毒处理的各组之间，均没有明显变化。常温对照组、低温对

表 7-9　小鼠血清不同免疫指标检测结果表

项目	A	实验处理（$\bar{X}\pm$SD）								SEM 值	P 值
		冷处理 4 h				冷处理 8 h					
		B	C	D	E	B	C	D	E		
IL-1/ （ng/mL）	57.80± 3.92	63.87± 3.83*	60.08± 4.64*	63.67± 5.46	72.06± 11.81	50.93± 3.18*	72.67± 8.91	69.47± 4.64	54.52± 9.52	1.63	0.002
IL-2/ （ng/mL）	962.65± 57.04	731.04± 56.64*	897.47± 50.15*	831.59± 55.35	792.06± 82.37	1066.67± 120.8*	904.48± 98.07*	891.92± 91.41	828.12± 96.44	23.35	0.001
IL-6/ （μg/L）	22.24± 3.06	21.61± 0.74	20.06± 1.92*	17.29± 0.71	23.29± 4.79	16.64± 1.41**	20.86± 1.29*	21.11± 1.30	14.29± 2.96	0.62	0.002

*表示差异显著（$P<0.05$）；**表示差异极显著（$P<0.01$）（所有比较均是与常温对照组相比）

照组、CIRP 过表达组、CIRP 干扰组、阴性对照组在 4 h、8 h 两个观测时间点组间 PFK-1 表达量没有统计学差异。低温处理后，CIRP 表达量的变化与血清组织中的丙酮酸含量变化没有明显的相关性，说明 CIRP 对小鼠机体能量代谢的影响不大，在不同处理时间及不同处理方法下，各组之间的丙酮酸含量均没有变化，差异不显著（$P>0.05$）。无论是常温组的小鼠，还是慢病毒处理的小鼠及低温对照组小鼠，在 4 h 及 8 h 两个时间点，血清组织中的乳酸脱氢酶（LDH）含量没有出现相应的变化，各组之间的 LDH 浓度没有明显的差异（$P>0.05$）。

表 7-10　小鼠血清不同能量代谢指标检测结果表

项目	A	实验处理（$\bar{X}\pm$SD）								SEM 值	P 值
		冷处理 4 h				冷处理 8 h					
		B	C	D	E	B	C	D	E		
丙酮酸/ （ng/L）	10.09± 0.4	10.12± 0.44	9.56± 0.79	9.91± 0.93	11.03± 2.25	9.62± 2.38	11.46± 0.38	11.69± 0.69	8.91± 0.61	0.25	0.145
PFK-1/ （U/L）	558.57± 25.95	551.07± 14.50	506.13± 31.28	479.91± 27.71	94.89± 116.1	614.75± 50.67	538.43± 39.29	544.05± 124.57	485.53± 18.06	12.45	0.279
LDH/ （ng/L）	3.65± 0.07	3.70± 0.14	3.69± 0.32	3.21± 0.15	4.10± 0.52	3.79± 0.81	4.43± 0.34	3.97± 0.45	3.45± 0.37	0.09	0.094

*表示差异显著（$P<0.05$）；**表示差异极显著（$P<0.01$）（所有比较均是与常温对照组相比）

7.6.3　讨论与分析

1. 对血清中氧化还原指标的影响

研究表明，虽然机体所受的应激源有所不同，如寒冷应激、渗透压升高、紫外线照射、缺氧应激等，但其对机体造成的损伤最终均表现为氧化损伤。机体抗氧化能力的强弱与健康程度存在着密切联系，机体内的多种抗氧化物质形成一个防御体系并维持细胞的正常生理功能。GSH-Px、SOD、T-AOC、MDA 等都是机体内抗氧化系统的重要成员。

本实验结果表明，低温应激后，小鼠血清中 GSH-Px、MDA、T-AOC 的浓度均出现不同程度的升高现象，SOD 却有所降低，结果提示小鼠在冷应激时启动了自由基清除系统，消耗了 GSH-Px、SOD 等物质，机体整体抗氧化水平有所下降，与贾海燕等关于冷应激氧化损伤的结论[40]、葛颖华和钟晓明关于冷应激可使血清 SOD 含量下降的结论[41]相符合。在降低温度后，冷应激+CIRP 过表达组与单纯冷处理对照组相比，血清 MDA、GSH-Px、SOD、T-AOC 含量差异极显著，这一结果表明，人为导致 CIRP 的表达量升高能够有效减少自由基离子的产生，提高机体的总抗氧化能力。本实验中，在 8 h 低温应激后，小鼠血清中 MDA 的含量显著升高（$P<0.05$），这一结果提示低温应激可能使小鼠交感-肾上腺髓质系统兴奋性升高，机体基础代谢提高，低温导致小鼠脂质过氧化反应增强，MDA 的含量升高，改变了细胞膜的通透性，最终导致细胞膜受到损伤；冷应激+CIRP 过表达组与单纯冷处理对照组血清中 MDA 的含量差异极显著，这充分表明，人为导致 CIRP 的表达量升高可以有效抑制脂质过氧化链式反应，保护细胞膜的完整性，提高小鼠抗应激能力。

2. 对血清中相关细胞因子的影响

细胞因子是一类由活化的免疫细胞合成和分泌的信号蛋白，它不仅具有免疫调节功能，也在中枢神经系统、内分泌系统及免疫系统间起着重要的信使作用。因此，检测冷应激后血清中细胞因子的浓度可以准确地评估动物机体的应激状态。其中 IL-1、IL-6 是炎症早期反应分泌的主要促炎症细胞因子，它们可以启动其他细胞因子的释放[42]。而 IL-2 主要由活化的 T 淋巴细胞产生，它具有促进 T 淋巴细胞增殖分化，增强 T 淋巴细胞、NK 细胞活性，诱导干扰素生成的作用，IL-2 水平是机体细胞免疫的重要标志[43]。

研究发现，CIRP 可通过调节 NF-κB 信号通路影响细胞因子的表达[44]。所以我们猜测 CIRP 可能与冷应激相关细胞因子 IL-1、IL-6、IL-2 等之间存在着一定的联系。

本实验结果表明，亚低温状态下及转染 CIRP 过表达慢病毒组，IL-2、IL-6 的活性成分明显降低，IL-1 的活性成分则有不同程度的升高；此外，不同持续时间的冷刺激，血清中相关细胞因子的变化程度也有所不同，推测在冷刺激处理过程中，慢病毒介导的 CIRP 可促进动物机体内 IL-2、IL-6 之间的协同作用，共同维持冷应激大鼠内环境的稳定。

3. 对机体能量代谢的影响

研究发现，温度降低可以有效地诱导 CIRP 的高效表达，导致细胞分裂 G1 期的延长，有效地抑制低温下的细胞生长和代谢[5]。该研究的发现预示着 CIRP 可能参与了低温刺激时机体的能量代谢，但该发现仍需要进一步进行实验来补充证实。因此，有必要人为地导致 CIRP 在活体中表达量不同，对血清组织中参与能量代谢的物质及关键酶进行进一步研究，观察 CIRP 在机体内表达不同的情况下，机体内能量代谢的变化是否与 CIRP 的表达量变化存在着直接或间接的关联。为此，我们选择在代谢过程当中发挥重要作用的物质和关键酶类作为研究对象，如丙酮酸、磷酸果糖激酶 1（PFK-1）、乳酸脱氢酶（LDH）等。

丙酮酸是机体三大营养代谢的中间产物之一，而且丙酮酸在机体内糖、脂肪和氨基酸间的互相转化中起着重要的枢纽作用，其含量变化可以间接暗示机体内能量代谢的变化。PFK-1 是糖酵解过程中一种非常重要的酶，而且是该过程的主要调节点，在糖酵解过程中，PFK-1 是果糖-6-磷酸与 ATP 转变成为果糖-1,6-二磷酸与 ADP 的主要限速酶，PFK-1 的变化直接标示着机体内 ATP 的变化。乳酸脱氢酶（LDH）是一种糖酵解酶，作为一种主要的限速酶，在机体几乎所有组织细胞的胞质内均能发现其存在，催化丙酮酸和乳酸之间的氧化还原反应，其含量变化间接预示着机体内糖类的代谢水平。基于上述原因，我们选择上述三种指标作为研究对象，来观察冷应激条件下及 CIRP 过量表达对机体能量代谢的影响。

研究发现，动物机体内 CIRP mRNA 的表达量在经过低温 2 h 后，会伴随时间推移而明显增加[45]。本实验研究发现 CIRP mRNA 的表达量的高低对脑组织的乳酸脱氢酶含量变化和 PFK-1 的水平没有影响，而且丙酮酸含量也与 CIRP 的表达量变化无关。实验发现 CIRP 在不影响能量代谢的情况下，提高组织对低温刺激的耐受性，对机体可以起到保护作用，说明 CIRP 对细胞的保护作用并不是通过降低消耗能量来实现的。这与某些研究相吻合，如 CIRP 可以激活细胞外调节蛋白激酶（ERK）[13]及 INF-γ[46]等细胞因子，调控相关基因的表达，避免有害因素的产生，从而发挥对细胞的保护作用。此外也有研究发现，CIRP 的表达也会由于紫外线照射、光照等影响，在一定程度上被诱发产生[47,48]。这就意味着，CIRP 可能是通过对相关基因的调控起到细胞保护作用的。

在冷应激的情况下，小鼠体内血清组织中，在冷处理 4 h 及 8 h 后，其氧化还原指标（GSH-Px、SOD、T-AOC、MDA）均出现明显的变化，经冷处理后，SOD 的活性成分明显降低，血清组织中 MDA、GSH-Px、T-AOC 的含量有所升高，当人为导致 CIRP 表达量升高后，由冷应激导致的相关氧化还原指标的变化有所恢复。

　　单纯冷处理后，其冷应激相关细胞因子 IL-6、IL-2 出现降低的现象，而 IL-1 则有所升高，人为导致 CIRP 过量表达后，由冷应激导致的 IL-1、IL-2、IL-6 的变化明显得到改善。

　　血清中相关能量代谢指标丙酮酸、磷酸果糖激酶 1（PFK-1）、乳酸脱氢酶（LDH），经单纯冷应激处理与人为导致 CIRP 表达升高后，各组的相关能量代谢指标无明显变化。

　　以上结果表明：在不影响动物机体能量代谢的情况下，CIRP 可以有效地抑制细胞内氧自由基的产生，使机体细胞抗氧化能力提高，从而提高小鼠抵抗氧化应激对机体的损伤，以及通过调节动物机体抗冷应激相关细胞免疫因子，在小鼠抵抗低温应激方面起到积极的保护作用。

参 考 文 献

[1] Al-Fageeh M B, Smales C M. Control and regulation of the cellular responses to cold shock: the responses in yeast and mammalian systems[J]. The Biochemical Journal, 2006, 397(2): 247-259

[2] Fujita J. Cold shock response in mammalian cells[J]. Journal of Molecular Microbiology and Biotechnology, 1999, 1(2): 243-255

[3] Sheikh M S, Carrier F, Papathanasiou M A, Hollander M C, Zhan Q, Yu K, Fornace A J Jr. Identification of several human homologs of hamster DNA damage-inducible transcripts. Cloning and characterization of a novel UV-inducible cDNA that codes for a putative RNA-binding protein[J]. The Journal of Biological Chemistry, 1997, 272(42): 26720-26726

[4] Fornace A J Jr, Alamo I Jr, Hollander M C. DNA damage-inducible transcripts in mammalian cells[J]. Proceedings of the National Academy of Sciences of the United States of America, 1988, 85(23): 8800-8804

[5] Nishiyama H, Itoh K, Kaneko Y, Kishishita M, Yoshida O, Fujita J. A glycine-rich RNA-binding protein mediating cold-inducible suppression of mammalian cell growth[J]. The Journal of Cell Biology, 1997, 137(4): 899-908

[6] 王天云, 张贵星, 薛乐勋. 一种简便高效的改良降落 PCR[J]. 中国生物工程杂志, 2003, 23(11): 80-82

[7] Don R H, Cox P T, Wainwright B J, Baker K, Mattick J S. Touchdown PCR to circumvent spurious priming during gene amplification[J]. Nucleic Acids Research, 1991, 19(14): 4008

[8] 张贵星, 袁保梅, 许培荣, 薛乐勋. 改良的降落 PCR 与普通 PCR 结果比较[J]. 郑州大学学报（医学版）, 2003, 38(3): 352-354

[9] Piraee M, Vining L C. Use of degenerate primers and touchdown PCR to amplify a halogenase gene fragment from Streptomyces venezuelae ISP5230[J]. Journal of Industrial Microbiology & Biotechnology, 2002, 29(1): 1

[10] Komura J, Ikehata H, Hosoi Y, Riggs A D, Ono T. Mapping psoralen cross-links at the nucleotide level in mammalian cells: suppression of cross-linking at transcription factor- or nucleosome-binding sites[J]. Biochemistry, 2001, 40(13): 4096

[11] Imamura T, Kanai F, Kawakami T, Amarsanaa J, Ijichi H, Hoshida Y, Tanaka Y, Ikenoue T, Tateishi K, Kawabe T. Proteomic analysis of the TGF-beta signaling pathway in pancreatic

carcinoma cells using stable RNA interference to silence Smad4 expression[J]. Biochemical & Biophysical Research Communications, 2004, 318(1): 289-296

[12] Zamore P D. RNA interference: listening to the sound of silence[J]. Nature Structural Biology, 2001, 8(9): 746-750

[13] Sakurai T, Itoh K, Higashitsuji H, Nonoguchi K, Liu Y, Watanabe H, Nakano T, Fukumoto M, Chiba T, Fujita J. Cirp protects against tumor necrosis factor-alpha-induced apoptosis via activation of extracellularsignal-regulated kinase[J]. Biochim Biophys Acta, 2006, 1763(3): 290-295

[14] Li S, Zhang Z, Xue J, Liu A, Zhang H. Cold-inducible RNA binding protein inhibits H_2O_2-induced apoptosis in rat cortical neurons[J]. Brain Research, 2012, 1441(3): 47

[15] Yang R, Weber D J, Carrier F. Post-transcriptional regulation of thioredoxin by the stress inducible heterogenous ribonucleoprotein A18[J]. Nucleic Acids Research, 2006, 34(4): 1224-1236

[16] Welsh S J, Bellamy W T, Briehl M M, Powis G. The redox protein thioredoxin-1(Trx-1) increases hypoxia-inducible factor 1alpha protein expression: Trx-1 overexpression results in increased vascular endothelial growth factor production and enhanced tumor angiogenesis[J]. Cancer Research, 2002, 62(17): 5089-5095

[17] Yokomizo A, Ono M, Nanri H, Makino Y, Ohga T, Wada M, Okamoto T, Yodoi J, Kuwano M, Kohno K. Cellular levels of thioredoxin associated with drug sensitivity to cisplatin, mitomycin C, doxorubicin, and etoposide[J]. Cancer Research, 1995, 55(19): 4293-4296

[18] Park J S, Park S J, Peng X, Wang M, Yu M A, Lee S H. Involvement of DNA-dependent protein kinase in UV-induced replication arrest[J]. Journal of Biological Chemistry, 1999, 274(45): 32520-32527

[19] Zhao W, Zhong L, Wu J, Chen L, Qing K, Weigel-Kelley K A, Larsen S H, Shou W, Warrington K H Jr, Srivastava A. Role of cellular FKBP-52 protein in intracellular trafficking of recombinant adeno-associated virus 2 vectors[J]. Virology, 2006, 353(2): 283-293

[20] Kafri T, Praag H V, Gage F H, Verma I M. Lentiviral vectors: regulated gene expression[J]. Molecular Therapy the Journal of the American Society of Gene Therapy, 2000, 1(6): 516-521

[21] Bartosch B, Cosset F L. Strategies for retargeted gene delivery using vectors derived from lentiviruses [J]. Current Gene Therapy, 2005, 4(4): 427-443

[22] Al-Fageeh M B, Smales C M. Cold-inducible RNA binding protein(CIRP)expression is modulated by alternative mRNAs[J]. RNA(New York, NY), 2009, 15(6): 1164-1176

[23] 陈彩云, 刘亚京, 牛忠英. 慢病毒载体的研究进展及应用[J]. 口腔颌面修复学杂志, 2012, 13(2): 117-120

[24] Westerman K A, Ao Z, Cohen É A, Leboulch P. Design of a trans protease lentiviral packaging system that produces high titer virus[J]. Retrovirology, 2007, 4(1): 1-14

[25] 高树峰, 李黎, 张少容. 慢病毒载体在基因治疗中的应用研究进展[J]. 广东医学, 2012, 33(20): 3180-3183

[26] Safar P J, Kochanek P M. Therapeutic hypothermia after cardiac arrest[J]. New England Journal of Medicine, 2002, 346(8): 612-613

[27] Sonna L A, Fujita J, Gaffin S L, Lilly C M. Invited review: effects of heat and cold stress on mammalian gene expression[J]. Journal of Applied Physiology, 2002, 92(4): 1725

[28] Sureban S M, Ramalingam S, Natarajan G, May R, Subramaniam D, Bishnupuri K S, Morrison A R, Dieckgraefe B K, Brackett D J, Postier R G. Translation regulatory factor RBM3 is a

protooncogene that prevent smitotic catastrophe[J]. Oncogene, 2008, 27(33): 4544

[29] Lleonart M E. A new generation of protooncogenes: cold-inducible RNA binding proteins[J]. Biochim Biophys Acta, 2010, 1805(1): 43-52

[30] Kita H, Carmichael J, Swartz J, Muro S, Wyttenbach A, Matsubara K, Rubinsztein D C, Kato K. Modulation of polyglutamine-induced cell death by genes identified by expression profiling[J]. Human Molecular Genetics, 2002, 11(19): 2279-2287

[31] Yang C, Carrier F. The UV-inducible RNA-binding protein A18(A18 hnRNP)plays a protective role in the genotoxic stress response[J]. The Journal of Biological Chemistry, 2001, 276(50): 47277-47284

[32] Abukhader A A, Bilto Y Y. Exposure of human neutrophils to oxygen radicals causes loss of deformability, lipid peroxidation, protein degradation, respiratory burst activation and loss of migration[J]. Clinical Hemorheology & Microcirculation, 2002, 27(1): 57-66

[33] Cupane A, Leone M, Militello V, Stroppolo M E, Polticelli F, Desideri A. Low-temperature optical spectroscopy of native and azide-reacted bovine Cu, Zn superoxide dismutase. A structural dynamics study[J]. Biochemistry, 1994, 33(50): 15103-15109

[34] Onderci M, Sahin N, Sahin K, Kilic N. Antioxidant properties of chromium and zinc: *in vivo* effects on digestibility, lipid peroxidation, antioxidant vitamins, and some minerals under a low ambient temperature[J]. Biological Trace Element Research, 2003, 92(2): 139-150

[35] Wong C W, Smith S E, Thong Y H, Opdebeeck J P, Thornton J R. Effects of exercise stress on various immune functions in horses[J]. American Journal of Veterinary Research, 1992, 53(8): 1414

[36] Xue J H, Nonoguchi K, Fukumoto M, Sato T, Nishiyama H, Higashitsuji H, Itoh K, Fujita J. Effects of ischemia and H_2O_2 on the cold stress protein CIRP expression in rat neuronal cells[J]. Free Radical Biology & Medicine, 1999, 27(11-12): 1238-1244

[37] Pan F, Zarate J, Choudhury A, Rupprecht R, Bradley T M. Osmotic stress of salmon stimulates upregulation of a cold inducible RNA binding protein(CIRP)similar to that of mammals and amphibians[J]. Biochimie, 2004, 86(7): 451-461

[38] Wellmann S, Buhrer C, Moderegger E, Zelmer A, Kirschner R, Koehne P, Fujita J, Seeger K. Oxygen regulated expression of the RNA-binding proteins RBM3 and CIRP by a HIF-1-independent mechanism[J]. Journal of Cell Science, 2004, 117(Pt 9): 1785-1794

[39] Saito K, Fukuda N, Matsumoto T, Iribe Y, Tsunemi A, Kazama T, Yoshida-Noro C, Hayashi N. Moderate low temperature preserves the stemness of neural stem cells and suppresses apoptosis of the cells via activation of the cold-inducible RNA binding protein[J]. Brain Research, 2010, 1358(2): 20-29

[40] 贾海燕, 李金敏, 于倩, 王俊杰, 李术. 冷应激致雏鸡肺脏 DNA 的氧化损伤作用[J]. 中国应用生理学杂志, 2009, (3): 373-376

[41] 葛颖华, 钟晓明. 维生素 C 和维生素 E 抗氧化机制及其应用的研究进展[J]. 吉林医学, 2007, 28(5): 707-708

[42] Hangalapura B N, Kaiser M G, Poel J J, Parmentier H K, Lamont S J. Cold stress equally enhances *in vivo* proinflammatory cytokine gene expression in chicken lines divergently selected for antibody responses[J]. Developmental & Comparative Immunology, 2006, 30(5): 503-511

[43] Antony P A, Paulos C M, Ahmadzadeh M, Akpinarli A, Palmer D C, Sato N, Kaiser A, Heinrichs C, Klebanoff C A, Tagaya Y. Interleukin-2-dependent mechanisms of tolerance and

immunity *in vivo*[J]. Journal of Immunology, 2006, 176(9): 5255

[44] Brochu C, Cabrita M A, Melanson B D, Hamill J D, Lau R, Pratt M A, McKay B C. NF-kappaB-dependent role for cold-inducible RNA binding protein in regulating interleukin 1beta[J]. PLoS One, 2013, 8(2): e57426

[45] 刘爱军. 脑内冷诱导 RNA 结合蛋白的表达及其神经保护作用研究[D]. 北京: 解放军总医院解放军军医进修学院博士学位论文, 2010

[46] Tan H K, Lee M M, Yap M G, Wang D I. Overexpression of cold-inducible RNA-binding protein increases interferon-gamma production in Chinese-hamster ovary cells[J]. Biotechnology and Applied Biochemistry, 2008, 49(Pt 4): 247-257

[47] Sugimoto K, Jiang H. Cold stress and light signals induce the expression of cold-inducible RNA binding protein(cirp)in the brain and eye of the Japanese treefrog(*Hyla japonica*)[J]. Comparative Biochemistry and Physiology Part A, Molecular & Integrative Physiology, 2008, 151(4): 628-636

[48] Nishiyama H, Xue J H, Sato T, Fukuyama H, Mizuno N, Houtani T, Sugimoto T, Fujita J. Diurnal change of the cold-inducible RNA-binding protein(Cirp)expression in mouse brain[J]. Biochemical and Biophysical Research Communications, 1998, 245(2): 534-538

第8章　RBM3抵抗冷应激的分子机制实验研究

8.1　重组慢病毒载体 pLenti6/V5-RBM3 的构建

8.1.1　材料与方法

1. 实验动物

2~3月龄健康的长白仔猪，取其脾组织于液氮中放置1d后保存于-80℃待用。

2. 质粒、菌种来源

大肠杆菌菌株 *E.coli* DH5α 由本实验室提供；pENTR-11、pLenti6/V5-DEST 和 pLenti6/V5-DEST-GFP 质粒均为暨南大学馈赠。

3. 主要化学试剂及仪器设备

1）主要化学试剂

Trizol 购自美国 Invitrogen 公司；DEPC 购自 Sigma 公司；反转录酶购自天根生化科技（北京）有限公司；Oligo（dT）$_{18}$、*Taq* 酶、限制性内切酶 *Xho* Ⅰ、*BamH* Ⅰ、标准核算分子质量 DL 2000 Marker，DL 5000 Marker 均为大连宝生物公司产品；2×*Taq* Master Mix（含染料）购自康为世纪生物科技有限公司；琼脂糖、氨苄西林、卡那霉素购自 Spanish 公司；pGEM-T Easy、T4 连接酶购自 Promega 公司；琼脂粉、胰蛋白胨（tryptone）、酵母提取物（yeast extract）均购自 OXOID 公司；质粒小量提取试剂盒、普通琼脂糖凝胶 DNA 回收试剂盒均购自北京索莱宝科技有限公司；LR Clonase 酶、杀稻瘟菌素（blasticidin）均购自美国 Invitrogen 公司；其他化学试剂均为国产分析纯试剂。引物合成和测序均由上海生工完成。

2）主要仪器设备

超净工作台，北京东联哈尔滨仪器制造有限公司；核酸蛋白定量仪，美国伯乐公司；电泳槽，北京市六一仪器厂；紫外凝胶成像系统，美国伯乐公司；P×Thermal Cycler PCR 仪，美国伯乐公司；台式高速冷冻离心机，长沙英泰仪器有限公司；电热恒温水浴锅，常州国华电器有限公司；漩涡振荡器，上海医疗器械五厂；电热恒温培养箱，上海森信实验仪器有限公司；恒温循环器，北京德天佑科技发展有限公司；超纯水仪，力新仪器上海有限公司；-80℃超低温冰箱（ultra low temperature freezer），英国 New Brunswick Scientific 公司。

4. 引物设计与合成

根据猪 RNA 结合基序蛋白 3 的基因序列（GenBank 登录号为：NM_001243419），采用 Primer Express 软件设计用于扩增 RBM3 编码基因的特异性引物，引物大小为 551 bp。RBM3 上游引物：5′-CGGGATCCCTGCCATGTCCTCTG AAGAAG-3′。RBM3 下游引物：5′-CCGCTCGAGACAGCCATTTGGAA GGA CG-3′，经 BLAST 软件分析说明，设计的引物具有良好的引物特异性，可用作后续实验，并委托上海生工合成此引物。

5. 组织中总 RNA 的提取

RNA 提取的准备工作：将研钵、研棒、镊子、手术刀、手术剪、药匙放入牛皮纸袋中，和 1000 mL 烧杯、棕色瓶一起放于 180℃烘烤 5 h，待冷却后取烘烤过的烧杯配制 0.1% 的 DEPC 水，充分搅拌至无油滴后静置过夜。取一部分 DEPC 水至广口瓶中高温高压灭菌后用于配制 75%乙醇。剩余 DEPC 水无须灭菌处理，直接用于浸泡枪头、EP 管等，取出浸泡过夜后的枪头、EP 管（尽量敲干上面的水），放入已用 75%乙醇擦洗过的饭盒、枪头盒中，高温高压灭菌后烘干待用。提取 RNA 中所用的氯仿、异丙醇、75%乙醇配制好后放于棕色瓶中 4℃保存。

步骤：75%乙醇擦拭超净台台面，紫外灭菌 50 min；液氮研磨组织，取米粒大小冻存仔猪脾组织块放入预冷的研钵中，加入液氮迅速研磨至粉末状，用药匙刮取组织粉末放入已加入 1 mL Trizol（原存于 4℃）的 EP 管中，反复颠倒混匀至溶解。室温静置 10 min 以充分裂解；加入 200 μL 预冷的氯仿，剧烈振荡混匀后室温静置 10 min，再置于 4℃离心机中 12 000 r/min 离心 15 min。样品分三层，黄色的有机层、中间层和上层水相，RNA 存在于上层水相中；转移上清入新的 EP 管中，并加入等体积的预冷异丙醇，混匀后于−20℃静置 1 h 以增加 RNA 沉淀，之后置于 4℃离心机中 12 000 r/min 离心 10 min 后弃上清；用 1 mL 75%乙醇洗涤沉淀，温和振荡，悬浮沉淀后置于 4℃离心机中 8000 r/min 离心 5 min 后弃上清，收集沉淀；室温干燥 5~10 min，不可过干；用 25 μL DEPC 水溶解 RNA 沉淀，如暂时不用可保存于−80℃；用核酸蛋白定量仪测定 RNA 浓度和 A_{260}/A_{280} 值，要求其数值在 1.8~2.0；1%琼脂糖凝胶电泳检测 RNA 提取情况，称取 0.2 g 琼脂糖加入 20 mL 1×TAE 缓冲液，微波炉中加热，煮沸两次，冷却至 50℃左右，加入少量 EB 混匀后倒入插有梳子的胶槽中，待胶凝固后拔下梳子放入盛有 1×TAE 缓冲液电泳槽中，取 5 μL RNA 样品与适量 6×Loading Buffer 混匀后加入胶孔中进行电泳。电泳停止后将凝胶放在紫外凝胶成像系统下观察并拍照；RNA 定量，根据测得的 RNA 浓度计算出 1~5 μg RNA 所需的 RNA 体积，使反转录时 RNA 的浓度保持一致。

6. 目的基因的制备

以仔猪脾组织总 RNA 为模板，Oligo（dT）$_{18}$ 为引物进行反转录反应。反转录反应体系如表 8-1 所示。

表 8-1   反转录反应体系

试剂	加样量
总 RNA	1~5 μg
Oligo（dT）$_{18}$（50 pmol/μL）	2.0 μL
Super Pure dNTP（2.5 mmol/L each）	2.0 μL
RNase-Free ddH$_2$O	定容至 14.5 μL
5×First-Strand Buffer（含有 DTT）	4.0 μL
RNasin	0.5 μL
TIANScript M-MLV	1.0 μL
总体积	20.0 μL

反转录反应条件为：根据表 8-1 加入 RNA、Oligo（dT）$_{18}$、Super Pure dNTP 和 RNase-Free ddH$_2$O 后，70℃加热 5 min 后迅速在冰上冷却 2 min。瞬时离心数秒使反应液聚集于管底，然后加入 5×First-Strand Buffer、RNasin 和 TIANScript M-MLV，42℃温浴 50 min 后 95℃加热 5 min，立即置于冰上进行后续实验或-20℃冷冻保存。

以反转录产物为模板，进行 PCR 反应。PCR 扩增体系如表 8-2 所示。

表 8-2   PCR 扩增体系

试剂	加样量/μL
反转录产物	1.0
上游引物（10 μmol/L）	1.0
下游引物（10 μmol/L）	1.0
2×*Taq* Master Mix	12.5
Rnase-Free Water	10.5
总体积	26.0

对 PCR 反应 T_m 值和循环数等进行优化后得出 RBM3 的最佳 PCR 反应条件为：95℃预变性 5 min，95℃变性 30 s，60℃退火 45 s，72℃延伸 30 s，35 个循环，72℃延伸 10 min。PCR 产物通过 1%琼脂糖凝胶电泳进行鉴定，电泳后置于紫外灯下观察电泳结果。

7. 目的基因的回收与纯化

将含有目的基因的 PCR 产物加入 1%琼脂糖凝胶块中，电泳至目的基因完全分离后停止，将凝胶置于紫外灯照射下切取含有目的基因 DNA 片段的凝胶条，然后按照以下操作对目的基因进行纯化。

将胶条放入干净的离心管中，称取胶条质量；向离心管中加入 3 倍体积的溶胶液（如果凝胶条质量为 0.1 g，其体积可视为 100 μL，则加入 300 μL 溶胶液），55℃水浴放置 10 min，并在期间不断地温和上下翻转离心管，以确保胶条的充分溶解；将上述所得溶液温度降至室温后加入一个吸附柱中（吸附柱放入收集管中），将其放入离心机中 13 000 r/min 离心 30~60 s，然后倒掉收集管中的废液，将吸附柱重新放入收集管中；向吸附柱中加入 700 μL 漂洗液，将其放入离心机中 13 000 r/min 离心 30~60 s，倒掉废液，将吸附柱重新放入收集管中；向吸附柱中加入 500 μL 漂洗液，将其放入离心机中 13 000 r/min 离心 30~60 s，倒掉废液；将离心后的吸附柱放回收集管中，将其放入离心机中 13 000 r/min 离心 2 min，尽量去除漂洗液，将吸附柱开盖 1~2 min，晾干；将吸附柱放入一个干净的离心管中，向吸附柱中吸附膜中间位置悬空滴加 100 μL 经 65℃预热的洗脱缓冲液，室温静置 2 min，将其放入离心机中 13 000 r/min 离心 2 min，收集纯化的 DNA 溶液并将 DNA 产物置于−20℃保存。

8. 感受态细胞的制备

将−80℃保存的 DH5α 化冻，用接种环取少量在无抗性的 LB 琼脂平板上划线，于 37℃培养箱中倒置培养过夜；次日从琼脂平板上挑取单菌落接种于 5 mL 液体 LB 培养液试管中，37℃振荡培养过夜；取 0.5 mL 菌液转移到一个含有 50 mL 液体 LB 培养液锥形瓶中，37℃振荡培养 2~3 h，至 OD_{600} 值为 0.3~0.4；4℃条件下 5000 r/min 离心 5 min，弃上清后加入 1/10 体积预冷的 TSS 缓冲液，吹吸悬浮细胞后置于冰上；将菌液以 200 μL/管分装后置于−80℃保存，即为感受态细胞；取一管进行质粒转化检测。

9. 目的基因 *RBM3* 与 T 载体的连接及转化

1）目的基因 *RBM3* 与 T 载体的连接

短暂离心 pGEM-T Easy 载体及 DNA 插入对照管，使内容物汇集到管底。然后按照表 8-3 连接体系建立连接反应。

将上述混合液用移液器吹打使之混匀后，4℃孵育过夜。

2）重组质粒的转化

离心数分钟使连接反应产物汇集到管底，取 2.0 μL 连接反应产物加到置于冰

表 8-3　连接体系　　　　　　　　　　（单位：μL）

试剂	标准反应	阳性对照	背景对照
T4 DNA 连接酶的 2×快速连接缓冲液	5.0	5.0	5.0
PGEM-T Easy（50 ng）	1.0	1.0	1.0
回收的 PCR 产物	3.0	0	0
插入 DNA 对照	0	2.0	0
T4 DNA 连接酶	1.0	1.0	1.0
补加去离子水至终体积		10.0	

上的 1.5 mL 离心管中，同时从−80℃冰箱中取 200 μL 感受态细胞悬液，冰浴直至融化（5 min 左右），轻轻振动离心管使之混匀。将感受态细胞加入放有连接产物的转化管中，轻轻振动转化管混匀，冰浴 20 min。然后将其放入 42℃水浴中热激 45~50 s（不要振动），迅速转移到冰浴中冷却 2 min。随后向管中加入 1 mL 经过 37℃预热的 LB 培养基（不含抗生素），混匀后 37℃振荡培养（150 r/min）1.5 h。将转化培养基涂到含有 100 μg/mL 氨苄西林的 LB 平板上，在超净台上正面向上放置 1 h，待完全吸收后放置在 37℃培养过夜（16~24 h），后贮存 4℃。同时做两个对照组，对照 1 组：以同体积的无菌水代替 DNA 溶液，其他条件同上，正常情况下此组在含抗生素的 LB 平板上不会出现菌落。对照 2 组：以同体积的无菌水代替 DNA 溶液，但涂板时只取 5 μL 菌液涂布在不含抗生素的 LB 平板上，正常情况下产生大量菌落。

10. 质粒的提取

用无菌枪头挑取单菌落接种于 4 mL 含 100 μg/mL 氨苄西林的 LB 液体培养基中，37℃振荡培养过夜（12~16 h）。

步骤：将振荡培养的菌液加入 1.5 mL EP 管中，12 000 r/min 离心 1 min，弃上清。在吸水纸上扣干水滴，使菌沉淀尽量干燥；加入 250 μL 溶液 Ⅰ，振荡混匀，悬浮细菌细胞沉淀；加入 250 μL 溶液 Ⅱ，温和上下颠倒混匀 5~10 次，不超过 5 min；加入 350 μL 溶液Ⅲ，温和快速翻转混合 6~8 次直至出现白色絮状沉淀，将其放入离心机中 12 000 r/min 离心 10 min；将上清液加入吸附柱中，室温静置 2 min，将其放入离心机中 12 000 r/min 离心 1 min，弃掉废液；向吸附柱中加入漂洗液 700 μL，将其放入离心机中 12 000 r/min 离心 1 min，倒掉收集管中的废液；向吸附柱中加入漂洗液 500 μL，将其放入离心机中 12 000 r/min 离心 1 min，倒掉收集管中的废液；将其放入离心机中 12 000 r/min 离心 2 min，倒掉收集管中的废液，敞口室温晾干数分钟；将吸附柱放到新的离心管中，悬空滴加经过 65℃预热的 200 μL 洗脱液，室温静置 1 min，将其放入离心机中 12 000 r/min 离心 1 min 得到质粒溶液。

11. 重组克隆载体的鉴定

1）重组克隆载体的 PCR 鉴定

以连有目的基因的 T 载体重组质粒为模板进行 PCR 扩增，反应体系如表 8-4 所示。

表 8-4　PCR 反应体系

试剂	加样量/μL
质粒	0.5
上游引物（10 μmol/L）	1.0
下游引物（10 μmol/L）	1.0
2×*Taq* Master Mix	12.5
Rnase-Free Water	10.0
总体积	25.0

PCR 反应条件与 8.1.1.6 中 PCR 反应条件相同，PCR 产物通过 1% 琼脂糖凝胶电泳进行鉴定，电泳后置于紫外灯下观察电泳结果。

2）重组克隆载体的酶切鉴定

通过 *Xho* I、*Bam*H I 对含有目的基因 *RBM3* 的重组质粒进行双酶切鉴定，反应体系如表 8-5 所示。

表 8-5　双酶切体系

试剂	加样量/μL
10×K Buffer	2.0
重组质粒	3.0
Xho I	1.0
*Bam*H I	1.0
补加灭菌水至终体积	20.0

将反应物混匀后，37℃水浴 1 h，酶切产物通过 1% 琼脂糖凝胶电泳进行鉴定，电泳后置于紫外灯下观察电泳结果。

3）重组克隆载体的序列测定及其分析

将初步鉴定为阳性的菌液培养过夜后加入 50% 甘油，送至上海生工进行测序分析。利用 BioXM 软件将所测得的基因序列同 GenBank 上公布的猪的 RNA 结合基序蛋白 3 的编码序列进行比对，同源性接近 100%，证明克隆所得的序列可以用于后续实验。

12. 目的基因 *RBM3* 与入门载体的连接及转化

通过 *Xho* I、*Bam*H I 对含有目的基因 *RBM3* 的重组质粒和入门载体 pENTR-11

进行酶切，反应体系如表 8-6 所示。

表 8-6 双酶切体系

试剂	加样量/μL
10×K Buffer	2.0
重组质粒/ pENTR-11	3.0
Xho I	1.0
BamH I	1.0
补加灭菌水至终体积	20.0

将反应物混匀后，37℃水浴 1 h，对目的基因和入门载体进行回收和纯化，然后按照表 8-7 所示连接体系对目的基因和入门载体进行连接反应。

表 8-7 连接体系

试剂	加样量/μL
T4 DNA 连接酶的 2×快速连接缓冲液	5.0
回收的 pENTR-11	1.0
回收的目的基因产物	3.0
T4 DNA 连接酶	1.0
补加去离子水至终体积	10.0

将上述混合液用移液器吹打使之混匀后，4℃孵育过夜。然后采用 8.1.1.7 中的方法将连接产物转化入感受态细胞 DH5α，将已转化的感受态细胞 DH5α 均匀涂抹到 100 μg/mL Kan⁺抗性的 LB 平板上，37℃培养过夜。然后挑取若干单菌落，摇菌提取质粒。

13. 重组入门载体 pENTR-RBM3 的鉴定

1）重组入门载体 pENTR-RBM3 的 PCR 鉴定

以重组入门载体 pENTR-RBM3 为模板进行 PCR 扩增，反应体系如表 8-8 所示。

表 8-8 PCR 反应体系

试剂	加样量/μL
pENTR-RBM3	0.5
上游引物（10 μmol/L）	1.0
下游引物（10 μmol/L）	1.0
2×Taq Master Mix	12.5
Rnase-Free Water	10.0
总体积	25.0

PCR 反应条件与 8.1.1.6 中 PCR 反应条件相同, PCR 产物通过 1%琼脂糖凝胶电泳进行鉴定, 电泳后置于紫外灯下观察电泳结果。

2）重组入门载体 pENTR-RBM3 的酶切鉴定

通过 Xho I、BamH I 对含有目的基因 RBM3 的重组入门载体 pENTR-RBM3 进行双酶切鉴定, 反应体系如表 8-9 所示。

表 8-9　pENTR-RBM3 双酶切体系

试剂	加样量/μL
10×K Buffer	2.0
pENTR-RBM3	3.0
Xho I	1.0
BamH I	1.0
补加灭菌水至终体积	20.0

将反应物混匀后, 37℃水浴 1 h, 酶切产物通过 1%琼脂糖凝胶电泳进行鉴定, 电泳后置于紫外灯下观察电泳结果。

3）重组入门载体 pENTR-RBM3 的序列测定及其分析

将初步鉴定为阳性的菌液培养过夜后加入 50%甘油, 送至上海生工进行测序分析。利用 BioXM 软件将所测得的基因序列同之前扩增的 RBM3 序列进行比对, 同源性达到 100%, 证明重组所得的入门载体 pENTR-RBM3 可以用于后续实验。

14. 慢病毒载体 pLenti6/V5-RBM3

将测序正确的重组入门载体 pENTR-RBM3 与目的慢病毒载体进行 LR 反应。反应体系如表 8-10 所示。

表 8-10　LR 反应体系

试剂	加样量/μL
pENTR-RBM3（150 ng/μL）	1.0
pLenti6-V5-DEST（150 ng/μL）	0.5
TE Buffer	2.5
LR Clonase	1.0
总体积	5.0

将反应物混匀后, 25℃孵育过夜后加入 1.0 μL 蛋白酶 K 终止反应, 稍微振荡。37℃孵育 10 min。然后用 8.1.1.9 中的方法将 2.0 μL LR 反应产物转化入感受态细胞 stb31 中, 在 100 μg/mL 氨苄西林 (ampicillin) 和 50 μg/mL 杀稻瘟菌素 (blasticidin) 的 LB 琼脂糖平板培养, 37℃培养过夜。然后挑取若干单菌落, 摇菌提取质粒。

15. 重组慢病毒载体 pLenti6/V5-RBM3 的鉴定

1）重组慢病毒载体 pLenti6/V5-RBM3 的 PCR 鉴定

以重组慢病毒载体 pLenti6/V5-RBM3 为模板进行 PCR 扩增，反应体系如表 8-11 所示。

表 8-11　PCR 反应体系

试剂	加样量/μL
pLenti6/V5-RBM3	0.5
上游引物（10 μmol/L）	1.0
下游引物（10 μmol/L）	1.0
2×Taq Master Mix	12.5
Rnase-Free Water	10.0
总体积	25.0

PCR 反应条件与 8.1.1.6 中 PCR 反应条件相同，PCR 产物通过 1%琼脂糖凝胶电泳进行鉴定，电泳后置于紫外灯下观察电泳结果。

2）重组慢病毒载体 pLenti6/V5-RBM3 的酶切鉴定

通过 XhoⅠ、BamHⅠ对重组慢病毒载体 pLenti6/V5-RBM3 进行双酶切鉴定，反应体系如表 8-12 所示。

表 8-12　pLenti6/V5-RBM3 双酶切体系

试剂	加样量/μL
10×K Buffer	2.0
pLenti6/V5-RBM3	3.0
XhoⅠ	1.0
BamHⅠ	1.0
补加灭菌水至终体积	20.0

将反应物混匀后，37℃水浴 1 h，酶切产物通过 1%琼脂糖凝胶电泳进行鉴定，电泳后置于紫外灯下观察电泳结果。

3）重组入门载体 pLenti6/V5-RBM3 的序列测定及其分析

将初步鉴定为阳性的菌液培养过夜后加入 50%甘油，送至上海生工进行测序分析。利用 BioXM 软件将所测得的基因序列同之前扩增的 RBM3 序列进行比对，同源性达到 100%，证明重组所得的慢病毒载体 pLenti6/V5-RBM3 可以用于后续细胞转染实验。

8.1.2　实验结果

1）总 RNA 的检测

从冻存的仔猪脾组织中提取总 RNA，1%琼脂糖凝胶电泳检测（图 8-1）结果：可见 28S、18S 及 5S 三条条带，所提取的组织 RNA 基本未降解，且 RNA 的 A_{260}/A_{280} 值经核酸蛋白定量仪检测为 1.8，以上结果均显示所得到的 RNA 样品符合 RT-PCR 反应要求，可以用于后续实验。

2）cDNA 的 RT-PCR 检测

以提取的冻存仔猪脾组织样品中总 RNA 反转录合成的第一条链 cDNA 为模板进行 PCR 反应，经琼脂糖凝胶电泳检测得到大小为 551 bp 的 DNA 片段（图 8-2），未见非特异性片段。

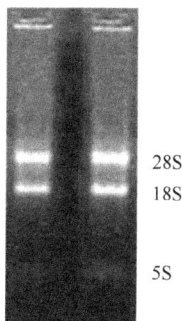

图 8-1　仔猪脾组织总 RNA 提取结果　　图 8-2　仔猪脾组织中 *RBM3* 基因的 RT-PCR 检测结果

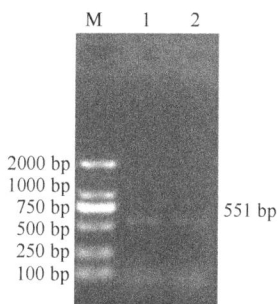

M. DL 2000 Marker；1、2. 仔猪脾组织

3）重组克隆载体的鉴定

以连接 *RBM3* 基因的 T 载体为模板进行 PCR 反应，鉴定得到 551 bp 的 DNA 片段（图 8-3），未见非特异性片段。将连接 *RBM3* 基因的 T 载体进行双酶切，得到 3015 bp 和 551 bp 的 DNA 片段（图 8-4）。

4）重组入门载体 pENTR-RBM3 的鉴定

以重组入门载体 pENTR-RBM3 为模板进行 PCR 反应，鉴定得到 551 bp 的 DNA 片段（图 8-5），未见非特异性片段。将重组入门载体 pENTR-RBM3 进行双酶切，得到 2300 bp 和 551 bp 的 DNA 片段（图 8-6）。

5）重组慢病毒载体的鉴定

以重组慢病毒载体 pLenti6/V5-RBM3 为模板进行 PCR 反应，鉴定得到 551 bp 的 DNA 片段（图 8-7）。将重组慢病毒载体 pLenti6/V5-RBM3 进行双酶切，得到 8688 bp 和 551 bp 的 DNA 片段（图 8-8）。

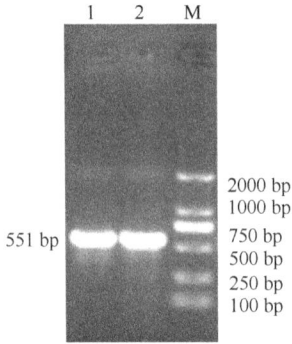

图 8-3　连接 *RBM3* 基因的 T 载体
的 PCR 检测结果

M. DL 2000 Marker；1、2. 连接 *RBM3* 基因的 T 载体

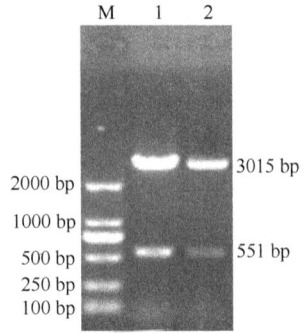

图 8-4　连接 *RBM3* 基因的 T 载体的
双酶切检测结果

M. DL 2000 Marker；1、2. 连接 *RBM3* 基因的 T 载体

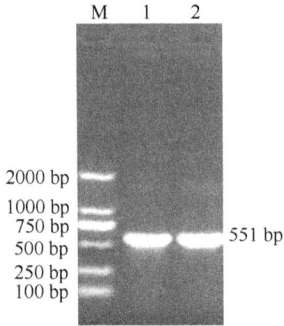

图 8-5　重组载体 pENTR-RBM3
的 PCR 检测结果

M. DL 2000 Marker；1、2. 重组载体 pENTR-RBM3

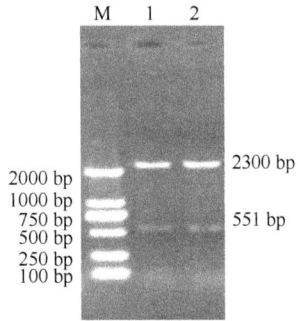

图 8-6　重组载体 pENTR-RBM3
的双酶切检测结果

M. DL 2000 Marker；1、2. 重组载体 pENTR-RBM3

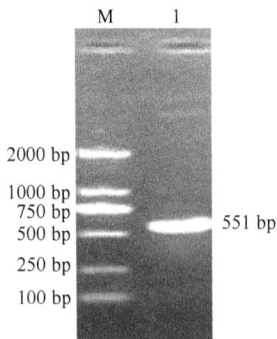

图 8-7　重组慢病毒载体的 PCR 检测结果

M. DL 2000 Marker；1. 重组慢病毒载体 pLenti6/V5-RBM3

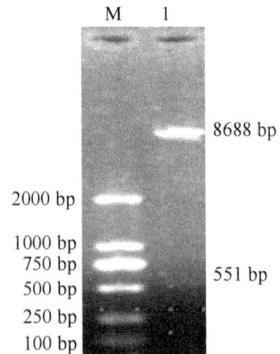

图 8-8　重组慢病毒载体的双酶切检测结果

M. DL 2000 Marker；1. 重组慢病毒载体 pLenti6/V5-RBM3

8.1.3　讨论与分析

　　RNA 结合基序蛋白 3（RBM3）是在哺乳动物体内被发现的最早的冷休克蛋白之一，1997 年 Danno 等在人类胎儿的脑组织中发现了 RBM3 的存在，并且对这个冷休克蛋白进行了分离鉴定[1]，RBM3 是哺乳动物体内重要的冷休克蛋白，近些年来，越来越多的学者致力于对它的结构及功能的研究，并且发现它是一种结构高度保守且富含甘氨酸的 RNA 结合基序蛋白。RBM3 包括两个结构域：一个是 RNA 识别基序（RRM），它在不同的物种之间高度保守；另一个是富含精氨酸、甘氨酸和酪氨酸的羧基端区域。RBM3 能够与 DNA 和 RNA 结合，有研究表明当 RBM3 过表达时会引起部分 microRNA 的广泛变更，而这种改变能够调节机体正常状态下和冷应激状态下总蛋白的合成，RBM3 作为一种分子伴侣，在动物受到冷应激时调节 mRNA 的翻译，从而影响蛋白质的合成。

　　RBM3 在仔猪多种组织中表达，如睾丸、小脑、肺、脾、肠和子宫，并且在睾丸和小脑等组织内高表达，但在心脏、甲状腺中则不表达。基于上述研究，本实验选用仔猪脾组织对 *RBM3* 基因片段进行扩增。

　　近些年来，学者研究了多种将目的基因导入靶细胞的方法，包括真核表达质粒的转染和病毒载体介导的基因转移法等。在这些方法中，研究人员最常应用于实验研究的方法是真核表达质粒的转染方法，因为这种方法对于分裂增殖比较旺盛的体外培养细胞的转染效果最好，但随表达质粒进入细胞的目的基因常常随着培养时间的延长而发生丢失。以往学者研究介导外源基因在真核细胞表达时大多采用腺病毒及腺相关病毒载体。腺病毒载体虽然能够感染非分裂细胞，但它不能整合到宿主细胞的基因组中，而且腺病毒载体还容易引起机体免疫炎症反应，不能保证基因长效稳定地表达，目的基因的表达也会随着时间的延长而减退，表达量在 2~3 d 时达到最大值，但是培养一周之后就会消失。腺相关病毒的优点是既没有致病性也不会引起免疫反应，而且能将目的基因整合入宿主细胞的基因组中，使目的基因持续稳定地表达，但是这种转染方法的实验制约性很大，腺相关病毒只能携带很小的基因片段，缺少高效的包装细胞也是制约因素之一。

　　本研究选用了真核表达质粒中的慢病毒载体 pLenti6/V5-DEST 作为目的基因 *RBM3* 的表达载体，因为慢病毒载体是在 HIV- I 病毒基础上进行改造而形成的病毒载体系统，重组的慢病毒载体系统能够将目的基因导入目的细胞中。慢病毒载体基因组是正链 RNA，当慢病毒基因组进入目的细胞后，它被自身携带的反转录酶反转录为 DNA，形成 DNA 整合前复合体，进入细胞核后，DNA 被整合到目的细胞的基因组中。慢病毒载体能够转移大片段的基因进入目的细胞内，不易引起宿主的免疫反应,具有良好的安全性。它不仅能感染分裂相细胞,也能高效地感染非分裂相细胞,如神经细胞、肝细胞、造血干细胞和肌纤维细胞等。研究者希望通过此方法让目的基因能够在细胞中高效表达,收集到具有高感染效率的重组慢病毒液。

同时,本研究还应用了 Invitrogen 公司的 Gateway 技术,该技术基于 λ 嗜菌体位点特异重组系统,采用 LR 重组酶所进行的 LR 反应是一个 attL 入门克隆和一个 attR 目的载体之间的重组反应,可在平行的反应中快速、定向地将目的基因序列转移到一个或更多个 Gateway 化的目的表达载体上。这项技术简化了基因的克隆和亚克隆步骤,在实验过程中不再需要任何限制性内切酶和连接酶对其进行酶切和连接反应,只需要利用重组酶就能够达到目的基因在表达载体之间穿梭的目的,并且保证了连接方向的准确性,简化了实验操作。

本研究采用 LR 反应将 pENTR-RBM3 载体上的 *RBM3* 基因成功平行转移到 pLenti6/V5-DEST 表达载体上,并经测序验证,实验结果表明成功构建了重组慢病毒质粒 pLenti6/V5-RBM3。

8.2 RBM3 重组慢病毒的制备及滴度测定

慢病毒是一类形态特征相似、生化特点相近、基因组结构相似的免疫缺陷性病毒,慢病毒载体可以被整合到宿主基因组,实现目的基因稳定长效地表达,并且其具有免疫原性低、感染效率高的特点。重组慢病毒离开包装细胞后病毒颗粒仅能转导细胞,不能自我复制,这为其安全性提供了更有效的保证。由于慢病毒载体的这些特点,它已经逐渐受到了学者的关注,成为将目的基因导入细胞的理想载体。

本实验将慢病毒载体通过转染进入 293T 细胞内,产生重组慢病毒,并对其病毒滴度进行测定,为后续重组慢病毒液感染全能干细胞 ST 细胞实验提供保证。

8.2.1 材料与方法

1. 细胞来源

人胚肾细胞系 293T 细胞由黑龙江八一农垦大学应激实验室自行培养。

2. 主要化学试剂及仪器设备

1)主要化学试剂

琼脂粉、胰蛋白胨(tryptone)、酵母提取物(yeast extract)均购于 OXOID 公司;琼脂糖、氨苄西林购自 Spanish 公司;无内毒素质粒中提试剂盒购自

OMEGA 公司；胎牛血清（FBS）、DMEM、MEM 培养液均购自 Hyclone 公司；ViraPower™ Packaging Mix 购自 Invitrogen 公司；OPti-MEM、trypsin 购自 GIBCO 公司。

2）主要仪器设备

超净工作台，北京东联哈尔滨仪器制造有限公司；核酸蛋白定量仪，美国伯乐公司；电泳槽，北京市六一仪器厂；紫外凝胶成像系统，美国伯乐公司；电热恒温水浴锅，常州国华电器有限公司；电热恒温培养箱，上海森信实验仪器有限公司；台式高速冷冻离心机，长沙英泰仪器有限公司；细胞培养箱，Laboratory Equipment 公司；倒置显微镜，NIKON EXLIPSE TS100 公司；荧光显微镜，美国伯乐公司；超纯水仪，力新仪器上海有限公司；−80℃超低温冰箱（ultra low temperature freezer），英国 New Brunswick Scientific 公司。

3. 转染用慢病毒载体质粒的提取

步骤：在平皿上分别接种验证成功的重组慢病毒载体 pLenti6/V5-RBM3 的菌种、pLenti6/V5-GFP 的菌种和 pLenti6/V5-DEST 的菌种，置于培养箱中培养过夜，挑取单菌落至 5 mL 氨苄抗性的培养基中，37℃振荡培养至 OD$_{600}$ 为 0.6 左右后接种到 100 mL 氨苄抗性的液体培养基中继续 37℃振荡培养 16 h 左右；收集 50 mL 培养基至 50 mL 离心管中，室温 3500~5000 g 离心 10 min；弃去培养基后加入 2.5 mL 的溶液 I/RNase A 到细菌培养物中，漩涡振荡悬浮细菌培养物；加入 2.5 mL 的溶液 II，轻轻颠倒并旋转 8~10 次至得到澄清的裂解液，室温静置 5 min；取出 Lysate Clearance Filter Syrine 活塞，将滤器垂直置于架子上；加入 1.5 mL 的 N3 Buffer，室温孵育 3 min 并间断轻轻颠倒离心管数次至出现絮状沉淀；准备 HiBind 柱子，将一个 HiBind 柱子放进 15 mL 收集管中，加入 2 mL GPS 缓冲液，室温静置 10 min 后 3000~5000 g 离心 5 min，弃去流出液。将柱子重新放回 15 mL 收集管中；立即将裂解液转移到 Lysate Clearance Filter Syrine 中，垂直放置 2 min，用新的 50 mL 管子收集细菌裂解液，将活塞插到过滤器中并缓慢推动，将裂解液压到收集管中；加入 0.1 倍体积的 ETR solution 到收集管中，轻轻颠倒旋转混匀 10 次，冰浴 20 min，并间断颠倒离心管数次；42℃孵育 5 min，溶液重新变浑浊。室温 3000~5000 g 离心 5 min，ETR solution 分层于离心管底部；将上层水相转移到新的 15 mL 离心管中，加入 0.5 倍体积的无水乙醇。轻轻颠倒旋转混匀 10 次，室温静置 2 min；加入 3.5 mL 澄清的裂解液至 HiBind DNA 柱子中，室温 3000~5000 g 离心 5 min，倒掉滤过液；将剩余的裂解液加到柱子上，重复上一步中的操作；加入 3 mL Buffer HB 至柱子中，室温 3000~5000 g 离心 5 min，倒掉过滤液并重新放回到收集管中；加入 3.5 mL DNA 冲洗液至柱子中，室温 3000~5000 g 离心 5 min，倒掉滤液。重复此步骤一次；空柱离心 10 min（最高转速，不超过 5000 g），以干燥柱子；将柱子放入新的 15 mL 离心管中，加入 1 mL DNA 无内毒素洗脱缓冲液至柱子的基质中，室温静置 3 min，最高转速（不超过 5000 g）离心 5 min；弃去上清液，加入 3 mL TE 溶液（含有 0.1 g/L RNase A）混匀，加入 0.6 倍体积的异丙醇，混匀，室温静置 30 min。室温 3000~5000 g 离心 15 min；用预冷的 70%乙醇洗涤沉淀，5000 g 离心 5 min，吸净上清，室温干燥；加入适量 TE 溶液（含有 0.1 g/L RNase A）溶解沉淀，37℃水浴孵育 15 min，彻底降解残余的 RNA；1%琼脂糖凝胶电泳检测质粒提取情况，用核酸蛋白定量仪测定 DNA 浓度及 A_{260}/A_{280} 值，要求其数值在 1.8~2.0。

1. 人胚肾细胞系 293T 细胞的培养

1）人胚肾细胞系 293T 细胞的复苏

步骤：用止血钳从液氮中取出 293T 细胞冻存管两只，迅速放到 37℃水浴锅中，轻轻地不停晃动，直到细胞冻存液完全融化（控制时间在 1~2 min）；用 75%酒精棉球擦拭冻存管，放入超净台中，将细胞悬液移入 15 mL 离心管中，加入 10 倍体积的细胞培养液，吹打混匀后 800 r/min 离心 5 min，弃上清；加入适量体积的完全培养液（含 10% FBS 的 DMEM 细胞培养液）吹打沉淀的细胞，吸取细胞加到细胞培养瓶中，双十字混匀，置于 CO_2 培养箱中 37℃培养；24 h 后观察细胞的复苏情况，只要有贴壁的细胞就换一次细胞培养液，以除去 DMSO；每天为细胞进行半量换液，以维持细胞正常的生长状态；当细胞生长状态良好、贴壁达到 80%~90%时进行细胞传代，传代周期为 2~3 d。

2）人胚肾细胞系 293T 细胞的传代

步骤：用吸管吸出细胞培养瓶中的培养液后，向培养瓶内加入适量 PBS 液，轻轻晃动培养瓶后倒掉。重复此步骤一次；加入 37℃预热含 0.02% EDTA 与 0.25% trypsin 的细胞消化液，轻轻晃动细胞培养瓶，于 37℃培养箱中消化 40 s 后置于显微镜下观察，当细胞胞质回缩、胞质间隙增大时，迅速将细胞液吸出，再让剩余的消化液作用 30 s 后，瓶 1 细胞加入完全培养液终止消化，瓶 2 细胞加入维持液（含 2% FBS DMEM 细胞培养液）终止消化；用吸管反复轻轻吹打瓶壁，制备细胞悬液，吹打部位由上到下，再由左到右，尽量不出气泡；显微镜下观察发现贴壁细胞大多数已悬浮于培养液中，成片的细胞已经分散成为小的细胞团或者单细胞，即可停止吹打；收集悬液进行细胞计数，瓶 1 中的细胞以 1×10^6 个细胞密度接种到新的细胞培养瓶中。瓶 2 中的细胞以 1×10^5 个细胞密度接种到 35 mm 小平皿中。

3）细胞计数

取血球计数板，将经过酸处理的盖玻片盖在血球计数槽上；取适量细胞悬液到一个干净的离心管中，加入同等体积的含 0.4%台盼蓝的染液，制成可计数的细胞悬液，活细胞不会被染色；将待测细胞悬液沿着盖玻片边缘缓慢加入，保证盖玻片下充满细胞悬液，玻片下无气泡，悬液也不能流入边槽中；将血球计数板放在显微镜下观察，数出四大计数方格中活细胞的数目，按照公式：细胞悬液中细胞数/ mL=（四大计数方格中细胞数/4）×2×10⁴计算出悬液的细胞密度。

5. 重组质粒 pLenti6/V5- RBM3 转染人胚肾细胞系 293T 细胞

本实验构建的重组慢病毒载体 pLenti6/V5-RBM3 不含有荧光标记，因此为了确保能够得到准确的转染用质粒用量，本实验采用了将重组质粒 pLenti6/V5-GFP 作为实验的平行对照组进行操作。

（1）瓶 2 细胞接种到 35 mm 小平皿中后培养 24 h，待细胞培养密度达到 80% 左右时即可用于转染。在进行质粒转染前 2 h 要将细胞培养液换为无血清培养基。

（2）制备磷酸钙 DNA 沉淀法：准备两组 EP 管，A 管中加入质粒、ViraPower^{TM} Packaging Mix、$CaCl_2$，补加灭菌水，B 管中加入相应体积的 2×HBS。按照表 8-13 中组分进行质粒的梯度添加。

表 8-13　转染体系

质粒/试剂	加样量						
pLenti6/V5-RBM3	2.0 μg	3.0 μg	4.0 μg	5.0 μg	6.0 μg	7.0 μg	8.0 μg
pLenti6/V5-DEST	2.0 μg	3.0 μg	4.0 μg	5.0 μg	6.0 μg	7.0 μg	8.0 μg
pLenti6/V5-GFP	2.0 μg	3.0 μg	4.0 μg	5.0 μg	6.0 μg	7.0 μg	8.0 μg
ViraPower^{TM} Packaging Mix	6.0 μg	9.0 μg	12.0 μg	15.0 μg	18.0 μg	21.0 μg	24.0 μg
$CaCl_2$（1 mol/L）	24.9 μL	37.2 μL	49.5 μL	62.0 μL	74.4 μL	86.8 μL	99.2 μL
灭菌水	138 μL	126 μL	112.5 μL	99.5 μL	86.2 μL	74.5 μL	60.0 μL
2×HBS	165 μL	165 μL	165 μL	165 μL	165 μL	165 μL	165 μL

A 管中添加试剂后静置 5 min 后，将 A 管中溶液缓慢地滴加到 B 管中，同时用另一吸管吹打 B 管中溶液，整个过程需要缓慢地进行，需要持续 1~2 min。

操作步骤：将配制完成的 $CaPO_4$-DNA 沉淀室温静置 30 min，至出现细小颗粒沉淀；小心地将沉淀逐滴添加到细胞培养平皿中，十字晃动（此步需迅速完成）；在 CO_2 培养箱中 37℃培养 6 h 后，除去培养液，加入含 20% FBS DMEM 细胞培养液培养 48 ~72 h 后于荧光显微镜下观察转染效果。

6. 病毒的收获及浓缩

收集转染后 48~72 h 的 293T 细胞上清液；将收集到的细胞悬液放在 4℃离心机中，4000 g 离心 10 min，收集上清；用 0.45 μm 滤器过滤上清到干净的离心管中；将病毒提取液加入过滤杯中并盖紧盖子。将过滤杯放入收集管中，放到离心机中 4000 *g* 离心 10~15 min 后收集杯中的液体即为病毒浓缩液；将病毒浓缩液分装到病毒管中，-80℃长期保存，留一支进行病毒滴度的测定。

7. 重组慢病毒滴度的测定

按 Reed-Muench 法[2]计算重组腺病毒的 $TCID_{50}$（50%组织培养感染剂量）值。此方法基于最高稀释度下细胞中细胞病变的形成。按照以下步骤进行操作。

收集一瓶生长状态良好的 293T 细胞进行计数，计数方法同 8.2.1.4 中计算方法；用含有 2%血清含量的 DMEM 细胞培养液制备细胞密度为 $1×10^5$ 个细胞/mL 的细胞悬液 20 mL；准备 2 块 96 孔板，并在细胞板的每孔内加入 100 μL 的细胞悬液；制备的病毒液进行稀释度 10^{-1}~10^{-8} 的稀释准备；准备适量干净的离心管，向每一管中加入 0.9 mL 含有 2%血清含量的 DMEM 细胞培养液，其余管加入 1.8 mL 含有 2%血清含量的 DMEM 细胞培养液；第一管中再加入 0.1 mL 病毒液，上下吹打数次混匀；用新的枪头从第一管中吸取 0.2 mL 混合液加入第二管中；依次类推，对病毒液反复稀释至最高的稀释度；将病毒稀释液加入已接种细胞的 96 孔板中，每孔加入 100 μL，每个稀释度 10 个孔，2 个孔为阴性对照，阴性对照孔加入 100 μL 含有 2%血清含量的 DMEM 细胞培养液，对细胞的存活状况进行监测；加样时从高稀释度向低稀释度进行添加；将加样完毕的 96 孔板放入细胞培养箱中 37℃ 培养 5~7 d，之后放置在显微镜下进行观察，计算每一排中出现细胞病变的孔数，只要出现一点细胞病变即为阳性。

8.2.2 实验结果

1）转染用重组质粒及空载体质粒的提取结果

对提取的质粒进行琼脂糖凝胶电泳检测，无 RNA 污染。用核酸蛋白定量仪对提取的质粒的 DNA 浓度进行检测，每个样品进行三次重复检测，三组数值的平均值即为提取质粒的 DNA 浓度，如表 8-14 所示。

2）复苏培养的 293T 细胞的检测结果

将复苏培养的 293T 细胞放置在普通光镜下进行观察并拍照，图 8-9 是 293T 细胞在 20 倍光镜下的细胞状态。

3）pLenti6/V5-GFP 质粒转染 293T 细胞的检测结果

将质粒 pLenti6/V5-GFP 按照梯度对 293T 细胞进行质粒转染，当质粒剂量在 4.0 μg 时，转染效率达到 30%左右，如图 8-10 所示，当质粒剂量在 5.0 μg 时，转染效率并未增加，而且细胞出现死亡现象。因此实验选择的最佳转染剂量为 4.0 μg。

4）病毒滴度的检测结果

按照 Reed-Muench 法计算中公式 lg $TCID_{50}$=距离比例×稀释度对数之间的差+

表 8-14　质粒浓度的检测结果

转染用提取的质粒	DNA 浓度/（μg/mL）	A_{260}/A_{280}	DNA 浓度的平均值/（μg/mL）
pLenti6/V5-GFP	38.6526	1.9977	37.3358
	37.5499	2.0112	
	37.4692	1.9987	
pLenti6/V5-RBM3	121.3188	2.0162	120.7904
	120.9787	2.0046	
	120.0736	2.0108	
pLenti6/V5-DEST	63.8852	2.0888	63.8800
	63.8851	2.0948	
	63.8695	2.0904	

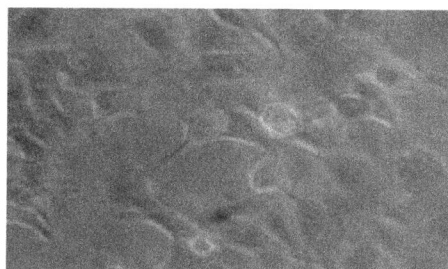

图 8-9　293T 细胞的形态（20×）（彩图请扫封底二维码）

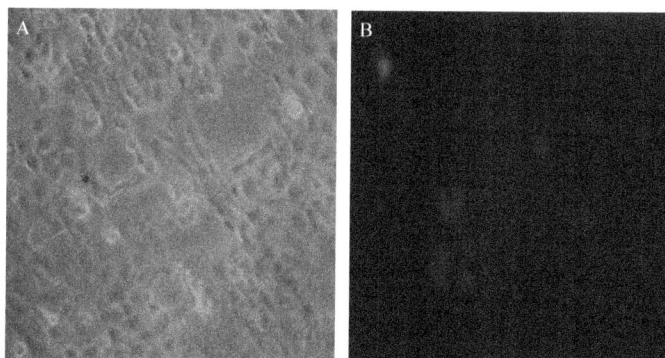

图 8-10　转染 pLenti6/V5-GFP 质粒的 293T 细胞（20×）（彩图请扫封底二维码）

A. 正常显微镜下转染 pLenti6/V5-GFP 质粒的 293T 细胞；B. 荧光显微镜下转染 pLenti6/V5-GFP 质粒的 293T 细胞

高于 50%病变的稀释度的对数计算病毒滴度，其中距离比例=（高于 50%的百分数−50%）/（高于 50%的百分数−低于 50%的百分数）。按照表 8-15 中测定结果得到慢病毒 pLenti6/V5-RBM3 滴度为 2×10^7 PFU/mL；按照表 8-16 中测定结果得到慢病毒 pLenti6/V5-DEST 滴度为 4.7×10^8 PFU/mL；按照表 8-17 中测定结果得到慢病毒 pLenti6/V5-GFP 滴度为 $3×10^8$ PFU/mL。

表 8-15　重组慢病毒 pLenti6/V5-RBM3 滴度的测定

病毒稀释度	96 孔板各孔细胞病变情况											
10^{-1}	×	×	×	×	×	×	×	×	×	×	√	√
10^{-2}	×	×	×	×	×	×	×	×	×	×	√	√
10^{-3}	×	×	×	×	×	×	×	×	×	×	√	√
10^{-4}	×	×	×	×	×	×	×	×	×	×	√	√
10^{-5}	×	×	×	×	×	×	×	×	×	×	√	√
10^{-6}	×	×	√	√	×	×	√	×	√	×	√	√
10^{-7}	×	√	√	×	√	×	√	×	√	√	×	√
10^{-8}	√	√	×	×	√	√	√	×	√	√	√	√

注：×表示细胞出现病变；√表示细胞生长状态良好，无细胞病变

表 8-16　重组慢病毒 pLenti6/V5-DEST 滴度的测定

病毒稀释度	96 孔板各孔细胞病变情况											
10^{-1}	×	×	×	×	×	×	×	×	×	×	√	√
10^{-2}	×	×	×	×	×	×	×	×	×	×	√	√
10^{-3}	×	×	×	×	×	×	×	×	×	×	√	√
10^{-4}	×	×	×	×	×	×	×	×	×	×	√	√
10^{-5}	×	×	×	×	×	×	×	×	×	×	√	√
10^{-6}	×	×	×	×	×	×	×	×	×	×	√	√
10^{-7}	√	√	×	×	√	√	×	×	×	√	×	√
10^{-8}	√	√	√	×	×	√	√	√	×	×	√	√

注：×表示细胞出现病变；√表示细胞生长状态良好，无细胞病变

表 8-17　重组慢病毒 pLenti6/V5-GFP 滴度的测定

病毒稀释度	96 孔板各孔细胞病变情况											
10^{-1}	×	×	×	×	×	×	×	×	×	×	√	√
10^{-2}	×	×	×	×	×	×	×	×	×	×	√	√
10^{-3}	×	×	×	×	×	×	×	×	×	×	√	√
10^{-4}	×	×	×	×	×	×	×	×	×	×	√	√
10^{-5}	×	×	√	×	×	×	×	×	√	×	√	√
10^{-6}	×	×	×	×	×	√	√	√	×	×	√	√
10^{-7}	×	×	×	×	×	×	√	√	√	×	√	√
10^{-8}	×	×	√	×	√	×	√	√	√	√	√	√

注：×表示细胞出现病变；√表示细胞生长状态良好，无细胞病变

8.2.3　讨论与分析

现阶段将外源基因导入真核细胞的方法很多，包括重组 DNA 病毒感染法[3]、显微注射法[4]、电穿孔法[5]、DEAE-葡聚糖转染法[6]、磷酸钙转染法[6]和脂质体转染法[7,8]等。

重组 DNA 病毒感染法对所插入的外源基因的片段大小有一定的限制，并且具有潜在的危险性[9]。电穿孔法是通过短暂的高场强电脉冲处理细胞，由于细胞膜内外产生电压差会导致细胞膜暂时穿孔，因此 DNA 就会穿过孔道进入细胞内。场强强度大和电脉冲时间过长都会对细胞产生不可逆的伤害而使细胞裂解。因为电转过程中场强的大小影响细胞的存活率，所以不同细胞的电转条件都需要多次实验进行优化，找到最佳的电转条件。显微注射法是通过细胞注射的方法，一个一个地进行基因的导入。实验操作步骤烦琐，不利于大量细胞的转染。DEAE-葡聚糖转染法只能够对少数细胞系进行转染，并且对细胞有毒性作用，不适于细胞的大量转染。

磷酸钙转染法是 1973 年由 Graham 等创建的，该方法是将氯化钙、病毒质粒及磷酸缓冲液按照一定的比例进行混合，混合液静置一段时间后形成极微小的磷酸钙-DNA 复合物沉淀，磷酸钙-DNA 复合物黏附到细胞膜表面，借助内吞作用进入细胞质。可用于多种细胞的基因转染，并获得目的蛋白短期或长期的表达。此方法所需的试剂都能够手工配制，而且制备成本较低，但制备具有高效转染目的基因的磷酸钙-DNA 复合物共沉物较困难，需要严格的实验操作并控制溶液的 pH、钙离子浓度、沉淀反应时间等，且对沉淀颗粒的大小和质量有严格的要求，其中不能含有杂蛋白及 RNA。脂质体转染法是 1984 年由 Weinstein 等开始采用的，是利用脂质膜包裹 DNA，借助脂质膜将 DNA 导入细胞膜内。这种方法更适宜大量细胞的基因导入，最初转染时采用逆相蒸发技术制备包装 DNA 的脂质体，现已发展成为商品化的 Lipofectin 试剂。转染试剂较贵，而且无法避免由于 DNA 浓度变低而造成的基因导入效率低。

通过各个转染法的比较，实验采用了更为经济、有效的磷酸钙转染法将外源基因导入目的细胞，并且成功地将含有目的基因 RBM3 的重组慢病毒载体转染进入 293T 细胞中。

在进行病毒包装的过程中，需要注意以下几点：首先，在包装过程中，要注意调整目的载体质粒与包装系统的比例，根据目的载体质粒分子质量的大小对包装系统进行调整，选择合适的比例进行病毒的包装，从而得到感染力强的重组慢病毒。其次，细胞的培养密度和细胞的生长状态是病毒包装过程中的关键。因为慢病毒载体的包装不能反复感染，只能由转染时进入细胞的质粒在细胞内包装形成，不能增殖，所以包装病毒的细胞密度越高，产生的病毒就越多；细胞的生长状态越好，质粒在细胞内包装成重组病毒的能力就越强。最后，一定要准确把握收集病毒的时间，收集包装后的病毒上清液一般选择在转染后 72 h 左右，这是因为转染时间过短会造成病毒包装过程不充分、产毒量低的现象；转染时间过长，病毒上清中的病毒颗粒感染效果就会有所下降，造成病毒滴度降低，对感染目的细胞的结果不利。因此把握好收集病毒上清液的时间是包装病毒的重要步骤。

在质粒转染、包装病毒的实验过程中，应用了质粒 pLenti6/V5-GFP 进行平行对照实验，因为构建的含有 *RBM3* 基因的重组慢病毒载体 pLenti6/V5-RBM3 不含有标记基因，而质粒 pLenti6/V5-GFP 中含有绿色荧光蛋白基因，为了准确把握转染质粒的体系，本研究采用了 pLenti6/V5-GFP 和 pLenti6/V5-RBM3 在相同条件下进行平行操作，根据质粒 pLenti6/V5-GFP 转染 293T 细胞后在荧光显微镜下具有荧光的现象，计算重组慢病毒载体 pLenti6/V5-RBM3 的转染效果。

病毒滴度的测定方法包括两大类：物理方法和生物学方法。

物理方法是病毒颗粒（VP）测定法，这种方法是通过测定病毒颗粒在 260 nm 处的吸光度（$OD_{260 \text{ nm}}$）估算 DNA 量来表示病毒滴度的。相关系数是 $1.1 \times 10^{12}/OD_{260}$ 单位。由于大多数分光光度计在 OD 值小于 0.1 时的测定结果不够精确，只能在 OD 值大于 0.1 时结果才可靠，因此要求病毒浓度足够高。由于血清培养基能够干扰测定结果的吸光度，因此这种方法只能用来测定经过氯化铯纯化的溶于缓冲液中的病毒。这种方法能够在不同的实验室中对病毒进行测定，但它不能对感染性病毒颗粒和缺陷性病毒颗粒进行区分。

生物学方法包括空斑测定法（PFU）和 50%组织培养感染剂量法（$TCID_{50}$），空斑测定法（PFU）是测定病毒滴度最早的标准方法，主要是测定病毒感染单层细胞之后，通过一个感染周期感染周围邻近细胞裂解空斑的形成。由于细胞的质量、实验的操作和观察方法等因素都能够影响空斑测定的结果，因此这种方法得到的结果很少能够在其他实验室重复，结果很不稳定。50%组织培养感染剂量法（$TCID_{50}$）已经被用于多种病毒滴度的测定，将病毒稀释液加入 96 孔板内培养的细胞中，然后观测细胞培养孔中细胞病变的形成。

本实验采用 $TCID_{50}$ 法对收集到的病毒液进行滴度的测定，相对于 PFU 法而言，$TCID_{50}$ 法的检测速度是 PFU 法的 2 倍，在不同实验室中、不同个体间重复实验操作结果更稳定。在不同的实验室内所有的病毒滴度测定方法所得到的结果是不一致的，这种现象的出现主要是与病毒感染的过程和方法有关。感染过程中的许多因素都能够对测定的结果产生影响，如病毒液的用量、细胞培养的时间和细胞培养液的用量等。本实验采用了 1996 年 Mittereoler 等改良的病毒滴度的测定方法，即用更小体积的病毒液对细胞进行感染并且在感染的过程中每隔一段时间晃动细胞培养板。实验中对病毒液进行了梯度添加从而寻找到了最佳的感染用量 4.0 μg 对 ST 细胞进行感染。

8.3　重组慢病毒载体 pLenti6/V5-RBM3 在 ST 细胞中的表达及鉴定

8.3.1　材料与方法

1. 细胞来源

猪细胞系 ST 细胞由哈尔滨兽医研究所馈赠。

2. 主要化学试剂及仪器设备

1）主要化学试剂

Trizol 购自美国 Invitrogen 公司；DEPC 购自 Sigma 公司；荧光定量用反转录酶、Oligo（dT）$_{18}$、*Taq* 酶、标准核算分子质量 DL 2000 Marker、荧光定量试剂盒均为大连宝生物公司产品；2×*Taq* Master Mix（含染料）购自康为世纪公司；pGEM-T Easy、T4 连接酶购自 Promega 公司；质粒小量提取试剂盒、普通琼脂糖凝胶 DNA 回收试剂盒均购自北京索莱宝科技有限公司；琼脂粉、胰蛋白胨（tryptone）、酵母提取物（yeast extract）均购自 OXOID 公司；琼脂糖、氨苄西林购自 Spanish 公司；胎牛血清（FBS）、MEM 培养液均购自 Hyclone 公司；trypsin 购自 GIBCO 公司；Western 及 IP 细胞裂解液（P0013）、BCA 蛋白浓度测定试剂盒购自碧云天生物技术有限公司；RBM3 单克隆抗体购自 Abcam 公司。其他化学试剂均为国产分析纯试剂。引物合成和测序均由上海生工完成。

2）主要仪器设备

超净工作台，北京东联哈尔滨仪器制造有限公司；核酸蛋白定量仪，美国伯乐公司；电泳槽，北京市六一仪器厂；紫外凝胶成像系统，美国伯乐公司；电热恒温水浴锅，常州国华电器有限公司；电热恒温培养箱，上海森信实验仪器有限公司；台式高速冷冻离心机，长沙英泰仪器有限公司；细胞培养箱，GS Laboratory Equipment 公司；倒置显微镜，NIKON EXLIPSE TS100 公司；荧光显微镜，美国伯乐公司；超纯水仪，力新仪器上海有限公司；−80℃超低温冰箱，英国 New Brunswick Scientific 公司；荧光实时定量 PCR 仪，杭州博日公司；电泳仪，美国伯乐公司。

3. ST 细胞的传代培养

根据 8.2.1.4 中人胚肾细胞系 293T 细胞复苏的方法复苏 ST 细胞,当细胞生长状态良好、贴壁达到 80%~90%时进行细胞传代。

用 1 mL 含 EDTA 的 0.25%胰酶洗一下细胞,然后吸弃胰酶,再向瓶内加入 1 mL 胰酶,显微镜下观察,待细胞圆缩时,缓慢移动细胞至超净台中,吸弃胰酶,盖好瓶盖,放置到 37℃细胞培养箱中静置 1 min,加入细胞培养液(含 10% FBS 的 MEM 细胞培养液),轻轻吹打数次,至细胞呈单个状态后,分瓶后放入 37℃细胞培养箱中进行传代培养。

4. 重组慢病毒感染 ST 细胞

用收集到的慢病毒液对目的细胞进行预感染实验,寻找最佳的 MOI(multiplicity of infection)值。

因为构建的慢病毒质粒中不含有标记基因,因此本实验同样采用含有 GFP 的重组慢病毒液作为平行对照进行操作,筛选最佳 MOI 值。因为不同细胞对慢病毒的亲嗜性不同,在实验过程中我们需要同时设置对慢病毒亲嗜性高的细胞如 293T 细胞作为平行实验参照。在进行感染实验前按照不同 MOI 值标记不同的细胞病毒感染孔,计算每孔接种细胞数量和相应的 MOI 值所需要的病毒量。

步骤:4 孔细胞培养板中接种(5~7)×10⁴ 个 ST 细胞,铺板时细胞的融合率在 50%左右,每孔细胞培养基体积为 100 μL,加入病毒感染细胞时要求细胞的融合度为 70%左右;第二天,观察细胞的生长状态,在细胞状态较好的情况下开始实验。从–80℃冰箱中取出冻存的病毒液在冰上融化后使用;待冻存的病毒液完全融化后,从细胞培养箱中取出培养 ST 细胞中的 24 孔细胞培养板;用移液器吸取计算得到准确体积的病毒液加入用于病毒液稀释的细胞培养液 MEM 中;吸取细胞培养板中各孔的细胞培养液,并用 PBS 缓冲液洗 2 次。然后在对应不同的 MOI 值的目的细胞和对照细胞的培养孔中加入准备好的病毒液。混匀后放入 37℃细胞培养箱中孵育 12 h;在孵育完成后将含有慢病毒的培养液换成含 10% FBS 的 MEM 细胞培养液后,再次将 24 孔细胞培养板放入 37℃细胞培养箱中培养 24 h 后置于荧光显微镜下进行感染效率的检测,确定最佳 MOI 值;用检测到的最佳 MOI 值计算感染 ST 细胞的重组慢病毒 pLenti6/V5-RBM3 和重组慢病毒 pLenti6/V5-DEST 的病毒液用量。然后用准确计算的病毒液按照上述步骤感染 ST 细胞用于后续实验。

5. 荧光定量的引物设计与合成

根据猪 RNA 结合基序蛋白 3 的基因序列(GenBank 登录号为:NM_

001243419）和内参 GAPDH 的基因序列（GenBank 登录号为：NM_001206359.1），
采用 Primer Express 软件设计用于扩增 RBM3 和内参 GAPDH 编码基因的特异性
引物，引物大小分别为 199 bp 和 86bp。RBM3 上游引物 5'-CCAATCCAGAA-
CATTCA-3'，RBM3 下游引物 5'-CCTCCAGGTCGACTGTCATAT-3'，GAPDH 上
游引物 5'-CTCTGGCAAAGTGGACATTG-3'，GAPDH 下游引物 5'-GGGTGGA-
ATCATACTGGAACA-3'，由上海生工合成。

6. ST 细胞 RNA 的提取

去除细胞培养液，用 PBS 缓冲液洗 2 遍后，加入适量 Trizol 静置 5 min 使其
完全溶解；加入 200 μL 氯仿，手动振荡混匀 15 s 后室温静置 5 min，之后置于 4℃
离心机中 12 000 r/min 离心 15 min；离心后混合液分为三层，吸取上层水相部分
加入新 EP 管中，然后加入等体积的异丙醇混匀后，放在 4℃ 环境中静置 30 min；
放入 4℃ 离心机中 12 000 r/min 离心 10 min 后弃去上清，收集沉淀；向沉淀中加
入 1 mL 经过预冷的 75%乙醇，温和振荡悬浮沉淀后放入 4℃ 离心机中，8000 r/min
离心 5 min 后弃去上清，在室温下干燥 5~10 min；加入 20 μL 的 DEPC 水对沉淀
进行溶解；对所提 RNA 溶液进行质量检测，用 1%琼脂糖凝胶电泳检测所提 RNA
的完整性，然后检测其浓度及 A_{260}/A_{280} 值。

7. 目的基因的制备

以没有转染病毒的 ST 细胞总 RNA 为模板，以 Oligo-dT 为引物进行反转录。
反转录的反应体系和反应条件同 8.1.1.6 中的制备方法相同。随后以反转录的产物
为模板进行 PCR 反应。PCR 扩增体系如表 8-18 所示。

表 8-18　PCR 扩增体系

试剂	加样量/μL
反转录产物	1.0
上游引物（10 μmol/L）	1.0
下游引物（10 μmol/L）	1.0
2×*Taq* Master Mix	12.5
Rnase-Free Water	10.5
总体积	26.0

对 PCR 反应 T_m 值和循环数等进行优化后得出 RBM3 和 GAPDH 的最佳 PCR
反应条件为：95℃预变性 5 min，95℃变性 30 s，56℃退火 45 s，72℃延伸 30 s，

35 个循环，之后 72℃延伸 10 min。PCR 产物通过 1%琼脂糖凝胶电泳进行鉴定，电泳后置于紫外灯下观察电泳结果。

8. 荧光定量用重组质粒的构建

根据 8.1.1.7 中的方法对 RBM3 基因和 GAPDH 基因进行回收和纯化。根据 8.1.1.9 中的方法对 RBM3 基因和 GAPDH 基因与 T 载体进行连接与转化。根据 8.1.1.10 中的方法对连接转化的质粒进行提取。

9. 重组质粒的鉴定

1）重组质粒的 PCR 鉴定

以连有目的基因的 T 载体重组质粒为模板进行 PCR 扩增，反应体系如表 8-19 所示。

表 8-19　PCR 反应体系

试剂	加样量/μL
质粒	0.5
上游引物（10 μmol/L）	1.0
下游引物（10 μmol/L）	1.0
2×Taq Master Mix	12.5
Rnase-Free Water	10.0
总体积	25.0

PCR 反应条件与 8.3.1.7 中 PCR 反应条件相同，PCR 产物通过 1%琼脂糖凝胶电泳进行鉴定，电泳后置于紫外灯下观察电泳结果。

2）重组克隆载体的序列测定及其分析

将初步鉴定为阳性的菌液培养过夜后加入 50%甘油，送至上海生工进行测序分析。利用 BioXM 软件将所测得的基因序列同 GenBank 上公布的猪的 RNA 结合基序蛋白 3 和猪 GAPDH 内参的编码序列进行比对，同源性接近 100%，证明克隆所得的序列可以用于后续实验。

10. 荧光定量 PCR 模版的制备

1）基因组 DNA 的去除反应

将表 8-20 反应产物放入 42℃水浴 2 min 后放置到 4℃冰箱中。

2）反转录反应

按照表 8-21 在冰上配制反转录的反应液。

表 8-20　基因组 DNA 的去除反应体系

试剂	加样量
5×gDNA Eraser Buffer	2.0 μL
gDNA Eraser	1.0 μL
总 RNA	1.0 μg
RNase Free dH₂O	补至 10.0 μL

表 8-21　反转录反应体系

试剂	加样量/μL
5×PrimeScript® Buffer 2（for Real Time）	4.0
PrimeScript® RT Enzyme Mix I	1.0
RT Primer Mix	1.0
表 8-20 的反应液产物	10
RNase Free dH₂O	补至 20.0

为保证配制反应液体积的准确性，要按照比反应数多 1 的量进行反应液的配制，然后再分装到各管中。将上述反应液放置在 37℃水浴锅中水浴 15 min，然后取出放入 85℃水浴锅中水浴 5 s 后就合成了荧光定量 PCR 反应所需的 cDNA，可放在−20℃冰箱中保存。

11. SYBR Green I 实时荧光定量 PCR

1）RBM3 和 GAPDH 重组质粒标准品的制备

用核酸蛋白定量仪测量 RBM3 和 GAPDH 的重组质粒的浓度，并计算每微升质粒溶液的拷贝数，然后对 RBM3 和 GAPDH 的重组质粒原液进行定量，制备两种重组质粒阳性模板的标准梯度，以重组质粒原液浓度为 1 进行梯度稀释。反应前取 3 μL 原液加入荧光定量 PCR 管中，加水 27 μL 充分混匀按 10 倍稀释成 10^{-1}。然后依次稀释成 10^{-2}、10^{-3}、10^{-4}、10^{-5}、10^{-6}，分装到小管中置于−20℃中备用。

2）实时荧光定量 PCR 反应体系

RBM3 和 GAPDH 重组质粒经过稀释制成标准品，按照表 8-22 在荧光定量 PCR 管中加入各组分，然后将荧光定量 PCR 管放入荧光定量 PCR 仪中进行荧光定量 PCR 反应。整个加样过程需要在冰上操作。

荧光定量 PCR 反应条件为：94℃预变性 10 s，94℃变性 5 s，56℃退火 30 s，72℃延伸 20 s，共 45 个循环。

表 8-22　荧光定量 PCR 反应体系

试剂	加样量/μL
SYBR Premix Ex Taq™ II（2×）	12.5
上游引物（10 μmol/L）	1.0
下游引物（10 μmol/L）	1.0
DNA 模板	2.0
ddH$_2$O	8.5
总体积	25.0

3）RBM3 和 GAPDH 重组质粒标准曲线的绘制及数据的处理

用荧光定量 PCR 仪上的 Line-Gene K 分析软件绘制标准曲线对 *RBM3* 基因的相对表达量进行分析。为确保样品中 *RBM3* 基因相对表达量的准确，在实验过程中每管样品做三个重复。实验数据利用 SPASS 数据分析软件进行分析整理，采用 Duncan 法进行多重比较。

12. 蛋白质样品的收集及浓度检测

1）蛋白质样品的收集

将接毒培养的 ST 细胞中的细胞培养液去除，用 PBS 缓冲液清洗 2 次以去除细胞培养液中血清的干扰。按照每 10^6 个细胞加入 100~200 μL Western 及 IP 细胞裂解液的比例加入裂解液（冰上操作）。用枪吹打数次充分裂解细胞，收集蛋白质样品。

2）蛋白质样品浓度的检测

收集完蛋白质样品后，为确保实验过程中每个蛋白质样品的上样量相同，用 BCA 蛋白浓度测定试剂盒按照下面的操作步骤对每个蛋白质样品的蛋白质浓度进行测定。

步骤：将 0.8 mL 蛋白质标准配制液加到含有 20 mg BSA 蛋白标准中，吹吸混匀后得到浓度为 25 mg/mL 的蛋白质标准溶液。配制完成后保存于−20℃；取适量 25 mg/mL 蛋白质标准溶液加入 PBS 缓冲液稀释成浓度为 0.5 mg/mL 的蛋白质标准溶液。稀释得到的 0.5 mg/mL 蛋白质标准溶液也可以放在−20℃长期保存；根据蛋白质样品的数量配制适量 BCA 工作液，BCA 工作液的配制就是 50 体积的 BCA 试剂 A+1 体积 BCA 试剂 B（50∶1）并充分混匀。BCA 工作液在室温状态下 24 h 内稳定；将蛋白质标准品按 0、1 μL、2 μL、4 μL、8 μL、12 μL、16 μL、20 μL 加到 96 孔板的标准品孔中，加入 PBS 缓冲液补充到 20 μL；加适当体积待测蛋白质样品到 96 孔板的样品孔中，加入 PBS 缓冲液补量到 20 μL；在 96 孔板中每个蛋白质样品和标准品孔中加入 200 μL BCA 工作液，37℃放置 20~30 min；测定 A_{550}，根据标准曲线计算出蛋白质样品的蛋白质浓度。

13. Western blot

1）蛋白质样品的变性处理

在制备好的蛋白质样品中加入适量的 5× 的 SDS-PAGE 蛋白质上样缓冲液，沸水加热 5 min，以使蛋白质充分变性，煮沸变性后冷却至室温。

2）SDS-PAGE 凝胶配制

按照 15% 分离胶的配方配制得到分离胶，混匀后用移液器将分离胶缓慢注入安装完毕的电泳槽的两块玻璃板间隙中，加入分离胶的过程中不能产生气泡，并给后续要注入的浓缩胶留有空间。在注好的分离胶上加入去离子水加以覆盖，保证胶面的平整。完成以上操作后室温静置 30 min。静置过后分离胶完全凝固，用移液器吸弃去离子水，将配制得到的 5% 浓缩胶缓慢注入分离胶上，迅速插上梳子，插好后用剩余的浓缩胶将梳子制造出的空隙填满。完成后室温静置 30 min 使其充分凝固。

3）蛋白质的上样及电泳

等浓缩胶凝固后，将其固定在电泳装置上并在电泳槽内加入 SDS-PAGE 电泳缓冲液，小心拔出梳子，并将梳孔扶正。用移液器吸取制备好的蛋白质样品，按照设定好的顺序缓慢加样，避免样品溢出影响实验结果。为了便于观察电泳效果和转膜效果，以及判断蛋白质分子质量大小，加入 5 μL 预染蛋白质分子质量标准（Marker）。

将电泳槽安装完毕后，盖上电泳槽的盖子后连接电源开始电泳。电泳时当蛋白质样品在上层浓缩胶时使用 80 V 低电压恒压电泳 45 min，而在染料进入下层分离胶时使用 120 V 高电压恒压电泳大约 90 min，即溴酚蓝染料到达胶的底端处附近即可停止电泳。

4）转膜

将凝胶和 3 mm 滤纸放入转膜缓冲液中，准备进行蛋白质转移。将 PVDF 膜放在甲醇溶液中浸泡 15 s 使其变成半透明状态，然后按照滤纸、凝胶、PVDF 膜、滤纸的顺序自阴极组合到一起，尽量排除各层的气泡以避免转膜不均，将其放入转膜缓冲液中进行蛋白质转移，用 300 mA 的电流放置在冰浴中转膜 60 min。

5）封闭

转膜完毕后，立即取出蛋白质膜用去离子水冲洗，以洗去膜上的转膜液。迅速将蛋白质膜放入盛有 5% 的脱脂奶粉溶液中，并在摇床上缓慢摇动，封闭过夜，然后用 PBST 溶液漂洗 2 或 3 次，去除膜上的封闭液。

6）一抗孵育

将一抗（兔源 RBM3 单克隆抗体）用 5% 的脱脂奶粉溶液按照 1∶1000 稀释，GAPDH 一抗用 5% 的脱脂奶粉溶液按照 1∶2000 稀释。将膜裁剪成分别含有 RBM3 条带和内参 GAPDH 条带的两块，前者放入相应的 1∶1000 一抗溶液中，后者放入相应的 1∶2000 一抗溶液中，37℃ 摇晃孵育 1 h，使蛋白质和一抗发生特异性结合，然后取出膜用 PBST 溶液漂洗 3 次，每次洗涤 10 min。

7）二抗孵育

将 RBM3 二抗（荧光标记）用 5% 的脱脂奶粉溶液按照 1∶3000 稀释，GAPDH 二抗用 5% 的脱脂奶粉溶液按照 1∶20 000 稀释。将 抗孵育的膜取出，放入相应的二抗溶液中，37℃ 摇晃孵育 1 h，然后取出膜用 PBST 溶液漂洗 3 次，每次洗涤 10 min。

8）蛋白质检测

采用 LICOR Odyssey 双色红外激光成像系统扫描出图像。对蛋白质条带进行图像分析，根据其灰度值和面积大小计算蛋白质的相对浓度。实验数据利用 SPASS 数据分析软件进行分析整理，采用 Duncan 法进行多重比较。

8.3.2 实验结果

1. 复苏培养的 ST 细胞的检测结果

将复苏培养的 ST 细胞放置在普通光镜下进行观察并拍照，图 8-11 是 ST 细胞在 20 倍光镜下的细胞状态，普通光镜下的细胞具有清晰的细胞轮廓、细胞生长状态良好，立体感强。

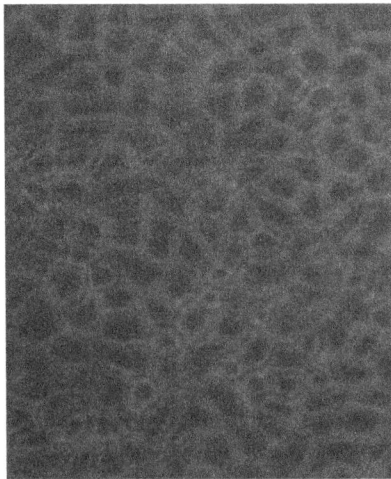

图 8-11　ST 细胞的形态（20×）（彩图请扫封底二维码）

2. 重组慢病毒感染 ST 细胞的结果

用收集到的慢病毒液对 ST 细胞进行预感染实验，验证发现当 MOI 值是 20时，重组慢病毒对 ST 细胞的感染率能够达到 95%以上。因此确定重组慢病毒对 ST 细胞的最佳 MOI 值为 20，在 MOI 值为 20 的条件下 ST 细胞荧光照片如图 8-12所示。

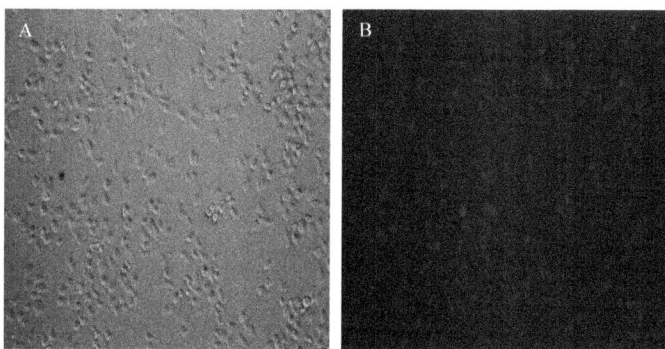

图 8-12　感染重组慢病毒 pLenti6/V5-GFP 的 ST 细胞（20×）（彩图请扫封底二维码）
A. 正常显微镜下感染重组慢病毒 pLenti6/V5-GFP 的 ST 细胞；B. 荧光显微镜下感染
重组慢病毒 pLenti6/V5-GFP 的 ST 细胞

3. 感染病毒的 ST 细胞 RNA 的提取结果

从感染病毒的 ST 细胞中提取总 RNA，1%琼脂糖凝胶电泳检测（图 8-13）结果：可见 28S、18S 及 5S 三条条带，所提取的细胞 RNA 基本未降解，经核酸蛋白定量仪检测，过表达组 RNA 的 $A_{260}/A_{280}=2.0054$，浓度 $C=22.1390$ μg/mL，空载体组 RNA 的 $A_{260}/A_{280}=2.0878$，浓度 $C=17.2963$ μg/mL，空白对照组 RNA 的 $A_{260}/A_{280}=1.9489$，浓度 $C=16.0326$ μg/mL。以上结果均显示所得 RNA 样品符合 RT-PCR 反应要求，可以用于后续实验。

4. cDNA 的 RT-PCR 检测

以正常状态的 ST 细胞中总 RNA 反转录合成的第一条链 cDNA 为模板进行 PCR 反应，经琼脂糖凝胶电泳检测得到 RBM3 片段大小为 199 bp，GAPDH 片段大小为 86 bp（图 8-14），未见非特异性片段。

5. 重组克隆载体的鉴定

在 T 载体中连接 *RBM3* 基因和 *GAPDH* 基因作为模板进行 PCR 反应，鉴定得到 199 bp 和 86bp 的 DNA 片段（图 8-15），未见非特异性片段。

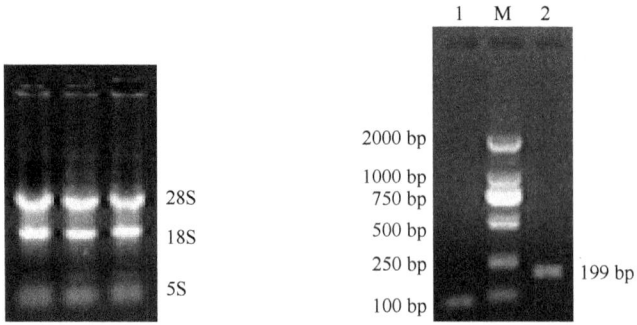

图 8-13　ST 细胞总 RNA 提取结果

图 8-14　ST 细胞中 *RBM3* 和 *GAPDH* 的
RT-PCR 检测结果

M. DL 2000 Marker；1. ST 细胞中 *GAPDH* 的
RT-PCR 检测结果；2. ST 细胞中 *RBM3* 的 RT-PCR 检测结果

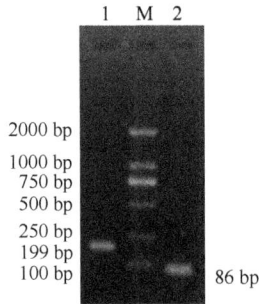

图 8-15　连接 *RBM3* 基因的 T 载体的 PCR 检测结果

M. DL 2000 Marker；1. 连接 *RBM3* 基因的 T 载体；2. 连接 *GAPDH* 基因的 T 载体

6. 荧光定量 PCR 结果

1）目的基因 *RBM3* 和内参基因 *GAPDH* 重组质粒的双标准曲线的绘制

利用荧光定量 PCR 仪上的 Line-Gene K 软件，采用双标准曲线法对 *RBM3* 基因进行相对定量分析。荧光定量 PCR 反应结束后，以标准质粒为模板进行反应，将收集到的目的基因 *RBM3* 与内参基因 *GAPDH* 的荧光强度绘制标准曲线（图 8-16）。

2）根据标准曲线，对样品中的 *RBM3* 基因的表达量进行相对定量分析（图 8-17）。

7. 蛋白质浓度的检测结果

（1）将添加了蛋白质标准品和蛋白质样品的 96 孔板放入酶标仪中进行 A_{550} 吸光度的检测，所得数值如表 8-23 所示。

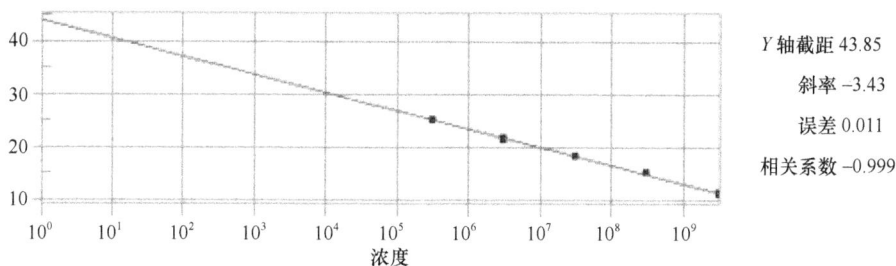

Y 轴截距 43.85

斜率 −3.43

误差 0.011

相关系数 −0.999

图 8-16　荧光定量的双标准曲线

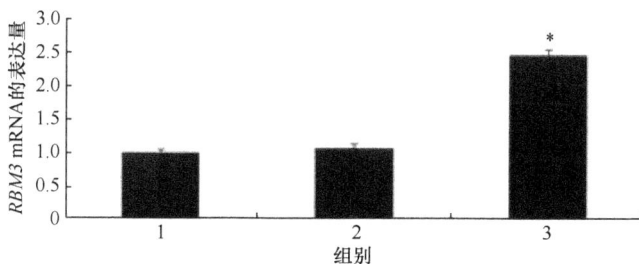

图 8-17　不同处理组 ST 细胞中 RBM3 mRNA 的表达量

1. 空白对照组；2. 空载体组；3. 过表达组；相同条件下转染不同病毒液差异性比较（*表示差异显著，P<0.05）

表 8-23　蛋白质浓度的检测结果

A_{550}	1	2	3	4	5	6	7	8
A 标准蛋白质溶液	0.081	0.12	0.144	0.203	0.312	0.393	0.472	0.56
B 样品	0.383	0.372	0.422					

（2）根据标准品蛋白质浓度的检测结果绘制蛋白质浓度标准曲线。

按照绘制的蛋白质浓度标准曲线和所测的蛋白质样品的吸光度，计算蛋白质样品的蛋白质浓度（图 8-18）。计算得到的过表达组蛋白质含量为 6.57 μg，浓度为 3.29 μg/μL；空载体组蛋白质含量为 5.44 μg，浓度为 2.72 μg/μL；空白对照组蛋白质含量为 5.70 μg，浓度为 2.85 μg/μL。

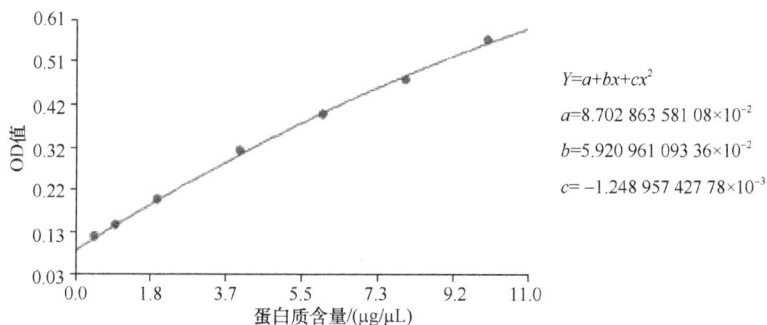

$Y=a+bx+cx^2$

$a=8.702\ 863\ 581\ 08\times10^{-2}$

$b=5.920\ 961\ 093\ 36\times10^{-2}$

$c=-1.248\ 957\ 427\ 78\times10^{-3}$

图 8-18　蛋白质浓度标准曲线

8. Western blot 检测结果

（1）LICOR Odyssey 双色红外激光成像系统扫描出图像，在未感染慢病毒的 ST 细胞、感染含空载体慢病毒的 ST 细胞和感染含 RBM3 重组慢病毒的 ST 细胞中均检测到 GAPDH 蛋白的条带，大小为 36 kDa，同时在这三组 ST 细胞中也检测到 RBM3 蛋白的条带，大小为 17 kDa（图 8-19）。

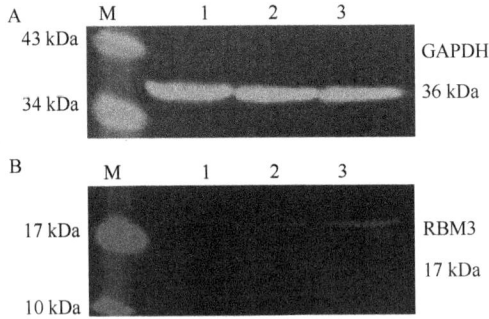

图 8-19　感染重组慢病毒的 ST 细胞中 RBM3 蛋白的 Western blot 检测结果

A. 三组实验组 ST 细胞中 GAPDH 蛋白的表达水平；B. 三组实验组 ST 细胞中 RBM3 蛋白的表达水平；
1. 未感染慢病毒的 ST 细胞；2. 感染含空载体慢病毒的 ST 细胞；3. 感染含 *RBM3* 重组慢病毒的 ST 细胞

（2）对 RBM3 蛋白条带运用图像分析系统进行分析，根据其灰度值计算 RBM3 蛋白的相对表达量（图 8-20）。

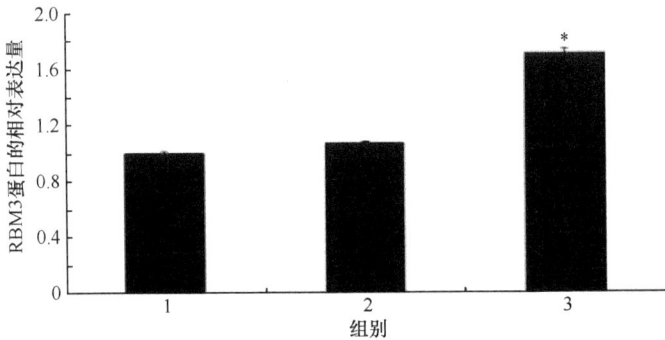

图 8-20　不同处理组 ST 细胞中 RBM3 的表达量

1. 空白对照组；2. 空载体组；3. 过表达组；相同条件下转染不同病毒液差异性比较（*表示差异显著，$P < 0.05$）

8.3.3　讨论与分析

在培养 ST 细胞时，首先要注意实验操作过程中的操作规范，另外还需要注意溶液配制的准确性，因为如果在这些过程中操作不当会造成细胞污染，除此之外还要注意以下几点。

第一，当改变细胞培养环境时，如更换培养基或血清、CO_2 含量的改变、温度的改变等，细胞的培养条件可能会与先前培养的状态有所差异，此时对细胞的传代、细胞铺板的时间应该加大关注，并且根据细胞的生长状态对培养液各组分、CO_2 的含量，以及细胞操作过程进行调节。ST 细胞培养初期对 pH 的要求是不应低于 6.8，所以每隔一段时间应当观察细胞生长状态及细胞培养液的颜色，并及时对细胞进行换液培养。当细胞大部分呈现贴壁状态时，应当提高 pH，因为 ST 细胞在 pH 较高时细胞的形态及贴壁状态较好。

第二，ST 细胞不容易消化，而且消化后的细胞极易结团，细胞贴壁后分布不匀，从而影响细胞的生长和增殖。为了降低这种不良状况的出现，本实验从以下几个方面对细胞的消化进行改良：①在对细胞进行消化前，倒掉培养液后先用灭菌处理的 PBS 缓冲液清洗细胞 2 次；②然后用胰酶消化液洗一下细胞，吸弃胰酶消化液，再加入预温的胰酶消化液，十字晃动细胞培养瓶，使细胞充分接触胰酶消化液，显微镜下观察，当发现细胞开始出现圆缩现象时，倒掉胰酶消化液；③在瓶中留少许消化液，37℃静置 1 min，加入含血清的细胞培养液，吹吸数次，待细胞充分散开后，分瓶传代培养。

在进行慢病毒感染目的细胞的实验中，采用了无血清、无双抗或其他营养因子的细胞培养基进行病毒液的稀释，虽然理论上含有血清、双抗或其他营养因子的细胞培养用完全培养基不会对感染效率产生影响，但是为排除一切对实验会产生影响的因素，还是采用了无任何添加的 MEM 细胞培养液对病毒液进行稀释。

感染效率受到两个方面的因素影响：一个是 ST 细胞铺板时细胞的生长状态；另一个是病毒液的 MOI 值。本实验在前期准备过程中也出现打不均、二氧化碳含量不足等因素导致的细胞生长状态不良，造成感染效率不高，因此细胞的生长状态是本实验能否获得成功的关键。实验中发现，随着 MOI 值的升高，病毒液感染目的细胞的感染效率显著增加，同时也证明了提高 MOI 值能够增加感染效率。在正常情况下，细胞感染病毒后培养 48 h，目的基因的 mRNA 量最高，细胞感染病毒后培养 72 h 后目的蛋白的表达量最高。实验中可根据不同的实验目的收集 ST 细胞样品。

荧光定量 PCR 技术是近些年测定基因 mRNA 含量的主要技术手段，与以往检测目的基因的 PCR、免疫组化等技术相比，荧光定量 PCR 技术具有检测速度快、特异性高、重复性好等优点。常用的荧光定量 PCR 技术主要有染料法和探针法，本实验采用了染料法进行荧光定量 PCR 实验，使用的染料 SYBR Green II 价格低廉、能够抑制非特异性反应，只要嵌合荧光进入 DNA 而不需要与 DNA 结合就能够达到检测的目的。荧光定量 PCR 反应得到的结果表明，空白对照组与空载体组中 *RBM3* mRNA 的表达差异不显著；过表达组与空白对照组、空载体组中 *RBM3* mRNA 的表达差异显著（$P<0.05$），与理想结果相符。

Western blot 技术是现阶段应用较为广泛的检测组织细胞中蛋白质表达量的专业分析技术。它能够对目的蛋白进行定性分析，该技术不能对蛋白质进行精确的定量分析，但能够对蛋白质进行半定量分析。此方法因为其灵敏度高、特异性强等诸多优点而被广大研究学者应用于科研实验中。

影响 Western blot 实验结果的因素有很多，包括实验前期的蛋白质准备情况和实验过程中的电泳条件的选择等。在蛋白质提取的准备过程中，最需要注意的是细胞破碎的问题，细胞如果破碎得不充分就提取不够所需要的蛋白质量，就会对目的蛋白的检测结果产生影响。本实验以每 10^6 个细胞加入 100~20μL 的比例加入细胞裂解液用于 Western blot 及 IP。用枪吹吸打匀，至目的细胞全部裂解完全。从实验结果来看，蛋白质的提取结果可以用于 Western blot 实验。电泳条件的选择是影响 Western blot 实验的关键环节，电泳条件的制约因素包括 Tris-HCl 的 pH 和电泳的电压等。Tris-HCl 是配制分离胶和浓缩胶的重要成分，因此要对 Tris-HCl 的 pH 进行准确的定量，才能保证实验的顺利进行。采用不同的电压进行电泳时发现，当染料在浓缩胶中电泳时采用低电压，当染料进入分离胶时采用高电压，能够得到清晰的 Western blot 实验结果。本实验中的目的蛋白大小为 17 kDa，采用了 80V 和 120V 电压调节，而且得到了理想的效果：空载体组和空白对照组中的 RBM3 蛋白含量接近；过表达组中的 RBM3 蛋白的含量比空载体组和空白对照组中的 RBM3 蛋白含量明显升高。

8.4　亚低温状态下 RBM3 对 SD 大鼠海马神经元细胞的抗凋亡作用

8.4.1　材料与方法

1）试剂、实验动物和单克隆抗体

普通琼脂糖凝胶 DNA 回收试剂盒、质粒小量提取试剂盒均购自北京索莱宝科技有限公司；Trizol、聚凝胺均购自美国 Sigma 公司；无内毒素质粒大提试剂盒，DNA 连接酶、DNA 聚合酶，限制性内切酶 Xho I、BamH I，PCR 扩增试剂盒，反转录试剂盒，均购自大连宝生物公司；SDS-聚丙烯酰胺凝胶电泳（SDS-PAGE）配置试剂盒、二抗辣根酶标记羊抗鼠 IgG 均购自南京生兴生物技术有限公司；一抗 RBM3 鼠抗蛋白单克隆抗体、一抗 GAPDH 鼠抗蛋白单克隆抗体均购自英国 Abcam 公司；胎牛血清 FBS、DMEM、胰酶、青霉素、链霉素均购自美国 GIBCO 公司；Hepes 购自英国 AMRESCO 公司；RNAi-Mate 转染试剂、重组穿梭质粒 LV5，以及三包装质粒系统 pRev、pGag/Pol、pVSV-G 均购自上海吉玛有限公司；293T

人胚肾细胞（为贴壁依赖型呈上皮样细胞）购自中国科学院细胞库；大肠杆菌 E. coli DH5α 感受态细胞由本实验室保存提供。马血清购自美国 Hyclone 公司；山羊血清购自北京鼎国昌盛生物技术有限责任公司；神经细胞生长因子（B27）购自美国 GIBCO 公司；神经元基础培养基购自美国 GIBCO 公司；多聚赖氨酸、NeuN 小鼠抗大鼠单克隆抗体、DAPI 均购自美国 Sigma 公司；488 荧光二抗购自美国 Life Technologies 公司；L-谷氨酰胺购自美国 GIBCO 公司；阿糖胞苷购自上海邦景实业有限公司；聚凝胺购自美国 GIBCO 公司；反转录试剂盒购自大连宝生物公司；BCA 蛋白定量试剂盒、ECL 试剂盒均购自中国碧云天生物技术有限公司；一抗 GAPDH、caspase-3、Bcl-2、Bax 鼠抗蛋白单克隆抗体均购自英国 Abcam 公司；Annexin V-FITC/PI 细胞凋亡检测试剂盒购自美国 Roche 公司。ELISA 氧化还原检测试剂盒 GSH-Px、SOD、MDA、T-AOC，以及凋亡蛋白检测试剂盒 casp-3，相关细胞免疫因子检测试剂盒 IL-1、IL-2、IL-6 均购自美国 Sigma 公司；RBM3 过表达重组慢病毒液及空载体慢病毒液均由本实验室制备；一次性 1 mL 注射器购自上海楚定分析仪器有限公司。

原代培养的海马神经元细胞取自出生 3~5 d 的清洁级 SD 大鼠，购买于北京华阜康生物科技股份有限公司，动物合格证编号为 SCXK（京）-2014-004。选用 45 只雄性健康小鼠，7 周龄体重为（19±2）g，购自吉林省长春市动物实验基地。将其饲养于本实验室人工智能气候室内，自由饮水，进食量为 5 g/100 g，温度设为常温（25±0.1）℃，低温（4±0.1）℃；湿度（40±0.1）%。

2）主要仪器设备

紫外凝胶成像系统，美国伯乐公司；荧光显微镜，美国伯乐公司；Multiskan MK3 型酶标仪，美国 Thermo 公司；细胞培养箱，GS Laboratory Equipment 公司；基因定量仪，美国 Amersham 公司；超声波破碎仪，美国 Sonics & Materials 公司；超净工作台，北京东联哈尔滨仪器制造有限公司；电泳槽，北京市六一仪器厂；PCR 仪，美国伯乐公司；台式高速冷冻离心机，长沙英泰仪器有限公司；电热恒温水浴锅，常州国华电器有限公司；漩涡振荡器，上海医疗器械五厂；电热恒温培养箱，上海森信实验仪器有限公司；恒温循环器，北京德天佑科技发展有限公司；超纯水仪，力新仪器上海有限公司。

3）利用 PCR 技术扩增 RBM3 基因

RNA 结合基序蛋白 3（RBM3）基因序列在 GenBank 中的登录号为 NM_001243419，目的基因片段大小是 551 bp，据此设计扩增片段的特异性引物，上游引物 5′-CGGGATCCCTGCCATGTCCTCTGAAGAAG-3′，下游引物 5′-CCGCTC-GAGACAGCCATTTGGAAGGACG-3′。经 BLAST 软件分析，设计的引物具有良好的引物特异性，可用作后续实验，在目的基因的上下游引物中分别加上 Xho I，BamH I 酶切位点及保护碱基序列，用于重组慢病毒载体的亚克隆，并委托上海生工完成。

扩增条件为：95℃预变性 5 min，95℃变性 30 s，60℃退火 45 s，72℃延伸 30 s，共 35 个循环。

4）*RBM3* 过表达重组慢病毒载体的构建及鉴别

利用 PCR 技术从包含 *RBM3* 基因的质粒克隆模板中扩增目的片段，用 *Xho* I 和 *Bam*H I 两种限制性内切酶分别对目的基因，以及目的载体进行双酶切。目的载体 LV5 质粒经 *Xho* I 和 *Bam*H I 双酶切之后用琼脂糖凝胶电泳回收，同时按 1：10 的比例配比，将制成的双链 *RBM3* DNA 片段与目的载体 LV5 在恒温箱中进行连接，温度为 16℃，时间为 8 h。反应结束后把连接产物转入大肠杆菌 *E. coli* DH5α 感受态细胞中，利用平板培养氨苄抗性筛选菌落，挑取单克隆摇菌，利用质粒小量提取试剂盒提取菌落 DNA，酶切鉴定之后进行测序，表明细菌测序正确，扩大培养，利用无内毒素质粒大提试剂盒提取菌落 DNA，用于后续病毒包被实验。

5）重组慢病毒颗粒的包被

将 293T 细胞约 $1×10^6$ 个接种到 6 孔细胞培养板中，培养至细胞 80%~90% 融合。在一支无菌的 1 mL 离心管中加入 0.5 mL 无血清 DMEM 培养液，按比例加入穿梭质粒和包装质粒（LV5-*RBM3* 1.5 μg、pGag/Pol 1.0 μg、pRevp 0.5 μg、pVSV-G 1.0 μg），混匀，取另一支无菌的 1 mL 离心管，加入 0.5 mL 无血清 DMEM 培养液，再加入 300 μL RNAi-Mate，混匀，室温放置 5 min 后将两管混合，再在室温放置 20~25 min。除去细胞培养板中的培养液，加入 1.5 mL 无血清的 DMEM 培养液，将转染混合物逐滴加入 6 孔细胞培养板中，轻轻地前后摇晃培养皿以混匀复合物，在 37℃、5% CO_2 培养箱中温育 4~6 h，吸弃转染液，加入 2.5 mL 含 10% FBS 的 DMEM 培养液。37℃、5% CO_2 继续培养。转染 72 h 后，将培养板中细胞上清液吸到 15 mL 离心管中，4℃，4000 r/min，4 min。低速离心后，将离心管上清液倒入 15 mL 注射器内，用 0.45 μm 过滤器过滤。滤液在离心机中进行超速离心，4℃，20 000 r/min，2 h。之后将病毒浓缩液收集于−80℃冰箱保存。

6）重组慢病毒病毒滴度的检测

按 $3×10^4$ 个细胞/孔的浓度将 293T 细胞接种于 96 孔板，混匀后于 37℃、5% CO_2 条件下培养 24 h。将慢病毒原液 10 μL，用 10% FBS 的 DMEM 培养液按 10 倍稀释 3~5 个梯度，之后加入终浓度为 5 μg/mL 聚凝胺，吸去 96 孔板中的培养液，每孔加入 100 μL 稀释的病毒液，同时设立空白对照组，于 37℃、5% CO_2 培养 24 h。吸弃 96 孔板中的稀释病毒液，每孔加入 100 μL 10% FBS 的 DMEM 培养液，于 37℃、5% CO_2 继续培养 72 h。之后通过荧光显微镜结合稀释倍数计算病毒滴度。

病毒滴度（BT=TU/mL，transducing unit）的计算公式：TU/μL=($P×N×V$)×1/DF，

P 为 GFP 表达阳性细胞率，N 为转染时的细胞数，V 为每孔加入病毒稀释液体积（μL），DF 为稀释因子（dilution factor）= 1（undiluted）、10^{-1}（diluted 1/10）、10^{-2}（diluted 1/100）。

7）293T 细胞中 RBM3 蛋白相对表达水平的 Western blot 检测

对细胞进行处理后，按照每 10^6 个细胞加入 100~200 μL Western 及 IP 细胞裂解液的比例加入裂解液（冰上操作）。用移液枪吹打数次充分裂解 293T 细胞，10 000~14 000 g 离心 3~5 min，收集上清液即为细胞总蛋白提取样品。

利用 BCA 试剂盒测定蛋白质的浓度，取等量的蛋白质提取样品（0.5 μg/μL），加入适量 5×SDS-PAGE 蛋白质上样缓冲液，沸水加热 5 min，使蛋白质充分变性，经 SDS-PAGE 分离后转移至聚偏二氟乙烯（PVDE）膜上，迅速将蛋白质膜放入盛有 5% 的脱脂奶粉溶液中室温振荡封闭 1 h，加入一抗（1∶1000），室温下摇床摇动孵育 2 h，TBST（Tris-HCl 缓冲液与吐温 20 的混合液）缓冲液漂洗 3 次，每次 10 min。加入辣根酶标记的羊抗鼠 IgG 二抗（1∶2000），室温摇晃孵育 1 h，经 TBST 缓冲液充分漂洗后，利用 Bio-Rad 凝胶成像系统采集图像并且进行分析，根据其灰度的深浅和面积大小计算每一条带的密度值，计算目的蛋白的相对表达量。

8）免疫荧光法鉴定海马神经元细胞

从新生大鼠取得海马神经元细胞后，加入含 10% 马血清的 DMEM 种植液，用血球计数板调整细胞密度大约为 $2×10^5$/mL 的细胞悬液后接种于多聚赖氨酸包被的 24 孔细胞培养板上，在 37℃、5% CO_2 的细胞培养箱中培养 24 h 后，更换细胞种植液为细胞培养液，包括神经元基础培养基、5% 马血清、2% B27、1% L-谷氨酰胺和 1% 青霉素、链霉素。每 3 d 半量换液，用显微镜观察神经细胞的生长状态，如发现神经胶质细胞铺于培养板底，则加入一定量的阿糖胞苷抑制其生长。

当神经元培养 10 d 左右时，除去培养液，PBS 冲洗 3 遍，冷 4% PFA（多聚甲醛）固定 20 min 后，PBS 再洗 3 遍，用 3% TritonX-100 孵育 15 min，振荡，PBS 洗 2 遍，5% 山羊血清封闭 1 h，滴加 NeuN 单克隆抗体（1∶100）室温孵育 30 min，转 4℃ 振荡过夜，PBS 清洗 3 遍，加 488 荧光二抗（1∶500），避光室温孵育 2 h，PBS 洗 3 遍，DAPI 甘油复染封片，荧光显微镜下观察。

9）慢病毒感染神经元细胞及神经元细胞的亚低温处理

培养 10 d 左右待神经元细胞生长成熟后，用重组慢病毒液按照 80∶1、100∶1、120∶1、140∶1、160∶1 和 180∶1 的感染复数（multiplicity of infection，MOI）值感染海马神经元细胞，发现最佳的 MOI 值。找到生长状态良好的神经元细胞，用最佳 MOI 值慢病毒液的量感染神经元细胞，为了增加感染效率，在培养基中加入终浓度为 8 μg/mL 的聚凝胺，混匀后放入 37℃、5% CO_2 的细胞培养箱中，于 12 h 后更换培养液，48 h 后用荧光显微镜观察病毒感染效率。

海马神经元细胞生长成熟后，寻找生长状态良好的神经元细胞，分别在 32℃、5%和 29℃、5% CO_2 细胞培养箱中亚低温处理神经元细胞用于后续实验。

10）海马神经元细胞中 *RBM3* mRNA 相对表达水平的 RT-qPCR 检测

神经元经病毒感染及亚低温处理之后除去细胞培养上清，Trizol 裂解细胞，抽提 RNA，检测 RNA 浓度及纯度。反转录获得 cDNA 作为模板，目的基因 *RBM3*（GenBank 登录号为：NM_001243419）上游引物 5′-CCAATCCAGAACATGCTTCA-3′，下游引物 5′-CCTCCAGGTCGACTGTCATAT-3′，内参基因 *GAPDH*（GenBank 登录号为：NM_001206359）上游引物 5′-CTCTGGCAAAGTGGACATTG-3′，下游引物 5′-GGGTGGAATCATACTGGAACA-3′。扩增出的 *RBM3* 片段长度为 199 bp，内参基因 *GAPDH* 片段长度为 86 bp。在 Eppendorf Real-plex 上以 SYBR Green 法进行 RT-qPCR 分析基因的表达量。条件为：94℃预变性 10 s，94℃变性 5 s，56℃退火 30 s，72℃延伸 20 s，共 45 个循环。反应结束后，获得每个样本的 C_t 值，使用如下换算公式计算目的基因最终的相对定量结果：$2^{-\Delta\Delta Ct}$，$\Delta\Delta Ct$ =[（C_t 目的基因–C_t 内参基因）实验组–（C_t 目的基因–C_t 内参基因）对照组]。

11）海马神经元细胞中 RBM3 蛋白相对表达水平的 Western blot 检测

对不同处理培养的神经元细胞分别进行收集处理后，采用 Western blot 法检测细胞中目的蛋白 RBM3 的相对表达量[方法同 8.4.1.7]。

12）海马神经元细胞凋亡率水平的检测

采用 Annexin V-FITC/PI 标记法，对不同实验处理培养的神经元分别进行收集处理，之后采用流式细胞技术对各实验组进行细胞凋亡检测。

13）海马神经元细胞相关凋亡指标 casp-3、Bcl-2、Bax 表达水平的检测

对不同处理培养的神经元分别进行收集处理后，采用 Western blot 法进行细胞凋亡蛋白 casp-3、Bcl-2、Bax 相对表达量的检测[方法同 8.4.1.7]。

14）小鼠的慢病毒注射及低温应激处理

将小鼠随机分为 5 组：1. 常温野生型小鼠对照组；2. 低温野生型小鼠对照组；3. 小鼠注射 *RBM3* 过表达重组慢病毒液低温实验组；4. 小鼠注射空载体慢病毒液低温对照组；5. 小鼠注射 FBS+DMEM 低温对照组。各组均采用小鼠腹腔注射的方法。将后 4 组实验小鼠饲养于人工气候室中，采用冷刺激的方式：温度设置为（4±0.1）℃，冷处理的时间分别为 4 h 及 8 h。第 1 组放置于常温环境（25±0.1）℃饲养。

15）小鼠血清中相关氧化还原指标、凋亡指标及细胞因子表达水平的检测

在规定的时间内对实验小鼠进行眼球摘除取血，分离血清。之后采用鼠源性双抗体夹心 ELISA 法检测各组实验小鼠血清中氧化还原指标（GSH-Px、SOD、MDA、T-AOC）、凋亡指标（casp-3），以及相关细胞因子（IL-1、IL-2、IL-6）表达量的情况。

16）数据计算和统计分析

本实验各项统计采用 SPSS 19.0 软件进行相关分析，多重比较采用 Duncan 法进行，结果采用 mean±SD 表示，显著性差异水平为 $P<0.05$，极显著性差异水平为 $P<0.01$。

8.4.2　实验结果

1. LV5-*RBM3* 过表达重组慢病毒载体的鉴定结果

LV5-*RBM3* 过表达重组慢病毒载体构建成功以后，对慢病毒载体进行 PCR 鉴定，片段大小为 551 bp，经双酶切鉴定片段大小为 551 bp 和 8868 bp（图 8-21），测序结果略。

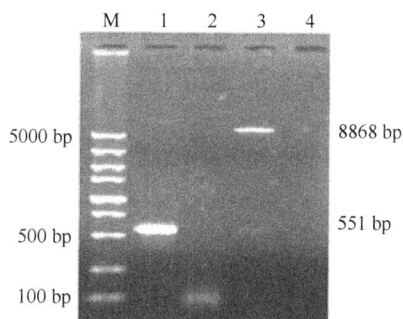

图 8-21　过表达重组慢病毒载体 LV5-*RBM3* 的鉴定

M. DL 5000 Marker；1. 过表达重组慢病毒载体 LV5-*RBM3* PCR 检测结果；2. PCR 的空白对照鉴定；3. 过表达重组慢病毒载体 LV5-*RBM3* 的双酶切鉴定；4. 酶切鉴定的空白对照组

2. *RBM3* 重组慢病毒及空载体病毒滴度的检测结果

对 *RBM3* 重组慢病毒及空载体病毒进行 10 倍、100 倍、1000 倍稀释，然后在荧光显微镜下观察稀释效果（图 8-22，图 8-23）。并通过公式分别计算两种病毒液的病毒滴度（表 8-24，表 8-25）。

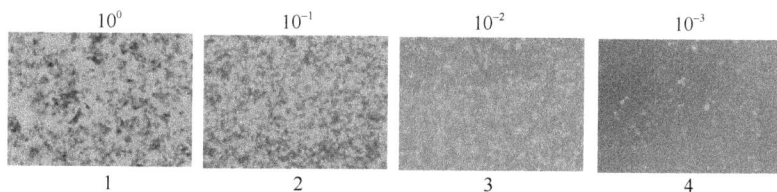

图 8-22　*RBM3* 重组慢病毒液稀释后绿色荧光蛋白 GFP 在 293T
细胞中的表达情况（20×）（彩图请扫封底二维码）

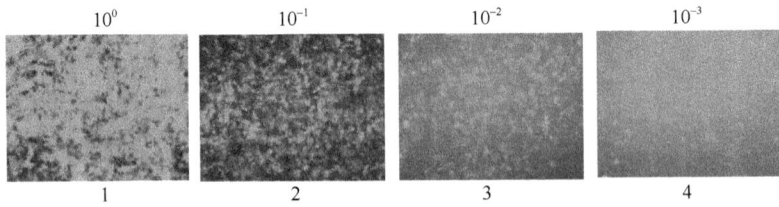

图 8-23　空载体慢病毒液稀释后绿色荧光蛋白 GFP 在 293T
细胞中的表达情况（20×）（彩图请扫封底二维码）

表 8-24　*RBM3* 重组慢病毒滴度测定

组别	P	N	$V/\mu L$	DF	TU/mL	$\bar{M}$ TU/mL
1	67.0	1×10^3	100	10^{-1}	6.7×10^8	
2	6.0	1×10^3	100	10^{-2}	6.0×10^8	5.9×10^8
3	0.5	1×10^3	100	10^{-3}	5.0×10^8	

表 8-25　空载体慢病毒滴度测定

组别	P	N	$V/\mu L$	DF	TU/mL	$\bar{M}$ TU/mL
1	71.0	1×10^3	100	10^{-1}	7.1×10^8	
2	7.0	1×10^3	100	10^{-2}	7.0×10^8	6.4×10^8
3	0.5	1×10^3	100	10^{-3}	5.0×10^8	

3. 293T 细胞中 RBM3 蛋白相对表达量的检测结果

经 Western blot 检测显示，过表达重组慢病毒感染组 RBM3 相对表达量极显著高于另两组（$P<0.01$），正常细胞对照组与空载体病毒感染组 RBM3 相对表达量差异不显著（图 8-24）。

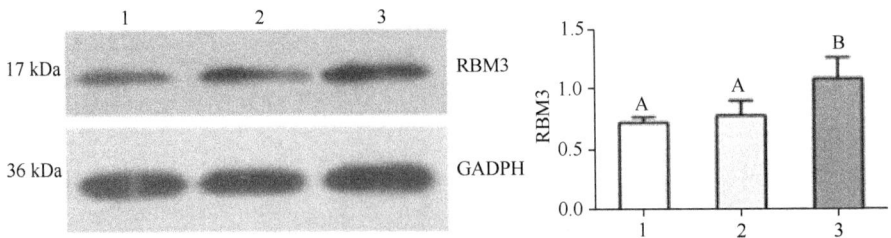

图 8-24　RBM3 蛋白相对表达水平

1. 正常细胞对照组；2. 空载体病毒感染组；3. 过表达重组慢病毒感染组；不同大写字母表示差异极显著（$P<0.01$）

4. 免疫荧光法对海马神经元细胞纯度鉴定结果

经 NeuN 抗体染色后证实培养的细胞主要为神经元细胞，占总细胞的 90%（图 8-25）。

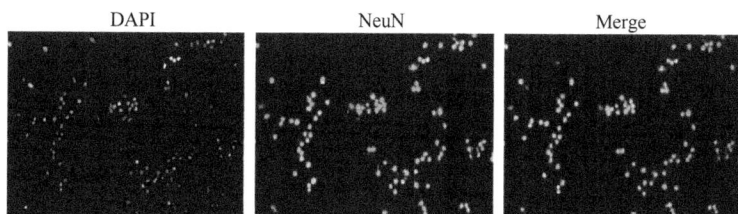

图 8-25　SD 大鼠海马神经元体外培养第 12 天免疫荧光图（40×）（彩图请扫封底二维码）

5. *RBM3* 重组慢病毒及空载体病毒感染海马神经元的结果

重组慢病毒按照 80∶1、100∶1、120∶1、140∶1、160∶1 和 180∶1 的 MOI 值对海马神经元细胞进行感染，48 h 后通过荧光显微镜进行观察，当 MOI 值为 140∶1 时神经元细胞的存活率达到了 75% 以上（图 8-26），可以进行后续实验。

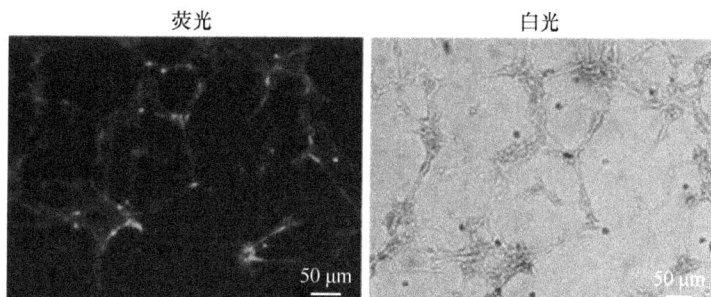

图 8-26　在重组慢病毒感染 48 h 之后海马神经元中绿色荧光蛋白（GFP）的表达程度（100×）（彩图请扫封底二维码）

6. 海马神经元细胞中 *RBM3* mRNA 相对表达量的检测结果

海马神经元细胞中的总 RNA 经提取之后，经检测纯度及状态都良好，均能用于后续实验（图 8-27）；经 RT-PCR 检测目的片段大小均为 199 bp（图 8-28）；经 RT-qPCR 检测显示，*RBM3* 过表达实验组、32℃亚低温实验组及 29℃亚低温实验组的 *RBM3* mRNA 的相对表达量均极显著高于正常对照组和空载体病毒感染组（$P<0.01$），且正常对照组和空载体病毒感染组 *RBM3* mRNA 的相对表达量差异不显著（图 8-29）。

7. 海马神经元细胞中 RBM3 蛋白相对表达量的检测结果

经 Western blot 检测显示，RBM3 过表达实验组、32℃亚低温实验组及 29℃

亚低温实验组 RBM3 蛋白的相对表达量均显著高于正常对照组和空载体病毒感染组（$P<0.05$），且正常对照组和空载体病毒感染组 RBM3 蛋白的相对表达量差异不显著（图 8-30）。

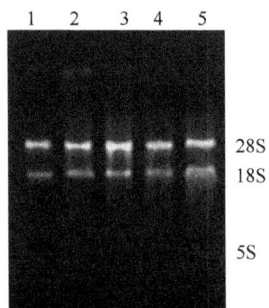

图 8-27 海马神经元中的总 RNA

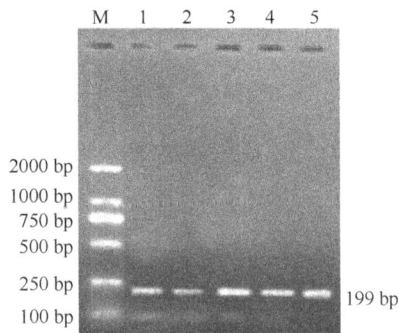

图 8-28 海马神经元中 *RBM3* 的表达鉴定

1. 37℃正常对照组；2. 37℃空载体病毒感染组；
3. 37℃过表达重组慢病毒感染组；
4. 32℃亚低温处理组；5. 29℃亚低温处理组

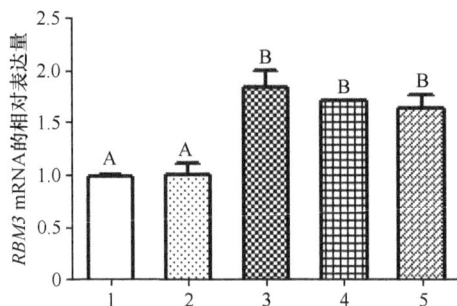

图 8-29 海马神经元中 *RBM3* mRNA 的相对表达水平

1. 37℃正常对照组；2. 37℃空载体病毒感染组；3. 37℃过表达重组慢病毒感染组；4. 亚低温 32℃过表达处理组；
5. 亚低温 29℃过表达处理组；不同大写字母表示差异极显著（$P<0.01$）

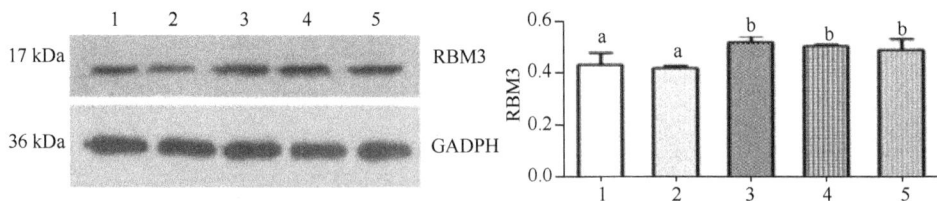

图 8-30 海马神经元中 RBM3 蛋白的相对表达水平

1. 37℃正常对照组；2. 37℃空载体病毒感染组；3. 37℃过表达重组慢病毒感染组；4. 亚低温 32℃过表达处理组；
5. 亚低温 29℃过表达处理组；不同小写字母表示差异显著（$P<0.05$）

8. 海马神经元细胞中凋亡率水平的检测结果

取与上述组别相同的细胞，采用 Annexin V-FITC/PI 双标记法，流式细胞仪检测，分别计算各组神经元的凋亡率。

结果如图 8-31 所示，常温对照组的神经元凋亡率为（17.6±0.5）%；空病毒感染并不影响 RBM3 的表达，海马神经元凋亡率为（15.9±1.4）%，与常温对照组相比无显差异；常温 RBM3 过表达处理组海马神经元的凋亡率为（2.2±0.5）%，与常温对照组相比显著降低（$P<0.01$）；亚低温 32℃过表达处理组海马神经元凋亡率为（1.9±0.2）%，亚低温 29℃过表达处理组海马神经元凋亡率为（6.0±1.0）%，与常温 RBM3 过表达处理组相比无显著差异（$P>0.05$）。

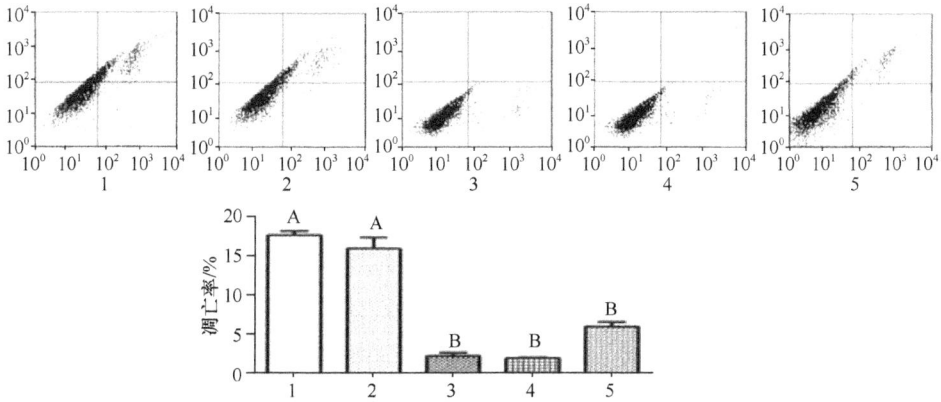

图 8-31　海马神经元细胞凋亡水平

1. 37℃正常细胞对照组；2. 37℃空载体病毒感染组；3. 37℃过表达重组慢病毒感染组；4. 亚低温 32℃过表达处理组；5. 亚低温 29℃过表达处理组；不同大写字母表示差异极显著（$P<0.01$）

9. 海马神经元细胞中凋亡蛋白 casp-3、Bax、Bcl-2 表达水平的检测结果

经 Western blot 检测显示，37℃过表达重组慢病毒感染组、亚低温 32℃过表达处理组及亚低温 29℃过表达处理组 casp-3 蛋白的相对表达量，以及 Bax/Bcl-2 比率均显著或极显著低于正常对照组和空载体病毒感染组（$P<0.05$，$P<0.01$）；37℃过表达实验组，亚低温 32℃过表达处理组及亚低温 29℃过表达处理组的 caspase-3 蛋白的相对表达量及 bax/bcl-2 比率三组相比均无显著差异（$P>0.05$），且正常对照组和空载体病毒感染组 RBM3 蛋白的相对表达量差异不显著（图 8-32）。

10. 小鼠血清中相关氧化还原指标的检测结果

1）ELISA 方法检测 GSH-Px 的活性

在冷处理 4 h 过程中，冷应激对照组、冷应激 RBM3 过表达实验组、冷应激空载体病毒注射对照组及冷应激 FBS+DMEM 对照组 GSH-Px 的活性显著高于 25℃ 常温对照组（$P<0.05$）。冷处理 8 h 时，冷应激 RBM3 过表达实验组 GSH-Px 的活性与 25℃ 常温对照组相比差异极显著升高（$P<0.01$），冷应激对照组、冷应激空载体病毒注射对照组及冷应激 FBS+DMEM 对照组 GSH-Px 的活性与 25℃ 常温对照组相比没有统计学差异，而冷应激 RBM3 过表达实验组与冷应激对照组、冷应激空载体病毒注射对照组及冷应激 FBS+DMEM 对照组相比，GSH-Px 的活性有所提高，但无显著差异（$P>0.05$）（图 8-33）。

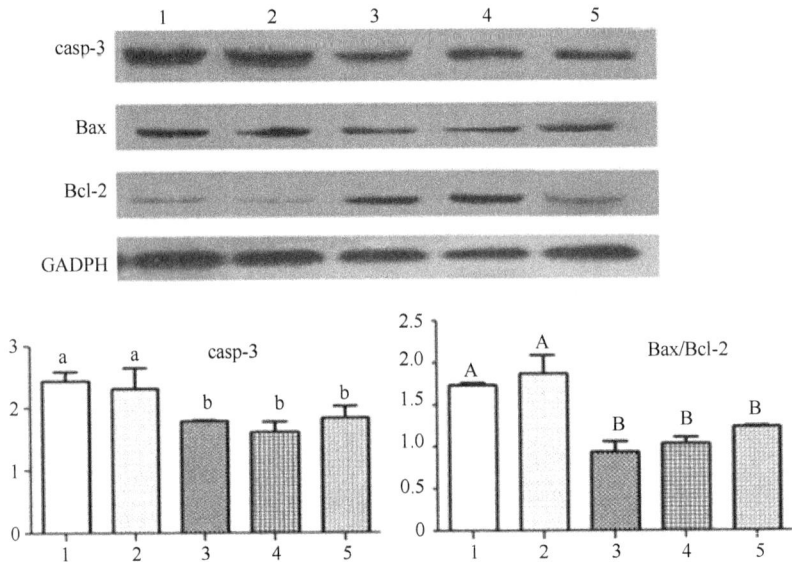

图 8-32　海马神经元细胞中凋亡蛋白的表达水平

1. 37℃正常对照组；2. 37℃空载体病毒感染组；3. 37℃过表达重组慢病毒感染组；4. 亚低温 32℃过表达处理组；5. 亚低温 29℃过表达处理组；不同大写字母表示差异极显著（$P<0.01$），不同小写字母表示差异显著（$P<0.05$）

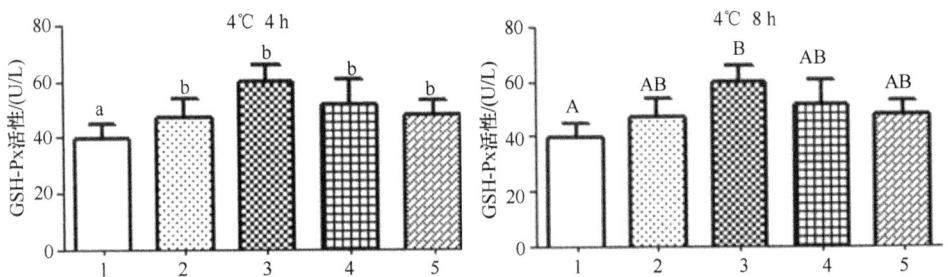

图 8-33　小鼠血清中 GSH-Px 活性

1. 25℃；2. 冷应激处理；3. RBM3 过表达处理；4. 空载体病毒冷应激处理；5. FBS+DMEM 冷应激处理；不同小写字母表示差异显著（$P<0.05$），不同大写字母表示差异极显著（$P<0.01$）

2）ELISA 方法检测 SOD 的活性

在冷处理 4 h 过程中，冷应激对照组、冷应激 RBM3 过表达实验组、冷应激空载体病毒注射对照组及冷应激 FBS+DMEM 对照组 SOD 的活性极显著低于25℃常温对照组（$P<0.01$），冷处理 8 h 时，冷应激 RBM3 过表达实验组 SOD 的活性与常温对照组相比差异显著降低（$P<0.05$），冷应激对照组、冷应激空载体病毒注射对照组及冷应激 FBS+DMEM 对照组 SOD 的活性显著低于常温对照组 25℃（$P<0.05$），且冷应激对照组、冷应激空载体病毒注射对照组及冷应激 FBS+DMEM 对照组之间无显著差异（$P>0.05$），而冷应激 RBM3 过表达验组与冷应激对照组、冷应激空载体病毒注射对照组及冷应激 FBS+DMEM 对照组相比，SOD 的活性显著升高（$P<0.05$）（图 8-34）。

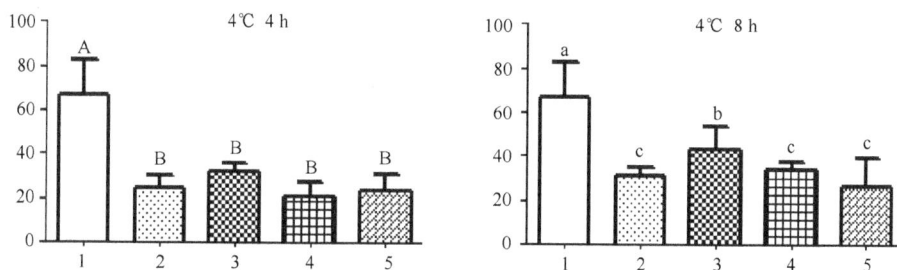

图 8-34　小鼠血清中 SOD(U/ml)活性

1. 25℃；2. 冷应激处理；3. RBM3 过表达处理；4. 空载体病毒冷应激处理；5.（FBS+BEME）冷应激处理；不同小写字母表示统计学差异（$P<0.05$），不同大写字母表示差异（$P>0.01$），相同字母差异不显著

3）ELISA 方法检测 MDA 的含量

在冷处理 4 h 过程中，冷应激对照组、冷应激 RBM3 过表达实验组、冷应激空载体病毒注射对照组及冷应激 FBS+DMEM 对照组 MDA 的含量与 25℃常温对照组相比没有统计学差异。冷处理 8 h 时，冷应激 RBM3 过表达实验组 MDA 的含量显著低于 25℃常温对照组（$P<0.05$），而冷应激对照组、冷应激空载体病毒注射对照组及冷应激 FBS+DMEM 对照组 MDA 的含量显著高于 25℃常温对照组（$P<0.05$），冷应激 RBM3 过表达实验组与冷应激对照组、冷应激空载体病毒注射对照组及冷应激 FBS+DMEM 对照组相比，MDA 的含量显著降低（$P<0.05$）（图 8-35）。

4）ELISA 方法检测 T-AOC 的活性

在冷处理 4 h 过程中，冷应激对照组、冷应激 RBM3 过表达实验组及冷应激空载体病毒注射对照组 T-AOC 的活性显著高于 25℃常温对照组（$P<0.05$），而冷应激 FBS+DMEM 对照组 T-AOC 的活性与 25℃常温对照组相比差异不显著。冷处理 8 h 时，冷应激 RBM3 过表达实验组 T-AOC 的活性极显著高于 25℃常温对照组（$P<0.01$），冷应激对照组、冷应激空载体病毒注射对照组及冷应激

FBS+DMEM 对照组 T-AOC 的活性与 25℃常温对照组比没有统计学差异，而冷应激 RBM3 过表达实验组与冷应激对照组、冷应激空载体病毒注射对照组及冷应激 FBS+DMEM 对照组相比，T-AOC 的活性极显著升高（$P<0.01$）（图 8-36）。

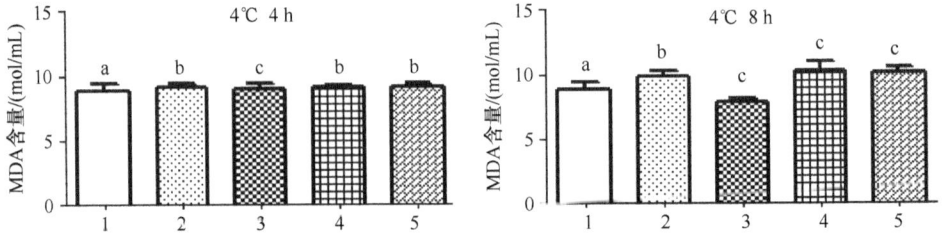

图 8-35　小鼠血清中 MDA 含量

1.25℃；2. 冷应激处理；3. RBM3 过表达处理；4. 空载体病毒冷应激处理；5. FBS+DMEM 冷应激处理；不同小写字母表示差异显著（$P<0.05$）

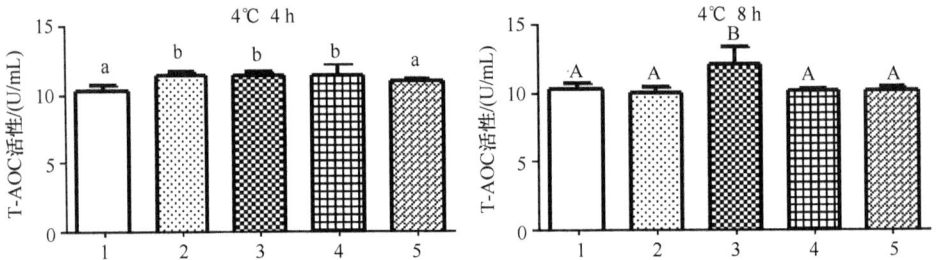

图 8-36　小鼠血清中 T-AOC 活性

1.25℃；2. 冷应激处理；3. RBM3 过表达处理；4. 空载体病毒冷应激处理；5. FBS+DMEM 冷应激处理；不同小写字母表示差异显著（$P<0.05$），不同大写字母表示差异极显著（$P<0.01$）

11. 小鼠血清中相关凋亡指标的检测结果

在冷处理 4 h 过程中，冷应激对照组、冷应激 RBM3 过表达实验组、冷应激空载体病毒注射对照组及冷应激（FBS+DMEM）对照组 caspase-3 的含量与 25℃常温对照组相比都没有统计学差异，且冷处理 8h 过程中各组 caspase-3 含量之间相比无显著差异（图 8-37）。

12. 小鼠血清中相关细胞因子的检测结果

1）ELISA 方法检测 IL-1 的含量

冷处理 4 h 过程中，冷应激对照组、冷应激空载体病毒注射对照组及冷应激 FBS+DMEM 对照组 IL-1 的含量显著高于 25℃常温对照组（$P<0.05$），冷应激 RBM3 过表达实验组与 25℃常温对照组相比差异不显著，而冷应激 RBM3 过表达实验组应激对照组、冷应激空载体病毒注射对照组及冷应激 FBS+DMEM 对照组 IL-1 的含量均显著降低（$P<0.05$）。

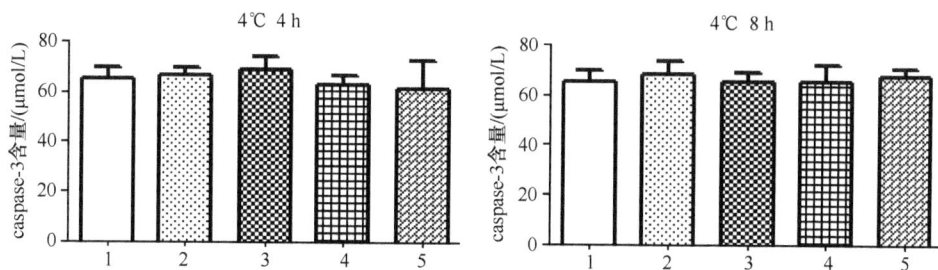

图 8-37　小鼠血清中 casp-3 含量

1. 25℃；2. 冷应激处理；3. RBM3 过表达处理；4. 空载体病毒冷应激处理；
5. FBS+BEME 冷应激处理；没标字母表示差异不显著

冷处理 8 h 过程中，冷应激对照组、冷应激空载体病毒注射对照组及冷应激 FBS+DMEM 对照组 IL-1 的含量显著高于 25℃ 常温对照组（$P<0.05$），冷应激 RBM3 过表达实验组与 25℃ 常温对照组相比差异不显著，而冷应激 RBM3 过表达实验组应激对照组，冷应激空载体病毒注射对照组及冷应激 FBS+DMEM 对照组 IL-1 的含量均显著降低（$P<0.05$）（图 8-38）。

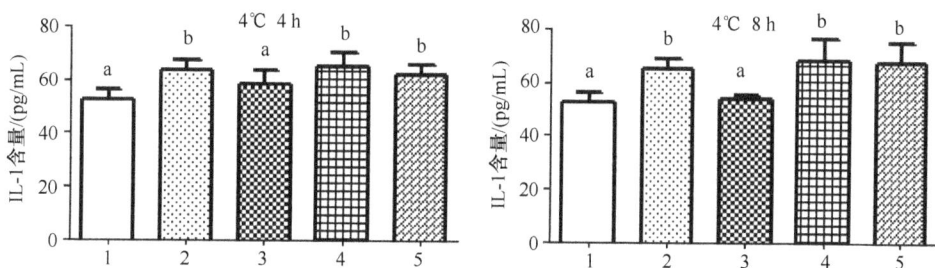

图 8-38　小鼠血清中 IL-1 含量

1. 25℃；2. 冷应激处理；3. RBM3 过表达处理；4. 空载体病毒冷应激处理；5. FBS+DMEM 冷应激处理；不同小写字母表示统计学差异（$P<0.05$）

2）ELISA 方法检测 IL-2 的含量

在冷处理 4 h 过程中，冷应激 RBM3 过表达实验组、冷应激空载体病毒注射对照组及冷应激 FBS+DMEM 对照组 IL-2 的含量与 25℃ 常温对照组相比没有统计学差异，而冷应激对照组 IL-2 的含量显著低于 25℃ 常温对照组（$P<0.05$）。冷处理 8 h 时，冷应激 RBM3 过表达实验组 IL-2 的含量显著高于 25℃ 常温对照组（$P<0.05$），冷应激对照组、冷应激空载体病毒注射对照组及冷应激 FBS+DMEM 对照组 IL-2 的含量与 25℃ 常温对照组相比没有统计学差异，而冷应激 RBM3 过表达实验组与其余各组相比 IL-2 的含量显著升高（$P<0.05$）（图 8-39）。

3）ELISA 方法检测 IL-6 的含量

在冷处理 4 h 过程中，冷应激对照组、冷应激 RBM3 过表达实验组、冷应激

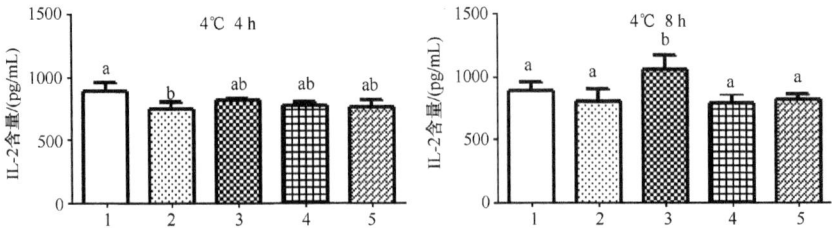

图 8-39　小鼠血清中 IL-2 含量

1. 25℃；2. 冷应激处理；3. RBM3 过表达处理；4. 空载体病毒冷应激处理；5. FBS+DMEM 冷应激处理；不同小写字母表示差异显著（$P<0.05$）

空载体病毒注射对照组及冷应激 FBS+DMEM 对照组 IL-6 的含量与 25℃ 常温对照组相比都没有统计学差异。冷应激 8 h 时，冷应激 RBM3 过表达实验组 IL-6 的含量与 25℃ 常温对照组相比差异不显著，冷应激对照组、冷应激空载体病毒注射对照组及冷应激 FBS+DMEM 对照组 IL-6 的含量显著低于 25℃ 常温对照组（$P<0.05$），而冷应激 RBM3 过表达实验组与冷应激对照组、冷应激空载体病毒注射对照组及冷应激 FBS+DMEM 对照组相比，IL-6 的含量显著升高（$P<0.05$）（图 8-40）。

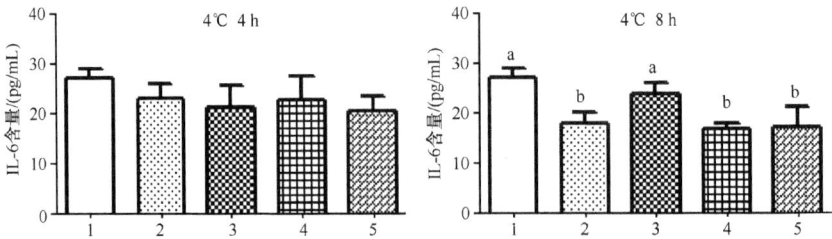

图 8-40　小鼠血清中 IL-6 含量

1. 25℃；2. 冷应激处理；3. RBM3 过表达处理；4. 空载体病毒冷应激处理；5. FBS+DMEM 冷应激处理；不同小写字母表示差异显著（$P<0.05$）

8.4.3　讨论与分析

1）*RBM3* 重组慢病毒载体的制备及病毒滴度检测

环境温度对动物的影响一直受到研究者的关注，环境温度过高或是过低都能直接影响动物的生产性能、免疫能力和所提供的产品质量，因此，环境温度刺激成为制约畜牧产业发展的重要因素之一。不同动物对寒冷刺激的表现各不相同，寒冷应激的作用强度也有所不同。动物短时间暴露于寒冷环境中会产生报警反应，此现象在冷刺激作用机体后迅速出现，能够快速动员机体的防御机制对细胞进行保护。动物在长时间冷暴露的情况下，冷应激首先产生报警反应，经过一段时间反应消失后，动物体内的代谢反应发生特异性变化，持续的冷刺激能够使机体内的儿茶酚胺和甲状腺激素分泌增多，能量代谢持续升高，产生气候适应的现象[10]。

机体适应不了过度的冷刺激就会破坏机体的适应机能，使许多重要的机能衰竭，严重影响动物的健康。针对这些情况专家不断研究发现，动物机体中存在着一些冷休克蛋白，它们在保护机体免受低温损伤过程中发挥着重要的作用。其中 RBM3 就是冷休克蛋白家族中的重要成员之一，近些年不断受到研究者的青睐，经研究发现，动物受到低温刺激时 RBM3 在机体中广泛表达，受低温影响其表达量上调，在许多动物机体的生理病理途径中发挥着举足轻重的功能。研究者证实在 37℃或 32℃的情况下，RBM3 通过结合 60S 核糖体亚基并且改变多聚核糖体切面结构来直接影响翻译水平从而影响整体蛋白质的合成[11]；Tong 等[12]研究发现低温诱导下在小鼠的器官型海马组织切片中 RBM3 作为一种潜在的感受器起着保护神经元的作用；经研究显示 RBM3 在某些类型癌症细胞的细胞核中的表达量水平十分高，这种情况可能作为一种预测临床疾病产生的手段[13]；Peretti 等[14]研究表明 RBM3 不但致使受损的突触在冷诱导之后重组，而且在阻止疾病过程中不断产生突触毒性，以及在维持野生型小鼠突触稳定性过程中起着重要的作用。针对以上研究推知，RBM3 起到调控保护且使细胞免受损害的作用，但其发挥的保护作用机制还有待进一步阐明。本研究对 LV5-*RBM3* 过表达重组慢病毒载体构建成功后，对慢病毒载体进行 PCR 鉴定，片段大小为 551 bp，经双酶切鉴定，片段大小为 551 bp 和 8868 bp，对构建成功的 LV5-*RBM3* 过表达慢病毒载体采用四质粒系统（LV5-*RBM3* 1.5 μg、pGag/Pol 1.0 μg、pRevp 0.5 μg、pVSV-G 1.0 μg）转染 293T 细胞包被慢病毒，对构建成功的慢病毒颗粒检测其病毒滴度，之后感染 293T 细胞实现 RBM3 在细胞中过表达，经 Western blot 检测显示，过表达重组慢病毒感染组 RBM3 表达量极显著高于另外两组，正常对照组与空载体病毒感染组 RBM3 表达量差异不显著。本研究构建了 *RBM3* 过表达重组慢病毒载体，将从体外细胞实验及机体水平探讨低温应激时 RBM3 发挥的保护作用机制，以期为今后揭示生物冷应激和冷适应的分子机制、开发动物的巨大生存潜力奠定理论和实践基础。

　　慢病毒载体是在 HIV- Ⅰ病毒基础上进行改造而形成的病毒载体系统，重组的慢病毒载体系统能够将目的基因导入目的细胞中[15]。慢病毒载体系统能够把大片段基因转移入靶细胞内，不会轻易引发宿主的免疫反应且生物安全性很高。慢病毒不但能够感染分裂相细胞，而且能高效迅速地感染非分裂相细胞（如造血干细胞、神经细胞、肌纤维细胞、肝细胞等），慢病毒感染能够使目的基因在宿主细胞中稳定长效地表达。

　　2）亚低温状态下 RBM3 对 SD 大鼠海马神经元细胞的抗凋亡作用

　　国外研究报道了一种蛋白能够识别脊椎动物神经元特异性的核蛋白单克隆抗体的产生，该蛋白被称为神经核（NeuN），其能够在成年小鼠中枢和外周神经系统的多数神经细胞类型中被检测到。NeuN 的出现暂时与神经细胞退出细胞周期和（或）终末分化开始一致。该蛋白质在胚胎和成年神经细胞中，除小脑浦肯野细胞、嗅球僧帽细胞、视网膜感光细胞、黑质中的多巴胺能神经元外的其他细胞中都能够检测到。尽管 NeuN 的免疫组化检测已经被广泛使用，但其功能最近才被了解清楚。研究人员现在已经能够将 NeuN 鉴定为 Fox-3 蛋白，Fox-3 蛋白参与调控 mRNA 剪切。由于 Fox-3 由神经系统特异性表达，人们发现它在调节神经细胞分化和神经系统发育中发挥作用。本实验采用 NeuN 抗体对海马神经元进行特异性染色鉴定，经 NeuN 抗体染色后证实培养的细胞主要为海马神经元细胞，占总细胞的 90%。

本研究利用携带绿色荧光蛋白的 *RBM3* 过表达重组慢病毒载体来感染原代培养的大鼠海马神经元细胞，实现了目的基因 *RBM3* 在细胞内稳定的过表达，慢病毒载体是一种在 HIV-Ⅰ型病毒基础上改造成的复制缺陷型反转录病毒载体系统，它对分裂相细胞和非分裂相细胞均具有感染能力，该载体可将外源基因有效地整合到宿主染色体上，从而达到持久性表达的效果[15]。与传统的反转录病毒、腺病毒载体转染系统相比，它具有转移基因片段容量较大、目的基因表达时间长、不易诱发宿主免疫反应等优点，且以操作安全性高、有效性强、转染率高而著称。该病毒载体转染海马神经元细胞，细胞的存活率达到了 75% 以上，由于其携带绿色荧光蛋白，便于在显微镜下观测它的转染效率。

RBM3 是哺乳动物体内重要的冷应激蛋白，也是 RNA 结合蛋白家族的成员。它在非神经细胞中的表达和调控已有许多研究报道，它在神经细胞中的作用也逐渐受到人们的关注。Pilotte 等[16]研究发现，大鼠在出生 1~7 d 脑部海马区 RBM3 的表达量逐渐增多，之后随着大鼠发育成熟，RBM3 的表达量又逐渐减少，最后达到定值；2011 年，Chip 等[17]研究指出，32℃ 亚低温条件下，RBM3 在大鼠脑皮质神经元细胞中表达量增加，显著抑制了经十字孢碱处理后神经元细胞中乳酸盐脱氢酶的释放；Zhao 等[18]通过研究证明脊髓损伤后 RBM3 在神经元存活及抗凋亡调控过程中发挥着重要作用。

细胞凋亡是一种由内外环境变化引起、由细胞死亡信号触发的一种基因调控的主动性过程。由于这个过程是受基因调控的，它也被称为程序性细胞死亡。凋亡途径主要有三种：线粒体凋亡途径（内源性途径）、死亡受体途径（外源性途径）和内质网凋亡途径。当各种刺激因素诱导细胞凋亡时，线粒体膜通透性增加，各种蛋白质在线粒体中被释放。然后核酸内切酶直接或间接地被激活，最终引起 DNA 断裂[19,20]。而 casp-3、Bax 及 Bcl-2 在细胞凋亡途径中发挥着重要作用：casp-3 是蛋白水解酶之一，三种主要的凋亡途径产物最后都要经过 casp-3 的剪切加工；Bax、Bcl-2 作用在线粒体外膜上，在促进或抑制细胞凋亡途径中发挥着重要功效。

本实验对大鼠海马神经元细胞进行 32℃、29℃ 亚低温处理，而且通过重组慢病毒感染实现了 RBM3 在神经元细胞中的过表达，从 mRNA 及蛋白质水平检测神经元中 RBM3 的表达量，细胞凋亡蛋白 casp-3、Bax、Bcl-2 的表达水平，以及神经元的凋亡率，发现经 RT-qPCR 和 Western blot 检测显示，RBM3 过表达实验组、32℃亚低温实验组及 29℃亚低温实验组的 *RBM3* mRNA 和蛋白质的表达量均高于正常对照组和空载体病毒感染毒组，且正常对照组和空载体病毒感染组 *RBM3* mRNA 和蛋白质表达量差异不显著。这与 Tong 等[12]指出小鼠器官型海马组织切片在 33.5℃亚低温 48 h 条件下培养，随着时间的推移，*RBM3* 基因的表达量逐渐增多的研究相符，证实了亚低温情况下 *RBM3* 在海马神经元中表达量增多，说明 RBM3 在海马区发挥着重要作用。

Wellmann 等在 2010 年通过研究发现[21]，低温应激时神经元的 RBM3 上调，在低温诱导的神经保护中具有重要的作用。本实验通过 Western blot，以及 Annexin V-FITC/PI 双标记流式细胞技术检测海马神经元细胞凋亡蛋白及细胞凋亡率发现，RBM3 过表达实验组、32℃亚低温处理组及 29℃亚低温处理组的 casp-3 蛋白的表达量、Bax 与 Bcl-2 比率及细胞凋亡率均显著或极显著低于正常对照组和空载体病毒感染组，且正常对照组和空载体病毒感染组凋亡蛋白的表达量和细胞凋亡率差异均不显著。这充分证实了亚低温情况下 RBM3 在海马神经元细胞中高表达抑制了细胞的线粒体凋亡途径，对海马神经元细胞起到积极的保护作用，使其免受低温诱导凋亡的伤害。

尽管低温环境是生物体最基本最普遍的生存条件，但是细胞应对低温环境的机制尚不明确。然而，众所周知冷应激能够使细胞结构和形态发生变化，这种变化针对细胞的保护作用，以及在生理损害和损伤之后具有抑制机体疾病发生的作用[22]。低温治疗已被应用到外科手术、脊髓损伤、外伤性脑损伤、脑卒中及器官移植的临床领域中[19,20]。这和 RBM3 的保护机制有着一定的关联，然而目前针对 RBM3 在亚低温治疗的分子水平、信号通路及效应机制方面的研究少之又少，本实验针对 RBM3 在海马神经元细胞中的作用进行了分子层面的研究，但本研究的结论目前还停留在体外试验水平，虽然证实亚低温情况下，RBM3 具有减少神经元凋亡的作用，但缺乏动物的体内试验来进一步证实，这无疑为 RBM3 参与脑部神经元损伤的亚低温治疗提供事实依据和理论基础，而 RBM3 在亚低温治疗过程中的调控机制还有待进一步研究。

8.5　冷应激状态下 RBM3 对小鼠血清相关氧化还原指标、凋亡指标及细胞因子的影响

尽管应激源（如缺氧应激、寒冷应激、紫外线照射、渗透压升高等）对动物的作用方式不一样，但是由它们所造成的机体生理损伤最终都归结为氧化损伤。机体的健康程度与其抗氧化的能力存在着密切的关联，多种类型的抗氧化物质在

动物机体内构成一个重要的防御系统并起着保护细胞、维持稳态的重要作用，而在机体内 GSH-Px、SOD、MDA、T-AOC 等都是抗氧化系统的重要组成部分。

实验（实验方法见 8.4.1，结果见 8.4.2）显示在 4℃ 4 h 时单纯对小鼠进行冷应激处理 GSH-Px 的活性要显著高于对小鼠进行正常的 25℃ 饲养，在 4℃ 8 h 时实现 RBM3 在小鼠体内过表达之后对小鼠进行冷应激处理，SOD 的活性要显著高于单纯对小鼠进行冷应激处理，而且对小鼠进行冷应激处理过程中 SOD 的活性要显著低于对小鼠进行正常的 25℃ 饲养，表明在冷应激时小鼠体内的自由基清除系统被启动进而消耗了 SOD 等物质，导致机体抗氧化能力下降，这与葛颖华等在 2006 年提出冷应激能够降低血清中 SOD 含量的结论相符[22]。细胞质中的 GSH-Px 能够与 GSH 及 NADPH 发生协同作用，还原二硫化物、某些自由基、ROOH、H_2O_2 等，阻止它们对机体造成氧化伤害；SOD 作为最强的氧自由基清除酶之一，能够高效率地清除生物机体内产生的有氧代谢中间产物。SOD 在特异性催化氧自由基链中能够催化第一个氧自由基 O_2^- 生成 H_2O_2，从而阻止 O_2^- 启动的自由基连锁反应，同时产生 H_2O_2 和 O_2。而由 H_2O_2 和 O_2 生成的脂质过氧化物却能够被 GSH-Px 清除，这对维持细胞膜结构的稳定、保持其功能具有举足轻重的作用[23]。因此对 GSH-Px 及 SOD 的活性进行检测能够间接地对机体清除自由基的能力做出判别，在抗应激损伤、预防氧自由基毒性、防治肿瘤和炎症、预防衰老等方面具有重要的价值。

本实验显示在 4℃ 8 h 时实现 RBM3 在小鼠体内过表达之后对小鼠进行冷应激处理，MDA 的含量要显著低于单纯对小鼠进行冷应激处理。MDA 作为一种小分子产生于脂质过氧化反应中，其含量的变化与自由基的产生存在密切的关联，而且在脂质过氧化反应过程中其含量变化也能显示出动物体的受损情况。研究显示，动物体受冷应激过程中其体内的氧化作用反应显著增强，血清中 MDA 的含量明显升高。MDA 是脂质过氧化反应过程中的最终产物之一，作为脂质过氧化程度的重要指标被广泛地用于检测动物机体的受损程度[24]。

本实验显示在 4℃ 8 h 时实现 RBM3 在小鼠体内过表达之后对小鼠进行冷应激处理，T-AOC 的活性要显著高于单纯对小鼠进行冷应激处理。T-AOC 活性成分的高低可以间接显示出机体抗氧化酶系统及非酶系统对外界应激刺激的代偿能力，因此 T-AOC 是反映机体抗氧化能力的重要指标之一。研究表明 T-AOC 活力的高低可以间接显示机体清除氧自由基的整体水平，即间接显示出机体细胞受自由基损伤的严重程度；同时还发现血清中 T-AOC 及 MDA 的含量变化可以较为敏感且准确地反映出机体内氧化应激的程度[25,26]。

凋亡蛋白 casp-3 是控制细胞凋亡过程中重要的末端水解酶，是蛋白水解酶之一，三种主要的凋亡途径产物最后都要经过 casp-3 的剪切加工。经研究发现 RBM3 与细胞凋亡存在着密切的关联，它具有保护细胞免受凋亡的作用[23]。因此本研究探讨 RBM3 与小鼠机体内 casp-3 的关系，结果表明冷处理过程中无论是单纯冷应激对照组和常温对照组相比，还是冷应激 RBM3 过表达实验组与单纯冷应激对照组相比，血清中 casp-3 的含量均没有显著性变化，证实 RBM3 不参与小鼠机体血清中细胞凋亡的保护作用。

细胞因子（cytokine，CK）是构成免疫系统的重要介质之一，主要是由活化的免疫细胞和某些基质细胞（如骨髓基质细胞）分泌的具有高活性、多功能的小分子蛋白质。它们不仅在免疫调节功能中发挥着重要的作用，还起着信使传递的作用，在中枢神经系统、内分泌系统、免疫系统间发挥功效[27]。所以将小鼠冷处理后检测其血清中免疫细胞因子的表达量能够极其有效地评估小鼠所受到的应激水平。在炎症反应早期，IL-1、IL-6 是免疫细胞分泌的主要促炎症反应因子，能够促进其他细胞因子的分泌[25]。IL-2 主要由活化的 T 淋巴细胞分泌产生，具有增强 T 淋巴细胞活性、促进 T 淋巴细胞增殖分化、增强 NK 细胞活性、诱导干扰素产生的重要功能，IL-2 是重要的免疫细胞因子，其表达水平是反映机体细胞免疫的重要标志[26]。本研究显示在 4℃ 4 h 和 4℃ 8 h 时实现 RBM3 在小鼠体内过表达之后对小鼠进行冷应激处理，IL-1 的含量要显著低于单纯对小鼠进行冷应激处理，在 4℃ 8 h 时实现 RBM3 在小鼠体内过表达之后对小鼠进行冷应激处理，IL-2、IL-6 的含量要显著高于单纯对小鼠进行冷应激处理。由此推知小鼠在冷处理过程中，RBM3 能够促进 IL-1、IL-2、IL-6 之间的协调作用，这与研究证实的冷应激过程中体内的细胞因子发生相互协同作用共同维持冷应激动物体内环境稳定的研究相符[27]。

参 考 文 献

[1] Nishiyama H, Itoh K, Kaneko Y, Kishishita M, Yoshida O, Fujita J. A glycine-rich RNA-binding protein mediating cold-inducible suppression of mammalian cell growth[J]. Journal of Cell Biology, 1997, 137(4): 899-908

[2] Reed L J, Muench H. A simple method of estimating fifty percent endpoints[J]. Am J Hygiene, 1938, 27(3): 493-497

[3] Jaenisch R. Transgenic animals[J]. Science, 1988, 240(4858): 1468-1474

[4] 金冬雁, 黎孟枫. 分子克隆实验指南[M]. 2 版. 北京: 科学技术出版社, 1992: 786-787

[5] Andreason G L, Evans G A. Introduction and expression of DNA molecules in eukayotic by electroporation[J]. Biotechniques, 1988, 6(7): 1-650

[6] 卢圣栋. 现代分子生物学实验技术[M]. 2 版. 北京: 中国协和医科大学出版社, 1999: 392-397

[7] Weinstein J N. Liposomes as drug carries in cancer therapy[J]. Cancer Treat Rep, 1984, 68(1): 127-135

[8] Mannino R J, Gould F S. Liposome mediated gene transfer[J]. Biotechniques, 1988, 6(7): 682-690

[9] 成国祥, 左嘉客. 生产转基因动物的技术现状[J]. 细胞生物学杂志, 1992, (3): 107-110

[10] Selye H. A syndrome produced by diverse nocuous agents[J]. J Neuropsychiatry Clin Neurosci,

1998, 10(2): 230-231

[11] Dresios J, Aschrafi A, Owens G C, Vanderklish P W, Edelman G M, Mauro V P. Cold stress-induced protein Rbm3 binds 60S ribosomal subunits, alters microRNA levels, and enhances global protein synthesis[J]. Proc Natl Acad Sci USA, 2005, 102(6): 1865-1870

[12] Tong G, Endersfelder S, Rosenthal L M, Wollersheim S, Sauer I M, Bührer C, Berger F, Schmitt K R. Effects of moderate and deep hypothermia on RNA-binding proteins RBM3 and CIRP expressions in murine hippocampal brain slices[J]. Brain Res, 2014, 1504(1): 74-84

[13] Ehlén Å, Nodin B, Rexhepaj E, Brändstedt J, Uhlén M, Alvarado-kristensson M, Pontén F, Brennan D J, Jirström K. RBM3- regulated genes promote DNA integrity and affect clinical outcome in epithelial ovarian cancer[J]. Translstional Oncology, 2011, 4(4): 212-221

[14] Peretti D, Bastide A, Radford H, Verity N, Molloy C, Martin M G, Moreno J A, Steinert J R, Smith T, Dinsdal D, Willis A E, Mallucci G R. RBM3 mediates structural plasticity and protective effects of cooling in neurodegeneration[J]. Nature, 2015, 518(7538): 236

[15] Cockrell A S, Kafri T. Gene delivery by lentivirus vectors[J]. Mol Biotechno, 2007, 36(3): 184-204

[16] Pilotte J, Cunningham B A, Edelman G M, Vanderklish P W. Developmentally regulated expression of the cold inducible RNA-binding motif protein 3 in euthermic rat brain[J]. Brain Res, 2009, 1258: 12-24

[17] Chip S, Zelmer A, Ogunshola O O, Felderhoff-Mueser U, Nitsch C, Büher C, Wellmann S. The RNA-bindingprotein RBM3 is involved in hypothermia induced neuroprotection[J]. Neurobiol Dis, 2011, 43: 388-396

[18] Zhao W, Xu D, Cai G, Zhu X, Qian M, Liu W, Cui Z. Spatiotemporal pattern of RNA binding motif protein 3 expression after spinal cord injury in rats[J]. Cell Mol Neurobiol, 2014, 34(4): 491-499

[19] Dietrich W D. Therapeutic hypothermia for spinal cord injury[J]. Crit Care Med, 2009, 37 (7 Suppl): S238-S242

[20] Dietrich W D, Atkins C M, Bramlett H M. Protection in animal models of brain and Spinal cord injury with mild to moderate hypothermia[J]. J Neurotrauma, 2009, 26(3): 301-312

[21] Wellmann S, Truss M, Bruder E, Tornillo L, Zelmer A, Seeger K, Büher C. The RNA-binding protein RBM3 is required for cell proliferation and protects against serum deprivation-induced cell death[J]. Pediatr Res, 2010, 67: 35-41

[22] Antony P A, Paulos C M, Ahmadzadeh M, Akpinarli A, Palmer D C, Sato N, Kaiser A, Hinrichs C S, Heinrichs C, klebanoff C A, Tagaya Y, Restifo N P. Interleukin-2-dependent mechanisms of tolerance and immunity in vivo[J]. J Immunol, 2006, 176(9): 5255-5266

[23] 李云龙, 李昌盛, 李静辉, 孟宇, 张雪, 何军, 杨焕民, 李士泽. RNA 结合基序蛋白 3 的生物学功能[J]. 生理科学进展, 2014, 45(6): 429-433

[24] Lampe J W, Becker L B. State of the art in therapeutic hypothermia[J]. Annu Rev Med, 2011, 61(1): 9-93

[25] Onderci M, Sahin N, Sahin K, Kilic N. Antioxidant properties of chromium and zinc: in vivo effects on digestibility lipid peroxidation antioxidant vitamins and some minerals under alow ambient temperature[J]. Biol TraEle Res, 2003, 92(2): 139-150

[26] 谢富, 王安, 王艳辉, 武江利. 维生素 C 对笼养蛋雏鸭的生产性能和机体抗氧化能力的影响[J]. 动物营养学报, 2008, 20(5): 572-578

[27] 吕琼霞. 运输应激对猪免疫机能的影响及其调控机理初探[D]. 南京: 南京农业大学博士学位论文, 2009